全国电力行业"十四五"规划教材
高等教育新型电力系统系列教材

 普通高等教育"十一五"国家级规划教材

 "十三五"江苏省高等学校重点教材

 中国电力教育协会
高校电气类专业精品教材

# Small & Special Electrical Machine and Systems

# 微特电机及系统

## （第三版）

主编　程　明

编写　林明耀　花　为

主审　辜承林

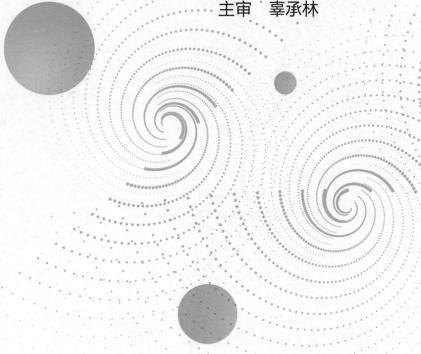

中国电力出版社
CHINA ELECTRIC POWER PRESS

## 内 容 提 要

本书为"十三五"江苏省高等学校重点教材,中国电力教育协会高校电气类专业精品教材。

本书主要内容包括伺服电动机与伺服系统、测速发电机、步进电动机、自整角机、旋转变压器、永磁无刷直流电动机、单相串励电动机、直线电动机、定子励磁型双凸极无刷电机驱动系统、超声波电动机。每章末附有思考题与习题。附录给出了微特电机的名称、代号,并对本书所用符号进行了汇总。

本书可作为高等院校电气类专业的本科教材,也可作为高职本科与高职高专院校的电力技术类、自动化类教材,同时可供其他相关专业工程技术人员参考、自学。

**图书在版编目(CIP)数据**

微特电机及系统/程明主编 . —3 版 . —北京:中国电力出版社,2023.8(2024.9重印)
ISBN 978 - 7 - 5198 - 6220 - 6

Ⅰ.①微… Ⅱ.①程… Ⅲ.①微电机—教材 Ⅳ.①TM38

中国版本图书馆 CIP 数据核字(2021)第 253711 号

 编号:2020 - 1 - 012

出版发行:中国电力出版社
地　　址:北京市东城区北京站西街 19 号(邮政编码 100005)
网　　址:http://www.cepp.sgcc.com.cn
责任编辑:雷　锦(010—63412530)
责任校对:黄　蓓　王海南
装帧设计:郝晓燕
责任印制:吴　迪

印　　刷:廊坊市文峰档案印务有限公司
版　　次:2008 年 3 月第一版　2022 年 3 月第三版
印　　次:2024 年 9 月北京第十五次印刷
开　　本:787 毫米×1092 毫米　16 开本
印　　张:18.5
字　　数:454 千字
定　　价:49.00 元

# 前　言

　　《微特电机及系统》一书自 2004 年 10 月出版以来，深受广大读者好评，于 2007 年被评为全国电力行业精品教材和江苏省高等学校精品教材。2008 年 3 月作为普通高等教育"十一五"国家级规划教材再次出版，于 2010 年被评为"2007～2009 年度电力行业精品教材"；本书 2020 年被评为中国电力教育协会电气类专业精品教材、"十三五"江苏省重点教材（编号：2020-1-012），并被列入全国电力行业"十四五"规划教材。

　　此次修订，总体结构保持不变，主要是吸收最新技术成果并根据实际工程应用需要，对部分章节内容进行了更新和充实。第一章更新了部分数据，补充了控制电机精度当前先进水平等数据；第二章重点充实了永磁同步伺服电动机的内容，补充了伺服电动机在机器人中的应用，并补充了习题；第三章修改了部分图形，调整了部分应用举例；第六章重写了"磁阻式旋转变压器"一节；第七章修改了部分图形，更新了应用举例；第八章将"单相交流串励电动机"统一改为"单相串励电动机"，并补充了应用举例；第十章将"磁通脉动式永磁电机"改为"定子励磁型双凸极无刷电机"，以便与文献中的惯用名称一致，并补充了应用举例；对参考文献中部分老旧文献进行了删减和调整，并补充了少量新文献。此外，修改了全书中的个别文字、符号和图形中的错误，统一了部分名词术语，对行文进行了润色，教材总体质量进一步提高。本书各章内容相对独立，根据课时安排，教师可选择性地讲授其中部分内容。

　　本次修订，第一、三、六、十一章及附录由程明教授执笔，第二、七、八章由林明耀教授执笔，第四、五、九、十章由花为教授执笔，全书由程明教授统稿。

　　本书参考和引用了大量文献与资料，并吸收了部分兄弟院校任课教师和 ABB 公司等工程师提出的宝贵意见和建议，谨在此致以衷心的感谢。

　　由于编者水平所限，书中的缺点和疏漏在所难免，欢迎广大读者批评指正。

编者

2021 年 11 月

# 第一版前言

本书是在《普通高等教育"十五"规划教材 微特电机及系统》基础上编写的。原书自 2004 年 10 月出版以来,深受广大读者好评,国内数十所高校都选用了本教材,并于 2007 年被评为"全国电力行业精品教材"和"江苏省高等学校精品教材"。由此,受中国电力出版社和东南大学推荐,本教材于 2006 年入选普通高等教育"十一五"国家级规划教材。

在编写时,编者假定读者已经掌握电机学的一般基础知识。因此,在分析微特电机原理和特性时,尽量以电机学的理论为依据。全书共十一章,除第一章绪论外,第二~六章分别为伺服电动机与伺服系统、测速发电机、步进电动机、自整角机和旋转变压器,属传统"控制电机"的基本内容,第七~十一章分别为永磁无刷直流电动机、单相交流串励电动机、双凸极电机驱动系统、直线电动机和超声波电动机,是相对较新或较为特殊的电机。在使用教材时,可根据学时数多少和专业要求,合理取舍。

为适应教学改革和教材建设的需要,及时地对教材内容进行修改和充实,编者根据各兄弟院校近年来在教学实践中反映的意见和建议,对《微特电机及系统》一书进行了修订。本次编写的基本原则是,保持教材的原有特色,总体结构基本不变,重点是充实和改进教材内容,试图达到如下目标:①吸收最新技术成果,使教材内容更加充实和先进;②进一步提高图文质量,论述和分析更为准确,条理更加清楚,便于教学;③适应工程教育专业认证和人才国际互认的需要;④为构建可持续发展的人才培养体系与知识框架服务。

原书由东南大学程明教授主编,东南大学林明耀教授和内蒙古工业大学张润和教授参加编写,具体分工是:第一、六、九、十一章和附录由程明执笔,第二、七、八章由林明耀执笔,第三、四、五、十章由张润和执笔,全书由程明统稿,由东南大学周鹗教授主审。

本教材各章节的修订均由原书执笔者完成,全书由程明统稿,由华中科技大学辜承林教授再次主审。

书中引用了大量相关资料和研究成果,并吸收了兄弟院校任课教师提出的宝贵意见和建议,谨在此致以衷心的感谢。

在本书编写过程中,得到了东南大学电气工程学院以及内蒙古工业大学有关领导和同志的热情支持和鼓励,东南大学电机学科的研究生金晓华、周昕、黄建辉、王运良、曹永娟、葛善斌、郑许峰、顾卫刚，内蒙古工业大学田桂珍老师等协助绘制部分插图和查阅部分资料，东南大学花为博士协助制作了多媒体课件，石斌博士阅读了超声波电动机一章书稿，提出了不少有益的意见，在此一并表示衷心的感谢。

　　由于编者水平所限，书中难免存在一些疏漏和不妥之处，恳请广大读者批评指正。

编者<br>2007 年 9 月

# 第二版前言

《微特电机及系统》一书自 2004 年 10 月出版以来，深受广大读者好评，于 2007 年被评为"全国电力行业精品教材"和"江苏省高等学校精品教材"。2008 年 3 月作为普通高等教育"十一五"国家级规划教材再次出版，于 2010 年被评为"2007～2009 年度电力行业精品教材"。前后共印刷 6 次，国内有数十所高等学校以及高职、高专院校选用本教材。

此次修订，总体结构基本不变，主要是吸收最新技术成果，结合实际工程应用，对各章内容进行了更新和充实。在第六章旋转变压器中增加了"磁阻式旋转变压器"一节；并调整了第九章和第十章的顺序，并在第九章直线电机中增加了"初级永磁型直线同步电机"一节，对第十章做了较大的修改和重写；依据最新国家标准修订了附录；修改了原教材中的个别文字和符号错误，对行文进行了润色，重新绘制了部分插图，增加并更新了部分参考文献。修订后的教材质量有明显提高，其内容更加充实、先进，论述与分析更加科学、严谨，图表更加准确、美观，条理更为清楚，便于教学。

本次修订，第一、三、六章、十一章及附录由程明教授执笔，第二、七、八章由林明耀教授执笔，第四、五、九、十章由花为研究员执笔。全书由程明统改。

本书参考和引用了大量文献与资料，并吸收了部分兄弟院校任课教师提出的宝贵意见和建议，谨在此致以衷心的感谢。

由于编者水平所限，书中的缺点和疏漏在所难免，欢迎广大读者批评指正。

编者
2013 年 7 月

# 目 录

综合资源

# 第 一 章

# 绪 论
## （Introduction）

## 第一节　微特电机的基本用途

微特电机通常指的是结构、性能、用途或原理等与常规电机不同，且体积和输出功率较小的微型电机和特种精密电机，一般其外径不大于 130mm，输出功率从数百毫瓦到数百瓦。随着技术的发展和应用领域的扩大，微特电机的体积和输出功率都已超出了以上范围，有的特种电机功率达到了 10kW 甚至更大，还出现了直径达 1.1m 的旋转变压器。

现代微特电机技术融合了电机、电力电子、计算机、自动控制、人工智能、精密机械、新材料和新工艺等多种高新技术，是现代武器装备自动化、工业自动化、办公自动化和家庭生活自动化等不可缺少的重要技术。随着电子技术、计算机技术和控制技术的迅速发展，以及电子信息产品的广泛应用，一方面，电子信息产品已成为微特电机的主要应用领域；另一方面，微特电机的技术要求亦与电子技术紧密相联，日益显示出机电一体化的趋势。特别是集成驱动器和微处理器在微特电机驱动与控制中的推广应用，使微特电机向集成化、智能化方向发展，从而改变了微特电机作为元件使用的传统概念，确立了微特电机作为一个小系统的设计、生产和使用的新概念，标志着微特电机发展已进入一个新阶段。

微特电机在国民经济各个领域中的应用十分广泛，主要有以下几个方面：

（1）航空航天。在航天领域，卫星天线的展开和偏转、飞行器的姿态控制、太阳能电池阵翼驱动、宇航员空调系统以及卫星照相机等，都需要高精度的微特电机来驱动。比如，天线展开系统要求转矩大、转速低，为了减小质量、缩小体积，采用高速无刷直流电动机与行星减速器组成一体。太空飞船的电源是太阳能电池阵，为了获得最大能源，要求太阳能电池阵翼正对太阳，这就要求电机自动调整阵翼的方向，常以步进电动机为动力。而在飞机上，发动机起动，起落架收放，水平舵、方向舵、襟翼、副翼的操纵等，均是由特种电机来完成的。

（2）现代军事装备。在现代军事装备中，微特电机已成为不可缺少的重要元件或子系统。火炮自动瞄准、飞机军舰自动导航、导弹遥测遥控、雷达自动定位等均需采用由伺服电动机、测速发电机、自整角机等构成的随动系统。例如，精确制导武器的引导头所用的电动机性能直接决定了搜索目标和跟踪目标的能力。以某导弹发射装置中的瞄准机为例，需对高度和方向两个方面进行自动瞄准，这就需要两套由伺服电动机为主构成的随动系统。高低机与方向机的机械负载不同，前者伺服电动机的功率较后者大。目前发射装置用伺服电动机一般采用带有测速发电机的直流电动机，输出功率为 10kW 及以下，最大不超过 100kW。以 SA-2 地空导弹发射用伺服电动机为例，其高低机用伺服电动机功率为 3.2kW，方向机用伺服电动机功率为 1.6kW，两者转速相同。

（3）现代工业。机器人、机床加工过程自动控制与显示、阀门遥控、自动记录仪表，轧钢机自动控制，纺织、印染、造纸机的匀速控制等均大量使用不同类型、不同规格的微特电机。据统计，一座 $1513m^3$ 的高炉要用微特电机 40 多台。

（4）信息与电子产品。随着信息技术的快速发展，电子信息产品已成为微特电机的重要应用领域之一，包括计算机存储器、打印机、扫描仪、数控绘图机、传真机、激光视盘、复印机、移动通信等。例如，计算机硬盘主轴驱动电机是运转速度和精度均很高的微特电机；在移动式手机中，广泛采用带有偏振头的空心杯式直流电动机，可产生偏心振动，提醒使用者接听来电。由于手机的体积愈来愈小，质量愈来愈轻，所以电机也做得愈发轻巧，外径只有 4mm 左右，质量仅 1.2～5.4g。

（5）现代交通运输。随着经济的高速发展和人民生活水平的提高，交通运输车辆特别是家庭汽车的数量近年来有了飞速增长，从而使汽车用微特电机在数量、品种和结构上都发生了很大变化。据统计，每辆普通汽车至少用 15 台微特电机，高级轿车要用 40～50 台微特电机，豪华型轿车则配有 70～80 台微特电机。目前，世界范围内汽车用微特电机已占到微特电机总量的 13％左右。中国各种汽车用微特电机产量已超过 6000 万台。

（6）现代农业。智慧农业中的水位自动显示、水坝闸门自动开闭、鱼群探测等也少不了微特电机。

（7）日常生活。随着人们物质生活和文化生活水平的提高，微特电机在日常生活中的应用范围日益扩大。例如高层建筑的自动电梯、医疗设备、录音录像设备、变频空调、全自动洗衣机、扫地机器人等，都是依靠新型高性能微特电机来驱动控制的。

# 第二节　微特电机的分类

微特电机的种类很多，亦有不同的分类方法。根据微特电机的用途，可以将其分为驱动用微特电机和控制用微特电机两大类。

## 一、驱动用微特电机

驱动用微特电机主要用来驱动各种机构、仪表以及家用电器等，通常是单独使用。根据原理和结构，驱动用微特电机的分类如图 1-1 所示。

由于受使用场合的限制，驱动用交流微特电机一般都是单相的。

## 二、控制用微特电机

根据控制用微特电机在自动控制系统中的功能，可作如下分类：

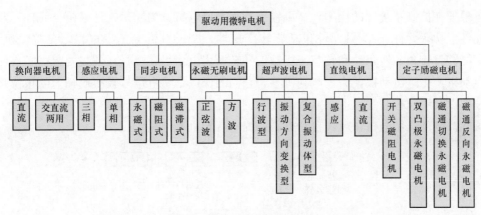

图 1-1 驱动用微特电机分类

（1）伺服电动机（servo motor）。它的功能是将输入的电信号（控制电压）转变为机械信号（转速或转角）输出。根据电信号的不同，伺服电动机又可分为直流伺服电动机和交流伺服电动机，交流伺服电动机又可细分为交流异步和交流同步伺服电动机等。

（2）测速发电机（tachogenerator）。它的功能是将机械转速转变为电信号（输出端电压）输出，所以属于发电机类型。按照输出电压的不同，测速发电机又分为直流测速发电机和交流测速发电机。

（3）旋转变压器（resolver）。它的功能是将机械转角信号转变为电压信号输出。根据输出电压与转角的函数关系，旋转变压器又可分为正余弦旋转变压器、线性旋转变压器、磁阻式旋转变压器感应移相器和感应同步器等。

（4）自整角机（selsyn）。它的功能是对机械信号（转角或转速）进行传递、测量或指示。根据输出信号的不同，自整角机又可分为力矩式自整角机、控制式自整角机等。自整角机通常是两台或多台组合使用。

（5）步进电动机（stepping motor）。它的功能是将数字脉冲电信号转变为机械信号（转角或转速）。根据结构和工作原理，步进电动机可以分为反应式、永磁式和混合式步进电动机等。

控制用微特电机较详细的分类如图 1-2 所示。

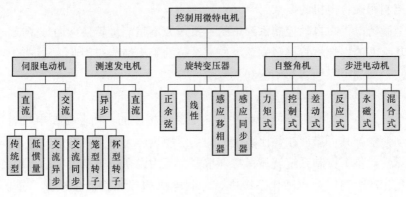

图 1-2 控制用微特电机分类

根据在控制系统中的作用，又可将控制用微特电机分为测量元件（信号元件）和执行元件（功率元件）。测量元件包括旋转变压器，交、直流测速发电机，自整角机等，它们能够将转角、转角差和转速等机械信号转换为电信号；执行元件主要有交、直流伺服电动机，步进电动机，力矩电动机等，它们的任务是将电信号转换成轴上的角位移或角速度以及线位移和线速度，并带动控制对象运动。伺服系统框图如图 1-3 所示，由图可知控制用微特电机在现代自动控制系统中有着重要作用。

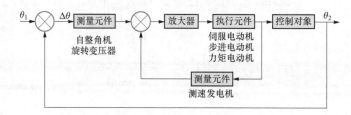

图 1-3　伺服系统框图

需要指出的是，有一些电机既可作驱动用，也可作控制用。例如，永磁无刷电机可以单独用来驱动很大的负载，也可以与控制电路构成高精度伺服系统。另外，在某些应用中的微特电机同时兼有驱动和控制的双重功能，很难简单地将它称为驱动电机或控制电机，电动车中的电机就是典型的例子，它在完成基本驱动功能的同时，要接受智能控制器的控制，使电机运行在最佳状态，达到能耗最小，单次充电的行驶里程最长。因此，上述对微特电机的分类是相对的，不是绝对的，目的是便于掌握和了解微特电机的基本用途和主要类型。

# 第三节　微特电机的基本要求

**一、驱动用微特电机的要求**

驱动用微特电机的主要任务是转换能量，因此，对它的要求与一般动力用电机的要求类似，希望能量转换效率高、结构简单、使用方便、维护容易、坚固耐用、体积小、质量轻、价格低等。

**二、控制用微特电机的要求**

控制用微特电机在自动控制系统中的主要任务不是能量转换，而是完成信号的传递和转换，其性能的好坏将直接影响整个控制系统的工作性能。因此，对它的要求主要是"两高一快"，即高可靠性、高精度和快速响应等。

1. 高可靠性

控制系统是由控制电机等控制元件与其他器件构成的，由于控制电机有运动部分，甚至有滑动接触，其可靠性往往比系统中的其他静止、无触点元器件要差，因此，控制电机的可靠性对整个控制系统就显得特别重要。不用说在航空航天、军事装备中，即使在一些现代化的大型工业自动化系统中，控制电机的损坏将产生极其严重的后果。例如，在自动化炼钢厂中，一旦伺服系统中的控制电机发生故障，就会造成停产事故，甚至损坏炼钢设备。此外，在核反应堆中使用的控制电机，由于工作条件所限，不便于维修，所以要求它们能够长期可靠地工作。

提高控制电机可靠性的首要措施是采用无刷电机方案。尽管无刷电机的成本较高，但它寿命长（可达 20 000h），不需经常维护，电磁干扰小，不会发生由火花引起的可燃性气体爆炸等事故，可靠性得到大大提高。其次是采用冗余和容错技术。冗余又称储备，它是在系统中设计两套或两套以上完成同一给定任务的设备的技术。容错则是指处于工作状态的系统中一个或多个关键部件发生故障和错误时能自动检测与诊断，并采取相应措施，保证系统维持其规定功能或使其功能保持在可接受范围内的技术。

2. 高精度

所谓精度，是指实际特性与理想特性之间的差异。差异越小，则精度越高。在各种军事装备、无线电导航、无线电定位、位置显示、自动记录、远程控制等系统中，对精度的要求越来越高，相应地对系统中所使用的控制电机的精度也提出了更高、更新的要求。例如，测量、转换或传递转角时，精度要求较高的是角分级甚至角秒级；目前国际上先进的伺服电动机转矩精度达 1%，速度波动率达 0.01%，重复定位精度达 1μm。影响控制电机精度的主要因素包括静态误差，动态误差，使用环境的温度变化、电源频率和电压变化等所引起的漂移，伺服电动机特性的非线性和失灵区，步进电动机的步距误差等。

为了提高控制电机的精度，可采取更新结构和制造工艺、发展组合电机、研制新原理电机等措施。

3. 快速响应

由于自动控制系统中主令信号变化很快，所以要求控制电机（特别是作为执行元件的控制电机，如伺服电动机）能对信号做出快速响应。而电机的转动部分有惯量，控制电机又多为电磁元件，有电感，这些都会影响控制电机的响应速度。表征响应速度的主要指标是机电时间常数和灵敏度，这些都直接影响系统的动态性能。为保证控制系统的快速响应，控制电机应尽量减小其电气和机械时间常数。

## 第四节　微特电机的发展概况和发展趋势

国际上，微特电机是从 20 世纪 30 年代开始，应工业自动化、科学技术和军事装备的发展需要而迅速发展起来的技术。20 世纪 40 年代以后，逐步形成了自整角机，旋转变压器，交、直流伺服电动机，交、直流测速发电机等基本系列。60 年代以后，由于电子技术、宇宙航行等科学技术的飞速发展和自动控制系统的不断完善，对微特电机的精度和可靠性又提出了更高的要求，在原有基础上又系列生产出多极自整角机、多极旋转变压器、无刷直流伺服电动机等新机种。

我国微特电机工业始于 20 世纪 50 年代初，至今大致经历了四个发展阶段。

（1）起步阶段（1950～1965 年）。这阶段主要是仿制苏联的产品，在全国设立了一些研究所和一批微特电机的生产厂。

（2）自行发展阶段（1966～1978 年）。这一阶段基本上形成了独立的、相当于 20 世纪 60 年代国际水平的微特电机工业体系，其间我国自行设计了 10 多类新系列微特电机，编制和修订了一些国家标准和国家军用标准。这一阶段我国微特电机的应用范围主要是军事和工业领域，产品大多数是国家指令性计划，企业的产品分工比较明确，其经济自主权和计划自主权很少，企业基本上在计划经济体制下运行。

（3）初步壮大阶段（1979～1989 年）。这一阶段是我国改革开放的初期，经济建设逐步加快，微特电机的需求量越来越大，为适应发展的需要，先后从国外引进各类微特电机生产线 60 多条及其相应技术，微特电机的生产制造水平和规模化生产能力有了空前的提高。1988 年微特电机生产企业已发展到 200 多家，产品规格 1500 余种，年产微特电机达到 1 亿台。

（4）快速发展阶段（1990 年以后）。这一阶段微特电机生产企业有上千家，微特电机的生产技术水平也有了一定提高，还研制开发了开关磁阻电机、超声波电机、双凸极永磁电机等微特电机新品种。

我国微特电机工业在技术水平、产品性能、规格品种、生产规模等方面都取得了长足的进步，但与国际先进水平相比还存在着一定的差距，主要表现为品种少、比功率（W/kg）小、寿命短、精度低、质量不稳定、可靠性差等。这些都有待于今后努力赶上。

近年来，随着科学技术的发展和控制系统的不断更新，对微特电机的要求越来越高，同时，新技术、新材料、新工艺的应用，推动了微特电机的发展，其发展趋势大致表现在以下几个方面。

（1）无刷化。为了提高微特电机的可靠性，除了在电机结构上不断改进，使其能长期可靠地运行外，国际上一直致力于发展各种无刷电机，如无刷直流电机、无刷自整角机、无刷旋转变压器等已进入商品化生产。

（2）微型化。由于电子信息技术的快速发展和广泛应用，一方面要求微特电机向微型化发展，以适应电子产品日益微型化的需要，同时也为微特电机的微型化创造了条件。微特电机的微型化，不仅指它的质量轻和体积小，还指它的功率消耗少。在现代电子信息产品（如手机）中，电机往往是耗电量最大的元件之一。而在宇宙航行系统中，通常以燃料电池或太阳能电池供电，所有电气元件的耗电量受到严格限制。因此，微特电机的微型化是目前迫切需要解决的问题。

为了使电机微型化，通常采取改进设计，简化结构，采用新材料、新工艺等措施。已有公司推出了外径仅 0.8mm、轴长 1.2mm、质量仅 4mg 的微型电动机，可以在人的血管中穿行。

（3）集成化。集成化是指借助近代微电子和计算机技术成就，将微特电机、变速器、传感器以及控制器等集成为一体，形成新一代电动伺服系统，亦称电子电动机，从而可明显提高系统的精度和可靠性。

（4）永磁化。随着微特电机向微、薄、轻，无刷化和电子化的方向发展，永磁材料在微特电机中的普遍应用已是必然趋势。特别是，我国稀土资源丰富，所研制生产的钕铁硼（Nd‐Fe‐B）永磁体的最大磁能积已达 318.4kJ/m³，处于国际先进水平，为永磁电机的发展提供了良好条件。

（5）智能化。微特电机智能化是指在其控制单元中采用可编程控制器，实现电机速度和位置的自适应调整与控制。20 世纪 80 年代初，单片机首先在步进电机逻辑控制中应用，现在已推广到各类电机，已发展到 16～32 位控制芯片。智能化的发展，改变了微特电机作为元件使用的传统概念，确立了微特电机作为一个小系统的设计、生产和使用的新概念，标志着微特电机发展已进入一个新阶段。

（6）新原理、新结构电机。随着新原理、新技术、新材料的发展，电机在很多方面突破了传统的观念。近年来，利用科学技术的最新成果，已研制出一些新型电机。例如，利用逆压电效应研制出超声波电动机，利用霍尔效应研制出霍尔效应自整角机，开关磁阻电机（switched reluctance motor，SR）以及在此基础上发展起来的定子励磁电机，基于磁场调制原理的磁齿轮电机、游标电机等。此外，还有静电电动机、电介质电动机、磁致伸缩电机、仿生电机等。这类微特电机的发展，已经不再局限于传统的电磁原理，而将与其他学科相互结合、相互渗透，成为一门多学科交叉的边缘学科。

# 第五节　如何学习"微特电机及系统"课程

"微特电机及系统"课程的任务是学习和掌握主要特种电机和控制电机的基本原理、分析理论、基本性能和使用方法，与此同时，巩固、加深和拓宽"电机学"课程所学过的理论和知识。随着科学技术的迅猛发展，各种新型电机以及应用于电机的新技术层出不穷。读者不可能从该课程中学习所有类型的微特电机，因此应加强微特电机基本理论和分析研究方法的学习，掌握电机内部的基础知识，并注意了解微特电机发展的最新趋势，从而在遇到新技术、新问题时，有通过自学去掌握、去解决的能力。

多数微特电机的原理都是建立在基本电磁规律基础之上，在基本特性上有许多共同之处，但又各有特点。读者在学习时要抓住主要矛盾，集中精力掌握基本规律和主要理论，将各种电机联系起来，在分析与掌握一些共同规律的同时，注意每种电机所具有的特殊性质。

对于电气工程及其自动化、自动化等专业的学生来说，要学习电机的基本原理，了解电机内部的基本结构，掌握微特电机的使用方法。

# 第 二 章

# 伺服电动机与伺服系统
## （Servo Motor and Servo System）

## 第一节 概　　述

伺服电动机（servo motor）也称为执行电动机，它将电压信号转变为电动机转轴的角速度或角位移输出。输入的电压信号又称为控制信号或控制电压。在自动控制系统中，伺服电动机作执行元件。

根据使用电源性质的不同，伺服电动机分为直流伺服电动机和交流伺服电动机两大类。交流伺服电动机又可分为异步伺服电动机和同步伺服电动机。直流伺服电动机的基本结构、工作原理及内部电磁关系和普通直流电动机相同，其输出功率一般为 $0.1\sim100W$，常用的为 30W 以下。异步伺服电动机通常为笼型转子两相伺服电动机和空心杯转子两相伺服电动机。同步伺服电动机包括永磁式同步电动机、磁阻式同步电动机和磁滞式同步电动机。

近年来，伺服电动机的应用日益广泛，对它的要求也越来越高。新材料和新技术的应用，使伺服电动机的性能有了很大的提高。如空心杯电枢直流伺服电动机、盘式电枢直流伺服电动机和无槽电枢直流伺服电动机的应用，大大改善了系统的动态响应。

伺服电动机的种类多，应用场合也各不相同，概括起来，自动控制系统对伺服电动机的要求包括以下几个方面：

（1）调速范围宽。改变控制电压，要求伺服电动机的转速在宽广的范围内连续调节。

（2）机械特性和调节特性为线性。伺服电动机的机械特性，指控制电压一定时转速随转矩变化的关系；调节特性是在一定的负载转矩下，电动机稳态转速随控制电压变化的关系。线性的机械特性和调节特性有利于提高控制系统的精度。

（3）无自转现象。伺服电动机在控制电压消失后，应立即停转。

（4）动态响应快。伺服电动机的机电时间常数要小，而它的堵转转矩要大，转动惯量要小，改变控制电压时电动机的转速能快速响应。

（5）另外，还有其他一些要求，如要求伺服电动机具有较小的控制功率，以减小控制器的尺寸等。

## 第二节 直流伺服电动机

### 一、结构和分类

按结构，直流伺服电动机可分为传统型和低惯量型两大类。

**（一）传统型直流伺服电动机**

传统型直流伺服电动机的结构型式与普通直流电动机相同，只是它的容量和体积要小得多。它由定子和转子两部分组成。按励磁方式，它又可以分为电磁式和永磁式两种。电磁式直流伺服电动机的定子通常由硅钢片冲制叠压而成，定子冲片形状如图 2-1 所示。励磁绕组直接绕制在磁极铁芯上。永磁式直流伺服电动机的定子上安装有永磁磁钢制成的磁极，经充磁后产生气隙磁场。

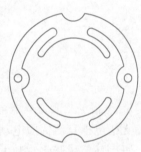

图 2-1　电磁式直流伺服电动机的定子冲片

电磁式和永磁式直流伺服电动机的转子铁芯由硅钢片冲制叠压而成，在转子冲片的外圆周上开有均布的齿槽，在槽中嵌入电枢绕组，通过换向器和电刷与外电路相连。

**（二）低惯量直流伺服电动机**

相对于传统型直流伺服电动机，低惯量直流伺服电动机的机电时间常数小，大大改善了电动机的动态特性。常见的低惯量直流伺服电动机有空心杯转子直流伺服电动机、盘式电枢直流伺服电动机和无槽电枢直流伺服电动机。

**1. 空心杯转子直流伺服电动机**

图 2-2 所示为空心杯转子直流伺服电动机的结构简图。其定子部分包括一个外定子和一个内定子。外定子可以由永久磁钢制成，也可以采用通常的电磁式结构。内定子由软磁材料制成，以减小磁路的磁阻，仅作为主磁路的一部分。空心杯转子上的电枢绕组，可以采用印制绕组，也可先绕成单个成型绕组，然后将它们沿圆周的轴向排列成空心杯形，再用环氧树脂固化。电枢绕组的端侧与换向器相连，由电刷引出。空心杯转子直接固定在转轴上，在内、外定子的气隙中旋转。

也有内定子采用永久磁钢制成，外定子采用软磁材料的结构，这时外定子为主磁路的一部分。这种结构型式称为内磁场式，与上面介绍的外磁场式在原理上相同。

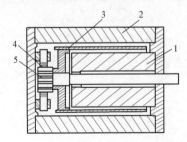

图 2-2　空心杯转子直流伺服电动机结构简图
1—内定子；2—外定子；3—空心杯电枢；
4—电刷；5—换向器

**2. 盘式电枢直流伺服电动机**

图 2-3 所示为盘式电枢直流伺服电动机结构。其定子由永久磁钢和前后软磁铁组成，磁钢放置在圆盘的一侧，并产生轴向磁场，它的极数比较多，一般制成 6 极、8 极或 10 极。在磁

钢和另一侧的软铁之间放置盘式电枢绕组。电枢绕组可以是绕线式绕组或印制绕组。绕线式绕组先绕制成单个绕组元件，并将绕好的全部绕组元件沿圆周径向排列，再用环氧树脂浇制成圆盘形。印制绕组采用制造印制电路板相类似的工艺制成。盘式电枢上的电枢绕组中的电流沿径向流过圆盘表面，并与轴向磁通相互作用产生电磁转矩。因此，绕组的径向段为有效部分，弯曲段为端接部分。

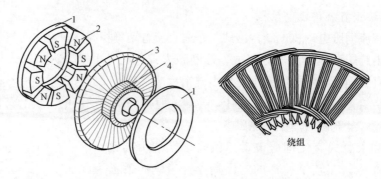

图 2-3　盘式电枢直流伺服电动机结构

1—软磁铁；2—磁钢；3—电枢绕组；4—换向器

### 3. 无槽电枢直流伺服电动机

无槽电枢直流伺服电动机的电枢铁芯上不开槽，电枢绕组直接排列在铁芯圆周表面，再用环氧树脂将它和电枢铁芯固化成一个整体，如图 2-4 所示。其转动惯量和电枢绕组的电感比前面介绍的两种电动机大，动态性能也比它们差。

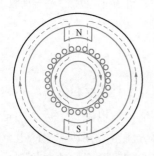

图 2-4　无槽电枢直流伺服
电动机结构示意图

### 二、控制方法

对于直流电动机，略去电刷接触压降，由电机学知道，电动机转速 $n$ 和电枢电压 $U_a$、励磁磁通 $\Phi$、电枢电流 $I_a$、电枢绕组电阻 $R_a$ 之间的关系为

$$n = \frac{U_a - I_a R_a}{C_e \Phi} \quad (2-1)$$

电枢电流 $I_a$ 和电磁转矩 $T_e$ 的关系为

$$T_e = C_T \Phi I_a \quad (2-2)$$

式中：$C_e$ 和 $C_T$ 分别为直流电动机的电动势常数和转矩常数。

将式（2-2）代入式（2-1）得

$$n = \frac{U_a}{C_e \Phi} - \frac{R_a}{C_T C_e \Phi^2} T_e \quad (2-3)$$

由式（2-3）可知，在电磁转矩不变的情况下，改变电枢电压 $U_a$ 或励磁磁通 $\Phi$，都可以控制电动机的转速。通过改变电枢电压来控制转速的方法称为电枢控制，用调节磁通来控制转速的方法称为磁极控制。

由于实际应用中，直流伺服电动机主要采用电枢控制方式，下面仅对电枢控制时直流伺服电动机的特性进行分析。图 2-5 所示为电枢控制时直流伺服电动机的原理图。

### 三、静态特性

直流伺服电动机的静态特性（static characteristics）包括机械特性和调节特性。为了简化分析，可做如下假定：电动机磁路不饱和；电刷位于几何中心线。根据假设，可略去负载时电枢反应磁动势的影响，认为电动机的每极气隙磁通 $\Phi$ 为恒定。根据式（2-3），可以得到直流伺服电动机的机械特性和调节特性。

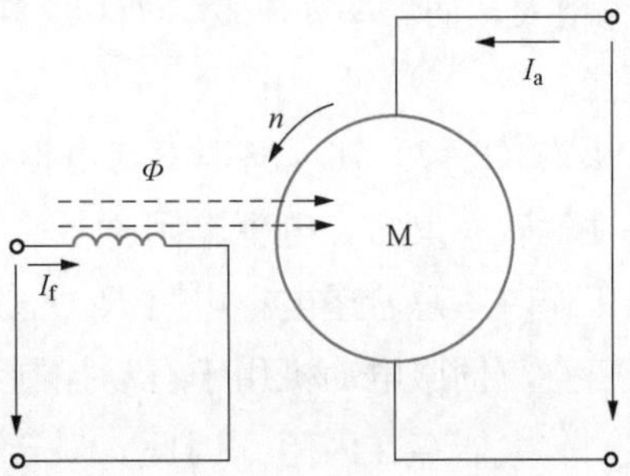

图 2-5　电枢控制时直流伺服电动机的工作原理图

#### （一）机械特性

机械特性是指控制电压保持不变时，电动机的转速随电磁转矩变化的关系，即 $U_a$＝常数时的 $n=f(T_e)$。

由式（2-3）可知，在电枢电压 $U_a$ 一定的条件下，由于磁通 $\Phi$＝常数，式（2-3）的右边除了电磁转矩 $T_e$ 以外都是常数，因此转速 $n$ 是电磁转矩 $T_e$ 的线性函数。式（2-3）可以表示为一个直线方程，即

$$n = \frac{U_a}{C_e\Phi} - \frac{R_a}{C_e C_T \Phi^2} T_e = n_0 - kT_e \qquad (2-4)$$

式中：$k$ 为机械特性曲线的斜率。

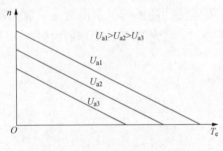

图 2-6　电枢控制时直流伺服电动机的机械特性

由转速公式可画出直流伺服电动机的机械特性，如图 2-6 所示。机械特性是线性的，特性曲线在纵轴上的截距为电磁转矩等于零时电动机的理想空载转速 $n_0$，即

$$n_0 = \frac{U_a}{C_e\Phi} \qquad (2-5)$$

实际的电动机运行时，电动机本身具有空载损耗，产生阻力转矩。因此，即使空载（即负载转矩 $T_L=0$）时，电磁转矩并不为零，只有在理想条件下，即电动机本身没有空载损耗时才可能有 $T_e=0$，所以 $n_0$ 是指理想空载（$T_e=0$）条件下电动机的转速，即理想空载转速。

令电动机的转速 $n=0$，得机械特性曲线在横轴上的截距为

$$T_d = \frac{C_T\Phi}{R_a} U_a \qquad (2-6)$$

式中：$T_d$ 为电动机的堵转转矩。

机械特性曲线的斜率表示为

$$k = \frac{R_a}{C_e C_T \Phi^2} \qquad (2-7)$$

$k$ 表示直流伺服电动机机械特性的硬度，式（2-4）中 $k$ 前的负号表示特性曲线是下降的，即随着电磁转矩 $T_e$ 的增加，转速减小；反之，当电磁转矩减小时，转速增大。

从式（2-5）和式（2-6）可知，随着电枢电压 $U_a$ 的增加，空载转速 $n_0$ 和堵转转

矩 $T_d$ 增大，而斜率 $k$ 不变，所以，电枢控制时直流伺服电动机的机械特性是相互平行的直线。

从式（2-7）知，斜率 $k$ 与电枢电阻 $R_a$ 成正比，电枢电阻 $R_a$ 大，斜率 $k$ 也大，机械特性就软；反之，电枢电阻 $R_a$ 小，斜率 $k$ 也小，机械特性就硬。因此，直流伺服电动机工作时，总希望电枢电阻 $R_a$ 的数值小。

若直流伺服电动机用于自动控制系统中，电动机的电枢电压 $U_a$ 由系统中的放大器提供，放大器存在内阻。因此，对于电动机来说，放大器可以等效为一个电动势源 $E_i$ 和一个内阻 $R_i$ 的串联，考虑放大器内阻后电动机的电枢回路如图 2-7 所示。电枢回路的电压平衡方程式可写成

$$E_i = U_a + I_a R_i = E_a + I_a(R_a + R_i) \tag{2-8}$$

式（2-8）说明，放大器内阻 $R_i$ 的作用与电动机内阻 $R_a$ 的作用相同，因此，放大器内阻将使电枢回路等效电阻加大，机械特性变软。这时机械特性的斜率为

$$k = \frac{R_a + R_i}{C_e C_T \Phi^2} \tag{2-9}$$

电动机的理想空载转速为

$$n_0 = \frac{E_i}{C_e \Phi} \tag{2-10}$$

图 2-8 所示为放大器内阻对直流伺服电动机机械特性的影响。由图可见，放大器内阻越大，机械特性越软。因此，为改善电动机的特性，希望降低放大器的内阻。

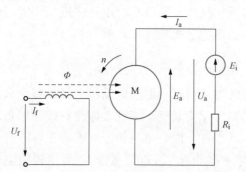

图 2-7　考虑放大器内阻时的电枢回路

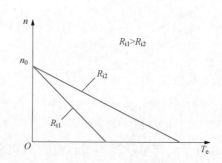

图 2-8　放大器内阻对直流伺服电动机
机械特性的影响

（二）调节特性

调节特性是指负载转矩 $T_L$ 恒定时，电动机的转速随控制电压变化的关系，即 $T_L$ 为常数时的 $n = f(U_a)$。

由式（2-3）得电动机的转速 $n$ 与控制电压 $U_a$ 的关系为

$$n = \frac{U_a}{C_e \Phi} - \frac{R_a}{C_e C_T \Phi^2} T_L \tag{2-11}$$

对应的直流伺服电动机的调节特性如图 2-9 所示，调节特性也是一组平行的直线，直线的斜率为 $1/(C_e \Phi)$，它与负载大小无关，仅由电动机的参数决定。

当电动机转速 $n=0$ 时，有

$$U_a = \frac{R_a T_L}{C_T \Phi} \qquad (2\text{-}12)$$

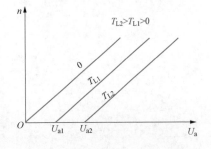

图 2-9　电枢控制时直流伺服电动机的
调节特性

$U_a$ 为调节特性与横轴的交点，它表示在负载转矩 $T_L$ 下电动机的始动电压。负载转矩一定，当电动机的控制电压大于相应的始动电压时，伺服电动机便能起动并在一定的转速下运行；反之，控制电压小于相应的始动电压时，则伺服电动机产生的电磁转矩仍小于起动转矩，电动机不能起动。

所以，在调节特性曲线上从原点到始动电压对应点的横坐标所示的范围，称为在该负载转矩时伺服电动机的失灵区。显然，始动电压亦即失灵区的大小与负载转矩的大小成正比。

由上面的分析可知，电枢控制时直流伺服电动机的机械特性和调节特性都是一组平行的直线。这是直流伺服电动机的优点，也是交流伺服电动机所达不到的。但是，实际的直流伺服电动机的特性曲线是一组近似直线的曲线，这是因为上述结论只在符合假设条件下才成立。

### 四、动态特性

电枢控制时直流伺服电动机的动态特性，是指电枢电压发生突变时电动机转速从一种稳态转速变化到另一种稳态转速的过程，即 $n=f(t)$ 或 $\Omega=f(t)$。

当电枢电压突然改变时，一方面，由于电枢绕组具有电感，电枢绕组中的电流不能突变，具有一个电气过渡过程，相应的电磁转矩的变化也有一个过程。另一方面，在变化的电磁转矩作用下，电动机的转速将发生变化，由于电动机和负载有转动惯量，转速不能突变，将从一种稳定转速过渡到另一种稳定转速，具有一个机械过渡过程。电气过渡过程和机械过渡过程相互影响，从电枢电压突变到电动机达到新的稳定转速这一过程中，这两种过渡过程交叠在一起形成了总的机电过渡过程。一方面，电动机转速的变化由电磁转矩（或电枢电流）所决定；另一方面，电磁转矩或电枢电流又随转速而变化。因此，电动机的机电过渡过程是一个复杂的电气量、机械量相交叠的物理过程。一般来说，电气过渡过程的时间要比机械过渡过程短得多。

自动控制系统要求直流伺服电动机的机电过渡过程时间尽可能短，电动机转速的变化应能迅速跟上控制信号的改变，以满足系统快速响应的要求。

研究电动机机电过渡过程的方法是，列写出电动机的动态方程式（微分方程），经过拉普拉斯变换后求出电动机的传递函数，对该函数进行拉普拉斯反变换，得到动态过程的解，即电枢电压跃变时转速和电流随时间的变化关系。

#### （一）动态方程式

直流伺服电动机电枢控制原理如图 2-10 所示。图中，$R_a$、$L_a$ 分别为电枢绕组的电阻和电感，$\Omega$ 为转子机械角速度，$J$ 为负载和电动机总的转动惯量。设电枢绕组上突施阶跃电压，电枢回路的电压平衡方程式为

$$U_a = R_a i_a + L_a \frac{\mathrm{d}i_a}{\mathrm{d}t} + e_a \qquad (2\text{-}13)$$

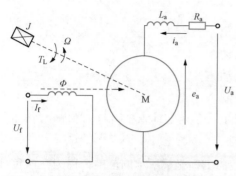

作用在电动机转子轴上的加速力矩为 $\Delta T = T_e - T_L$，忽略摩擦转矩后，电动机的转子运动方程为

$$\Delta T = J \frac{\mathrm{d}\Omega}{\mathrm{d}t} \qquad (2\text{-}14)$$

动态运行时，电磁转矩和感应电动势表达式为

$$T_e = C_T \Phi i_a \qquad (2\text{-}15)$$

图 2-10  直流伺服电动机电枢控制原理

$$e_a = C_e \Phi n = C_e \Phi \frac{60}{2\pi}\Omega \qquad (2\text{-}16)$$

设 $T_L = 0$，将式（2-14）～式（2-16）代入式（2-13）得

$$U_a = \frac{L_a J}{C_T \Phi} \frac{\mathrm{d}^2\Omega}{\mathrm{d}t^2} + \frac{R_a J}{C_T \Phi} \frac{\mathrm{d}\Omega}{\mathrm{d}t} + \frac{60 C_e \Phi}{2\pi}\Omega \qquad (2\text{-}17)$$

式（2-17）两边除以 $\frac{2\pi}{60 C_e \Phi}$ 后，可改写为

$$\tau_m \tau_e \frac{\mathrm{d}^2\Omega}{\mathrm{d}t^2} + \tau_m \frac{\mathrm{d}\Omega}{\mathrm{d}t} + \Omega = K_\Omega U_a \qquad (2\text{-}18)$$

$$\tau_m = \frac{2\pi R_a J}{60 C_e C_T \Phi^2} \qquad (2\text{-}19)$$

$$\tau_e = \frac{L_a}{R_a} \qquad (2\text{-}20)$$

$$K_\Omega = \frac{2\pi}{60 C_e \Phi} \qquad (2\text{-}21)$$

式中：$\tau_m$、$\tau_e$ 和 $K_\Omega$ 分别为电动机的机电时间常数、电气时间常数和速度常数。

（二）传递函数

对式（2-18）进行拉普拉斯变换，以 $s$ 表示拉普拉斯运算子，$U_a$ 和 $\Omega$ 的象函数分别以 $U_a(s)$ 和 $\Omega(s)$ 表示，则得直流伺服电动机的传递函数为

$$F(s) = \frac{\Omega(s)}{U_a(s)} = \frac{K_\Omega}{\tau_m \tau_e s^2 + \tau_m s + 1} \qquad (2\text{-}22)$$

通常，电枢绕组的电感很小，所以电气时间常数 $\tau_e$ 很小，机电时间常数 $\tau_m$ 要比电气时间常数大得多，往往可以忽略电机的电气过渡过程，即令 $\tau_e = 0$，从而电动机的传递函数可简化为

$$F(s) = \frac{\Omega(s)}{U_a(s)} = \frac{K_\Omega}{\tau_m s + 1} \qquad (2\text{-}23)$$

（三）时间常数

略去直流伺服电动机的电气过渡过程，电枢绕组外施阶跃电压 $U_a$，其象函数为

$$U_a(s) = \frac{U_a}{s}$$

则

$$\Omega(s) = K_\Omega U_a \left( \frac{1}{s} - \frac{1}{s + \frac{1}{\tau_m}} \right) \tag{2-24}$$

利用拉普拉斯反变换可求得输出量的原函数，即电动机角速度随时间 $t$ 变化的规律为

$$\Omega(t) = K_\Omega U_a (1 - e^{-\frac{t}{\tau_m}}) = \Omega_0 (1 - e^{-\frac{t}{\tau_m}}) \tag{2-25}$$

$$\Omega_0 = K_\Omega U_a$$

式中：$\Omega_0$ 为电动机理想空载角速度，$\Omega_0 = \dfrac{2\pi n_0}{60}(\text{rad/s})$。

直流伺服电动机角速度随时间变化的曲线如图 2-11 所示。

由式（2-25）可知，当 $t = \tau_m$ 时，$\Omega = 0.632\Omega_0$。所以，机电时间常数 $\tau_m$ 的定义为：电动机在空载情况下并加额定励磁电压，电枢绕组外施阶跃电压，转速从零上升到理想空载转速的 63.2% 所需的时间。当 $t = 4\tau_m$ 时，$\Omega = 0.985\Omega_0$，此时可以认为过渡过程已经结束，所以 $4\tau_m$ 为过渡过程的时间。

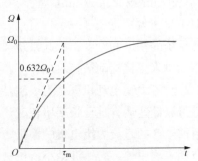

图 2-11 直流伺服电动机角速度随时间变化的曲线

由式（2-19）可知，机电时间常数 $\tau_m$ 与下列因素有关：

（1）转动惯量 $J$ 越小，$\tau_m$ 越小。为了减小 $\tau_m$，宜采用空心杯电枢、盘形电枢或细长形的电枢，以减小转动惯量 $J$。

（2）每极气隙磁通 $\Phi$ 越大，$\tau_m$ 越小。$\tau_m$ 与 $\Phi$ 的二次方成反比。为了减小 $\tau_m$，应增加气隙磁密，以加大每极气隙磁通。

（3）电枢电阻 $R_a$ 越小，$\tau_m$ 越小。减小 $R_a$，可以减小 $\tau_m$。在自动控制系统中，通常由直流放大器给电动机提供信号，类似于分析放大器内阻对机械特性的影响，这时电枢回路的电阻应包括放大器的内阻 $R_i$，即式（2-19）中的 $R_a$ 应以 $R_a + R_i$ 代替。因此，在设计或选用放大器时，应减小放大器的内阻 $R_i$，以减小机电时间常数。机电时间常数的计算式为

$$\tau_m = \frac{2\pi R_a J}{60 C_e C_T \Phi^2} = \frac{\frac{2\pi}{60} U_a J}{C_T \Phi \frac{U_a}{R_a} C_e \Phi} = \frac{\Omega_0 J}{T_{st}} \tag{2-26}$$

在伺服电动机中，将比值 $\dfrac{T_{st}}{J}$ 称为力矩—惯量比，是伺服电动机的一个技术指标。机电时间常数 $\tau_m$ 与力矩—惯量比成反比，力矩—惯量比越大，机电时间常数 $\tau_m$ 越小，过渡过程越短。

最后说明一下机电时间常数的单位。式（2-26）中，若理想空载角速度的单位为 rad/s，转动惯量的单位为 kg·m²，堵转转矩的单位为 N·m，则 $\tau_m$ 的单位是 s。

机电时间常数表示了电动机过渡过程时间的长短，反映了电动机转速追随信号变化

的快慢程度，是伺服电动机的一项重要性能指标。中国目前生产的 SZ 系列直流伺服电动机的机电时间常数小于 30ms，SY 系列永磁式直流伺服电动机的机电时间常数也不超过 30ms。低惯量直流伺服电动机的机电时间常数通常小于 10ms，其中空心杯电枢永磁直流伺服电动机的机电时间常数可小于 3ms。

# 第三节　直流力矩电动机

在某些自动控制系统中，被控对象的运动速度比较低。例如，某种防空雷达天线的最高旋转速度为 120°/s，这相当于转速为 20r/min。一般直流伺服电动机的额定转速为 1500r/min 或 3000r/min，甚至 6000r/min，这就需要使用齿轮减速后去拖动天线旋转。但是减速齿轮将使系统结构复杂，齿轮之间的间隙使自动控制系统的性能指标变差，降低系统的精度和刚度，引起系统在小范围内振荡。因此，希望有一种低转速、大转矩的电动机来直接拖动被控对象。

直流力矩电动机就是为了满足上述低转速、大转矩负载要求而设计制造的电动机。它可以低速运行甚至长期堵转时产生足够大的转矩，不需要齿轮减速而直接带动负载。目前生产的直流力矩电机的输出转矩可达几千牛米，而转速可低至 10r/min 左右。它具有动态响应快、转矩波动小、机械特性和调节特性线性度好、能在低速下稳定运行等优点，特别适合在位置伺服系统和低速伺服系统中作执行元件，也适合在需要转矩调节、转矩反馈和一定张力的场合使用。

## 一、结构特点

力矩电动机可分为直流力矩电动机和交流力矩电动机，交流力矩电动机使用较少，这里不再赘述。

直流力矩电动机的工作原理与普通直流伺服电动机相同，只是结构和外形尺寸比例上有所不同。为了减小转动惯量，一般的直流伺服电动机做成细长圆柱形。而直流力矩电动机，为了能在相同的体积和电枢电压下产生比较大的转矩和低转速运行，一般做成扁平式结构，电枢长度与直径之比一般为 0.2 左右，通常采用永磁励磁，并选取较多的极对数。为了减小转矩和转速的波动，选用较多的槽数、换向片数和串联导体数。

直流力矩电动机的总体结构型式有分装式和内装式两种。分装式结构包括定子、转子和电刷架三大部件，转子直接套在负载轴上，机壳由用户根据需要自行选配。内装式与一般电动机结构相同，机壳和轴由制造厂在出厂时装配好。

图 2-12 所示为永磁式直流力矩电动机的结构示意图。定子是由软磁材料制成的带槽的圆环，在槽中嵌入永磁材料作为主磁场源，在气隙中形成近似正弦分布的磁场。转子通常用冷轧硅钢片叠成，并压入非导磁材料的金属支架。槽中嵌入电枢绕组，电枢绕组为单波绕组。槽楔由铜板制成，兼作换向片，槽楔两端伸出槽外，一端用于电枢绕组接线，另一端做成梯形，排列成环形换向器。然后，将转子的所有部件用高温环氧树脂浇铸成整体。

### 二、结构原理

如前所述，直流力矩电动机之所以做成扁平式结构，是为了能在相同的体积和控制电压下获得较大的转矩和较低的转速。下面以图 2 - 13 所示的模型，说明外形尺寸变化对转矩和转速的影响。

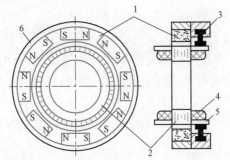 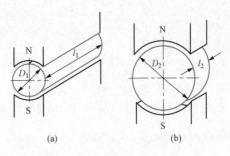

图 2 - 12　永磁式直流力矩电动机结构示意图　　　图 2 - 13　电枢体积相同时不同直径的
1—定子；2—转子；3—电刷；4—电枢绕组；　　　　　　　　　电动机模型
5—槽楔兼换向器片；6—圆环　　　　　　　　　　　　　(a) 小直径；(b) 大直径

#### 1. 转矩与电枢形状的关系

图 2 - 13 所示两台电动机模型，电枢体积、电枢电流、电流密度和气隙磁通密度相同。设图 2 - 13（b）所示电动机的电枢直径 $D_2$ 是图 2 - 13（a）所示电动机的电枢直径 $D_1$ 的 2 倍，即

$$D_2 = 2D_1 \tag{2 - 27}$$

因为两台电动机的体积相等，所以

$$l_1 = 4l_2 \tag{2 - 28}$$

由于电枢电流和电流密度相同，那么图 2 - 13（a）与图 2 - 13（b）中导体的直径也相同，图 2 - 13（b）中电枢铁芯截面积增大到图 2 - 13（a）的 4 倍，所以槽面积 $S_1$、$S_2$ 与电枢总导体数 $N_1$、$N_2$ 的关系为

$$\left. \begin{aligned} S_1 &= \frac{\pi}{4} D_1^2 k_e k_f = N_1 \frac{\pi d_1^2}{4} \\ S_2 &= \frac{\pi}{4} D_2^2 k_e k_f = N_2 \frac{\pi d_2^2}{4} \end{aligned} \right\} \tag{2 - 29}$$

式中：$k_e$ 为电枢截面利用系数，即槽面积所占电枢截面积的比例系数；$k_f$ 为槽满率，即导体截面积与槽面积的比例系数；$d_1$、$d_2$ 为两种情况下的导体直径，并有 $d_1 = d_2 = d$。

由式（2 - 29）得

$$\left. \begin{aligned} N_1 &= \left( \frac{D_1}{d} \right)^2 k_e k_f \\ N_2 &= \left( \frac{D_2}{d} \right)^2 k_e k_f \end{aligned} \right\} \tag{2 - 30}$$

即

$$N_2 = 4N_1 \tag{2 - 31}$$

电动机的电磁转矩为

$$\left.\begin{array}{l} T_{e1} = B_\delta l_1 I_a N_1 \dfrac{D_1}{2} \\[3mm] T_{e2} = B_\delta l_2 I_a N_2 \dfrac{D_2}{2} \end{array}\right\} \tag{2-32}$$

将式（2-27）、式（2-28）和式（2-31）代入式（2-32），得

$$T_{e2} = 2T_{e1} \tag{2-33}$$

式（2-33）说明，在转子体积、电枢电流、电流密度和气隙磁通密度相同的条件下，电枢直径增大 1 倍，电磁转矩也增大 1 倍，即电磁转矩基本上与电枢直径成正比。

2. 空载转速与电枢形状的关系

设电枢总导体数为 $N$，一对电刷间的并联支路数为 2，则每一支路所串联的导体数为 $\dfrac{N}{2}$，从而电刷间的电动势为

$$E_a = B_\delta l N \frac{\pi D n}{120} \tag{2-34}$$

当理想空载时，电动机的转速为 $n_0$，电枢电压 $U_a$ 与反电动势 $E_a$ 相等，由式（2-34）得

$$n_0 = \frac{120}{\pi} \frac{U_a}{B_\delta N l} \frac{1}{D} \tag{2-35}$$

当电枢体积和导体直径不变时，$Nl$ 的乘积近似不变。在电枢电压和气隙平均磁通密度相同的情况下，电枢直径增大 1 倍，理想空载转速减小一半，即理想空载转速 $n_0$ 与电枢直径近似成反比。电枢直径越大，电动机理想空载转速就越低。

由上面的分析可知，在其他条件相同时，增大电动机的直径，减小其轴向长度，可以增加电动机的转矩和降低电动机的转速。这就是力矩电动机做成扁平式结构的原因。

**三、性能特点**

1. 响应迅速，动态特性好

由前面的分析知道，决定过渡过程快慢的两个时间常数是机电时间常数 $\tau_m$ 和电气时间常数 $\tau_e$。虽然直流力矩电动机电枢直径大，转动惯量大，但是它的堵转转矩很大，空载转速很低，力矩电动机的机电时间常数较小。电气时间常数 $\tau_e = \dfrac{L_a}{R_a}$，其中电枢绕组电感 $L_a$ 主要取决于电枢绕组的电枢反应磁链。而增加极对数可以减小电枢反应磁链，所以，力矩电动机采用多极结构，可以减小电气时间常数，提高其快速性。此外，力矩电动机的扁平结构有利于将电动机的轴直接套在短而粗的负载轴上，从而大大提高系统的耦合刚度。

2. 力矩波动小，低速下运行稳定

力矩波动是指转子处于不同位置时，堵转转矩的峰值与平均值之差。力矩波动的大小是表征力矩电动机性能优劣的一个重要指标，也是影响力矩电动机用于直接驱动系统低速平稳运行的重要因素之一。因为力矩电机通常运行在低速状态或长期堵转，

力矩波动的主要原因包括：因绕组元件数、换向片数有限使反电动势产生波动，电枢铁芯齿槽引起磁场脉动，换向器表面不平使电刷换向器之间的滑动摩擦力矩发生变化等。减小力矩波动的措施有：采用扁平式电枢，可增加电枢槽数、元件数和换向片数；适当增大电动机的气隙，采用磁性槽楔、斜槽及斜磁极；正确选择电枢槽数，使它与电动机的极对数之间无公约数，可削弱电枢转动时引起的电动机磁场的脉动。

3. 机械特性和调节特性的线性度好

在保证励磁磁通不变的情况下，可以得到直流电动机线性的机械特性和调节特性。但是在电动机中存在电枢反应的去磁作用，且去磁作用的强弱与电枢电流或负载转矩有关，导致机械特性和调节特性的非线性。为了提高线性度，在设计直流力矩电动机时，将磁路设计成高度饱和，并采取增大空气隙等方法来减小电枢反应的影响。

4. 连续堵转转矩和峰值堵转转矩大

力矩电动机经常在低速和堵转状态使用，伺服系统又要求它在一定的转速范围内调节转速，对它的机械特性和调节特性的线性度都要求很高。因此，力矩电动机的额定指标就常常给出一定使用条件（如电压和散热面大小）下的堵转转矩和空载转速。

电动机的连续堵转转矩是指它在长期堵转条件下，稳定温升不超过允许值时所能输出的最大堵转转矩。对应于这种情况下的电枢电压称为连续堵转电压，相应的电枢电流称为连续堵转电流。

力矩电动机在运行时，会产生一个正比于电枢电流的去磁磁动势。为此，电动机出厂前必须经受规定电流的正、反两个方向的磁性稳定处理，使电动机工作在预定的回复线上。该稳定磁化电流称为峰值电流。在这种情况下力矩电动机所能输出的堵转转矩就是峰值堵转转矩。因此，力矩电动机的峰值堵转转矩是受电动机磁钢去磁条件所限制的最大堵转转矩。

在自动控制系统中，为了使力矩电动机快速动作，往往在短时间内输入一个较大的电流，使电动机迅速加速。此电流值允许超过连续堵转电流，但是决不允许超过峰值电流。否则，会使电动机磁钢失磁、转矩下降，并使电动机性能产生不可逆的变化。电动机磁钢一旦失磁，必须重新充磁才能恢复正常工作。

# 第四节　交流异步伺服电动机

功率从几瓦到几十瓦的交流异步伺服电动机，在小功率随动系统中得到十分广泛的应用。与直流伺服电动机一样，交流异步伺服电动机在自动控制系统中也常被用作执行元件。

## 一、结构特点

交流异步伺服电动机分为定子和转子两大部分。定子铁芯中安放着空间互成 $90°$ 电角度的两相绕组。其中一相作为励磁绕组，运行时接至电压为 $U_f$ 的交流电源上；另一相作为控制绕组，输入控制电压 $U_c$，电压 $U_c$ 与 $U_f$ 的频率相同。

交流异步伺服电动机的转子通常有高电阻率导条的笼型转子、非磁性空心杯转子和铁磁性空心转子三种结构型式。应用较多的是前两种。

1. 高电阻率导条的笼型转子异步伺服电动机

高电阻率导条的笼型转子结构与普通笼型异步电动机类似，但是为了减小转子的转动惯量，做得细而长。转子笼条和端环既可采用高电阻率的导电材料（如黄铜、青铜等）制造，也可采用铸铝转子，其结构示意图如图 2-14 所示。国产的 SL 系列异步伺服电动机就采用这种结构型式。

2. 非磁性空心杯转子异步伺服电动机

非磁性空心杯转子异步伺服电动机的结构示意图如图 2-15 所示。定子分外定子铁芯和内定子铁芯两部分，由硅钢片冲制后叠成。外定子铁芯槽中放置空间相距 90°电角度的两相分布绕组。内定子铁芯中不放绕组，仅作为磁路的一部分，以减小主磁通磁路的磁阻。空心杯转子用非磁性铝或铝合金制成，放在内、外定子铁芯之间，并固定在转轴上。

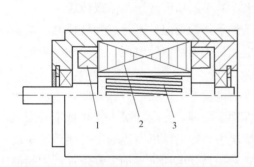

图 2-14　笼型转子异步伺服电动机结构　　　图 2-15　非磁性空心杯转子异步伺服电动机
　　　　　　示意图　　　　　　　　　　　　　　　　　　结构示意图
1—定子绕组；2—定子铁芯；3—笼型转子　　　1—机壳；2—外定子；3—杯型转子；4—内定子；5—端盖

非磁性杯型转子的壁很薄，一般在 0.3mm 左右，因而具有较大的转子电阻和很小的转动惯量。其转子上无齿槽，故运行平稳，噪声小。这种结构的电动机气隙较大，内外定子铁芯之间的气隙可达 0.5~1.5mm。因此，电动机的励磁电流较大，为额定电流的 80%~90%，致使电动机的功率因数较低，效率也较低。它的体积和质量都要比同容量的笼型转子伺服电动机大得多。同样体积下，杯型转子伺服电动机的堵转转矩要比笼型转子电动机的小得多，因此，采用杯型转子大大减小了转动惯量，但是它的快速响应性能并不一定优于笼型转子电动机。因笼型转子伺服电动机在低速运行时有抖动现象，非磁性空心杯转子异步伺服电动机可克服这一缺点，用于要求低速平滑运行的系统中。国产的 SK 系列伺服电动机就采用这种结构型式。

如果提高伺服电动机的电源频率，可以相对地减小电动机的体积和质量。目前交流异步伺服电动机使用的交流电源有工频 50Hz，也有 400、500Hz 甚至 1000Hz 的。

异步伺服电动机与普通异步电动机的重要区别之一是转子电阻大。由电动机原理可知，异步电动机的稳定运行区域为转差率从 0 到 $s_m$ 这一区域。当转子电阻 $R_{r1}$ 较小时，$s_m$ 为 0.1～0.2，异步电动机的转速可调范围很小。为了增大异步伺服电动机的调速范围，必须增大转子电阻，使出现最大转矩时的临界转差率 $s_m$ 增大，如图 2-16 所示。当转子电阻足够大时，临界转差率 $s_m \geq 1$（对应于图 2-16 中的电阻 $R_{r4}$），电动机的可调转速范围在 0 到同步速之间。

另外，随着转子电阻的增大，异步电动机的机械特性更接近于线性关系。因此，为了满足交流异步伺服电动机调速范围宽和机械特性线性的要求，应使转子电阻足够大。增大转子电阻后，还能够防止出现自转现象。两相异步伺服电动机在取消控制电压后，即 $U_c = 0$ 时，便成为单相异步电动机运行。气隙中只有励磁绕组产生的脉动磁场，该脉动磁场可分解为正序和负序两个旋转磁场，分别产生正序和负序转矩 $T_1$、$T_2$，它们

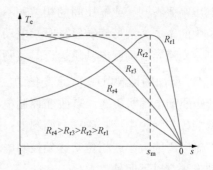

图 2-16 不同转子电阻时的机械特性

随转差率 $s$ 的变化曲线如图 2-17 中虚线所示，其合成转矩 $T_e$ 与转差率的关系如图 2-17 中实线所示。

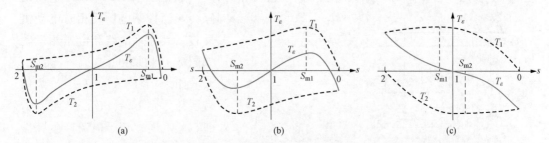

图 2-17 转子电阻对单相异步电动机机械特性的影响
(a) 转子电阻为正常值；(b) 增大转子电阻，但 $s_{m1} < 1$；(c) 增大转子电阻至 $s_{m1} > 1$

当转子电阻较小时，两相异步伺服电动机的机械特性曲线就和单相异步电动机相同，如图 2-17（a）所示。在电动机运行的转差率范围内，$0 < s < 1$，$T_1 > T_2$，合成电磁转矩 $T_e = T_1 - T_2 > 0$，只要负载转矩小于最大电磁转矩 $T_{em}$，转子将一直运转，并不会因控制电压的消失而停转。这种自转现象将使伺服电动机失去控制，在自动控制系统中绝不允许出现。

增大转子电阻，正序旋转磁场产生的最大转矩所对应的临界转差率 $s_{m1}$ 将相应增大，而负序旋转磁场产生的最大转矩所对应的临界转差率 $s_{m2}$（$s_{m2} = 2 - s_{m1}$）则相应减小，于是电动机的电磁转矩随之减小，如图 2-17（b）所示。当转子电阻足够大，正序磁场产生的最大转矩所对应的转差率 $s_{m1} > 1$，电动机的电磁转矩在电动机运行范围内均为负值，即 $T_e < 0$，如图 2-17（c）所示。

上面的分析说明，在某一控制电压下，电动机带有一定负载稳定运行，当控制电压消失，励磁绕组所产生的电磁转矩为制动转矩，从而使电动机迅速停转。因此，增大转

子电阻也是克服交流异步伺服电动机自转现象的有效措施。

**二、控制方式**

由电机学中的旋转磁场理论可知，对于两相交流异步伺服电动机，若在两相对称绕组中施加两相对称电压，即励磁绕组和控制绕组电压幅值相等且两者之间的相位差为90°电角度，便可在气隙中得到圆形旋转磁场。否则，若施加两相不对称电压，即两相电压幅值不同，或电压间的相位差不是90°电角度，得到的便是椭圆形旋转磁场。当气隙中的磁场为圆形旋转磁场时，电动机运行在最佳工作状态。

交流异步伺服电动机运行时，励磁绕组 $W_f$ 接至电压值恒定的励磁电源，而控制绕组 $W_c$ 所加的控制电压 $\dot{U}_c$ 是变化的，一般来说得到的是椭圆形旋转磁场，由此产生电磁转矩驱动电动机旋转。若改变控制电压的大小或改变它相对于励磁电压之间的相位差，就能改变气隙中旋转磁场的椭圆度，从而改变电磁转矩。当负载转矩一定时，通过调节控制电压的大小或相位来达到控制电动机转速的目的。据此，交流异步伺服电动机的控制方法有以下四种。

1. 幅值控制

保持励磁电压的幅值和相位不变，通过调节控制电压的大小来调节转速，而控制电压 $\dot{U}_c$ 与励磁电压 $\dot{U}_f$ 之间始终保持90°电角度相位差。当控制电压 $\dot{U}_c = 0$ 时电动机停转，当控制电压反相时电动机反转。其原理电路和电压相量图如图2-18所示。

如令 $\alpha = U_c/U_f = U_c/U_1$ 为信号系数，则 $U_c = \alpha U_1$。当 $\alpha = 0$，即 $U_c = 0$ 时，定子电流产生脉振磁场，电动机的不对称度最大；当 $\alpha = 1$ 时，$U_c = U_1$，产生圆形旋转磁场，电动机处于对称运行状态；当 $0 < \alpha < 1$ 即 $0 < U_c < U_1$ 时，产生椭圆形旋转磁场，电动

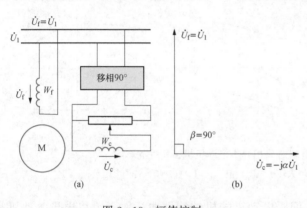

图2-18 幅值控制

(a) 原理电路图；(b) 电压相量图

机运行的不对称程度随 $\alpha$ 的增大而减小。

2. 相位控制

保持控制电压的幅值不变，通过调节控制电压的相位角 $\beta$，即改变控制电压 $\dot{U}_c$ 相对励磁电压 $\dot{U}_f$ 的相位角，实现对电动机的控制。其原理电路和电压相量图如图2-19所示。定义信号系数为 $\alpha = \dfrac{U_f \sin\beta}{U_f} = \sin\beta$，则当 $\alpha = 0$ 时，$\beta = 0$，定子电流产生脉振磁场，电动机的不对称度最大；当 $\alpha = 1$ 时，$\beta = 90°$，产生圆形旋转磁场，电动机处于对称状态；当 $0 < \alpha < 1$ 时，$0 < \beta < 90°$，电动机产生椭圆形旋转磁场。

3. 幅值—相位控制（或称电容控制）

这种控制方式是将励磁绕组串联电容 $C_a$ 后，接到励磁电源上，这时励磁绕组上的电压为 $\dot{U}_f = \dot{U}_1 - \dot{U}_{ca}$，其原理电路和电压相量图如图 2-20 所示。控制绕组电压 $\dot{U}_c$ 的相位始终与 $\dot{U}_1$ 相同。调节控制电压的幅值来改变电动机的转速时，由于转子绕组的耦合作用，励磁回路中的电流 $\dot{I}_f$ 也发生变化，使励磁绕组的电压 $\dot{U}_f$ 及串联电容上的电压 $\dot{U}_{ca}$ 也随之改

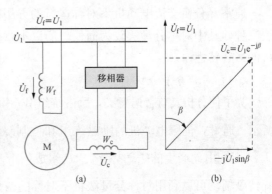

图 2-19 相位控制
(a) 原理电路图；(b) 电压相量图

变。也就是说，控制绕组电压 $\dot{U}_c$ 和励磁绕组电压 $\dot{U}_f$ 的大小及它们之间的相位角也都跟着改变，所以这是一种幅值—相位控制方式。这种控制方式利用励磁绕组中的串联电容

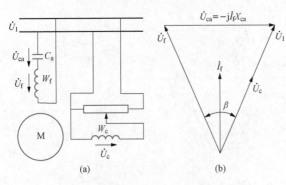

图 2-20 幅值—相位控制（电容控制）
(a) 原理电路图；(b) 电压相量图

来分相，不需要复杂的移相装置，所以设备简单，成本较低，为较常用的控制方式。

4. 双相控制

双相控制原理电路和电压相量图如图 2-21 所示。励磁绕组与控制绕组间的相位差固定在 90°电角度，而励磁绕组电压的幅值随控制电压的改变而同样改变。也就是说，无论控制电压的大小如何，伺服电动机始终在圆形旋转磁场下工作，获得的输出功率和效率最大。

三、理论分析

交流异步伺服电动机为两相异步电动机，其两相绕组轴线位置在空间正交，相差 90°电角度。在实际电动机中，两相绕组的匝数并不相等，即两相绕组是一不对称绕组。在运行时，为了改变电动机的转速，控制电压的大小和相位又是变化的。因此，两相伺服电动机是在两相不对称绕组上，外施两相不

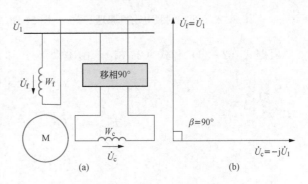

图 2-21 双相控制
(a) 原理电路图；(b) 电压相量图

对称电压运行的异步电动机。由旋转磁场理论可知，这时电动机气隙中的磁场是椭圆形旋转磁场。

通常，分析交流电动机不对称运行的方法有对称分量法、双反应理论和双旋转磁场法三种，其中对称分量法较为简便，所以本章采用对称分量法来分析交流异步伺服电动机的运行特性。

（一）对称分量分析

为了使分析具有普遍意义，励磁绕组 $W_f$ 串联一电容器 $C_a$，其容抗为 $X_{ca}$，如图 2-22 所示。通常，伺服电动机的励磁绕组和控制绕组分别外加电压 $\dot{U}_f$、$\dot{U}_c$，分别流过电流 $\dot{I}_f$、$\dot{I}_c$，由此产生的磁动势 $\dot{F}_f$、$\dot{F}_c$ 组成一个两相不对称系统，在气隙中形成一椭圆形旋转磁场。可以利用对称分量法将不对称的两相系统 $\dot{F}_f$、$\dot{F}_c$ 分解为两组对称两相系统，即正序分量系统 $\dot{F}_{f1}$、$\dot{F}_{c1}$ 和负序分量系统 $\dot{F}_{f2}$、$\dot{F}_{c2}$，相序 $W_f$-$W_c$ 为正序，相序 $W_c$-$W_f$ 为负序，如图 2-23 所示。不对称系统和两组对称系统之间的关系满足

$$\left.\begin{aligned}\dot{F}_f &= \dot{F}_{f1} + \dot{F}_{f2}\\ \dot{F}_c &= \dot{F}_{c1} + \dot{F}_{c2}\end{aligned}\right\} \tag{2-36}$$

$$\left.\begin{aligned}\dot{F}_{f1} &= j\dot{F}_{c1}\\ \dot{F}_{f2} &= -j\dot{F}_{c2}\end{aligned}\right\} \tag{2-37}$$

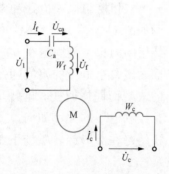

图 2-22　两相伺服电动机原理　　　图 2-23　磁动势对称分量相量图

根据式（2-36）和式（2-37），由磁动势 $\dot{F}_f$ 和 $\dot{F}_c$ 可求得各分量，它们为

$$\left.\begin{aligned}\dot{F}_{f1} &= \frac{1}{2}(\dot{F}_f + j\dot{F}_c)\\ \dot{F}_{f2} &= \frac{1}{2}(\dot{F}_f - j\dot{F}_c)\\ \dot{F}_{c1} &= \frac{1}{2}(-j\dot{F}_f + \dot{F}_c)\\ \dot{F}_{c2} &= \frac{1}{2}(j\dot{F}_f + \dot{F}_c)\end{aligned}\right\} \tag{2-38}$$

上述将由励磁绕组磁动势 $\dot{F}_f$ 和控制绕组磁动势 $\dot{F}_c$ 所组成的不对称两相系统所形成的椭圆形旋转磁动势，用一组正序磁动势 $\dot{F}_{f1}$、$\dot{F}_{c1}$ 形成的正向圆形旋转磁动势及另一组

负序磁动势 $\dot{F}_{f2}$、$\dot{F}_{c2}$ 形成的反向圆形旋转磁动势来等效。在以后的分析中，通过分别分析正、反向两个圆形旋转磁动势作用下伺服电动机的性能，叠加得到椭圆形旋转磁动势作用下的性能。

将励磁绕组各量归算到控制绕组，两个绕组的有效匝数相同，均为 $W_c k_{wc}$，则磁动势可用对应的电流关系来表示，有

$$\left.\begin{aligned}
\dot{I}'_{f1} &= \frac{1}{2}(\dot{I}'_f + j\dot{I}_c) \\
\dot{I}'_{f2} &= \frac{1}{2}(\dot{I}'_f - j\dot{I}_c) \\
\dot{I}_{c1} &= \frac{1}{2}(-j\dot{I}'_f + \dot{I}_c) \\
\dot{I}_{c2} &= \frac{1}{2}(j\dot{I}'_f + \dot{I}_c)
\end{aligned}\right\} \tag{2-39}$$

其中

$$\dot{I}'_f = \frac{\dot{I}_f}{k_{cf}}$$

$$k_{cf} = \frac{W_c k_{wc}}{W_f k_{wf}}$$

式中：$\dot{I}_f$ 为励磁电流归算至控制绕组的归算值；$k_{cf}$ 为控制绕组和励磁绕组的有效匝数比；$\dot{I}'_{f1}$、$\dot{I}'_{f2}$ 分别为归算后励磁电流的正序分量和负序分量；$\dot{I}_{c1}$、$\dot{I}_{c2}$ 分别为控制电流的正序分量和负序分量；$W_c$、$W_f$ 分别为控制绕组和励磁绕组的匝数；$k_{wc}$、$k_{wf}$ 分别为控制绕组和励磁绕组的绕组系数。

**（二）等效电路和电压方程**

多相（如三相）电动机对称运行时，只需用一相的等效电路来表示。交流伺服电动机一般在不对称情况下运行，其等效电路包括正序阻抗和负序阻抗等效电路。异步伺服电动机的励磁绕组和控制绕组一般不对称，其各序的等效电路也不能用某一相来表示。所以，异步伺服电动机的等效电路包括励磁绕组和控制绕组的正序阻抗和负序阻抗四个等效电路。根据单相异步电动机理论，这四个等效电路如图 2-24 所示，图中励磁绕组各参数均已归算至控制绕组。为了简化分析，图中略去了电动机铁芯损耗，励磁支路上只有励磁电抗 $X_{mc}$。

通常，异步伺服电动机的励磁绕组和控制绕组所占的槽数及绕组形式完全相同，两绕组在槽中的铜线面积基本相等，所以折算后两绕组的电阻和阻抗分别近似相等，即

$$\left.\begin{aligned}
R'_{sf} &= k_{cf}^2 R_{sf} = R_{sc} \\
X'_{\sigma f} &= k_{cf}^2 X_{\sigma f} = X_{\sigma c} \\
Z'_{\sigma f} &= k_{cf}^2 Z_{\sigma f} = Z_{\sigma c}
\end{aligned}\right\} \tag{2-40}$$

若将图 2-24 中正序阻抗和负序阻抗等效电路中的励磁支路和转子支路并联，其等效电路简化成如图 2-25 所示。其中

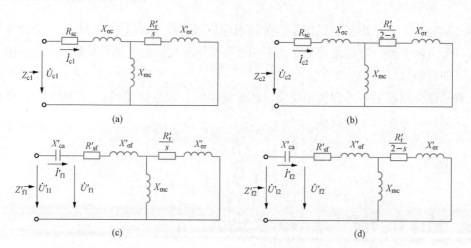

图 2-24 交流异步伺服电动机的正序阻抗和负序阻抗等效电路

（a）控制绕组正序等效电路；（b）控制绕组负序等效电路；

（c）励磁绕组正序等效电路；（d）励磁绕组负序等效电路

$$
\left.
\begin{aligned}
R'_{rm1} &= \frac{X_{mc}^2 \dfrac{R'_r}{s}}{\left(\dfrac{R'_r}{s}\right)^2 + (X_{mc}+X'_{\sigma r})^2} = \frac{X_{mc}^2 R'_r s}{R'^2_r + s^2(X_{mc}+X'_{\sigma r})^2} \\[2mm]
X'_{rm1} &= \frac{X_{mc}\left(\dfrac{R'_r}{s}\right)^2 + X_{mc}X'_{\sigma r}(X_{mc}+X'_{\sigma r})}{\left(\dfrac{R'_r}{s}\right)^2 + (X_{mc}+X'_{\sigma r})^2} \\[2mm]
&= \frac{X_{mc}R'^2_r + s^2 X_{mx}X'_{\sigma r}(X_{mc}+X'_{\sigma r})}{R'^2_r + s^2(X_{mc}+X'_{\sigma r})^2} \\[2mm]
R'_{m2} &= \frac{X_{mc}^2 \dfrac{R'_r}{2-s}}{\left(\dfrac{R'_r}{2-s}\right)^2 + (X_{mc}+X'_{\sigma r})^2} \\[2mm]
&= \frac{X_{mc}^2 R'_r(2-s)}{R'^2_r + (2-s)^2(X_{mc}+X'_{\sigma r})^2} \\[2mm]
X'_{rm2} &= \frac{X_{mc}\left(\dfrac{R'_r}{2-s}\right)^2 + X_{mc}X'_{\sigma r}(X_{mc}+X'_{\sigma r})}{\left(\dfrac{R'_r}{2-s}\right)^2 + (X_{mc}+X'_{\sigma r})^2} \\[2mm]
&= \frac{X_{mc}R'^2_r + (2-s)^2 X_{mc}X'_{\sigma r}(X_{mc}+X'_{\sigma r})}{R'^2_r + (2-s)^2(X_{mc}+X'_{\sigma r})^2}
\end{aligned}
\right\} \tag{2-41}
$$

由式（2-41）可知，$R'_{rm1}$、$X'_{rm1}$、$R'_{m2}$、$X'_{rm2}$ 都是转差率 $s$ 的函数，即随电动机转速而变化。

从图 2-25 可以得到励磁绕组回路的正序阻抗 $Z'_{f1}$ 和负序阻抗 $Z'_{f2}$ 分别为

$$
\left.
\begin{aligned}
Z'_{f1} &= -X'_{ca} + Z'_{\sigma f} + Z'_{rm1} = -X'_{ca} + Z_{c1} \\
Z'_{f2} &= -X'_{ca} + Z'_{\sigma f} + Z'_{rm2} = -X'_{ca} + Z_{c2}
\end{aligned}
\right\} \tag{2-42}
$$

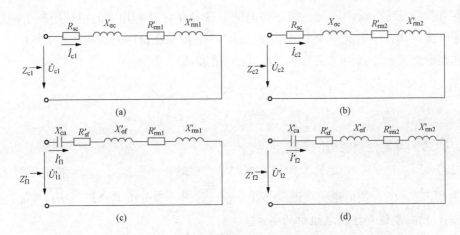

图 2-25 励磁支路与转子支路并联后的正序阻抗和负序阻抗等效电路

(a) 控制绕组正序等效电路;(b) 控制绕组负序等效电路;

(c) 励磁绕组正序等效电路;(d) 励磁绕组负序等效电路

控制绕组的正序阻抗 $Z_{c1}$ 和负序阻抗 $Z_{c2}$ 分别为

$$\left. \begin{array}{l} Z_{c1} = Z_{\sigma c} + Z'_{rm1} = R_{c1} + jX_{c1} \\ Z_{c2} = Z_{\sigma c} + Z'_{rm2} = R_{c2} + jX_{c2} \end{array} \right\} \qquad (2-43)$$

由式(2-42)和式(2-43)可知,正序阻抗 $Z'_{f1}$、$Z_{c1}$ 和负序阻抗 $Z'_{f2}$、$Z_{c2}$ 也都是转差率 $s$ 的函数。

将图 2-25 中正序阻抗和负序阻抗等效电路中各支路电阻和电抗合并,则得到图 2-26 所示的等效电路图。其中

$$\left. \begin{array}{l} R_{c1} = R_{sc} + R'_{rm1} \\ X_{c1} = X_{\sigma c} + X'_{rm1} \\ R_{c2} = R_{sc} + R'_{rm2} \\ X_{c2} = X_{\sigma c} + X'_{rm2} \end{array} \right\} \qquad (2-44)$$

$$\left. \begin{array}{l} R'_{f1} = R'_{sf} + R'_{rm1} \\ X'_{f1} = -X'_{ca} + X'_{\sigma f} + X'_{rm1} \\ R'_{f2} = R'_{sf} + R'_{rm2} \\ X'_{f2} = -X'_{ca} + X'_{\sigma f} + X'_{rm2} \end{array} \right\} \qquad (2-45)$$

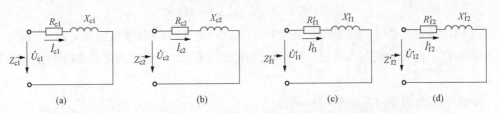

图 2-26 各支路电阻、电抗合并后的正序阻抗和负序阻抗等效电路

(a) 控制绕组正序等效电路;(b) 控制绕组负序等效电路;

(c) 励磁绕组正序等效电路;(d) 励磁绕组负序等效电路

在对称分量法分析中，每一相序的电流分量只在它对应相序的阻抗中产生电压降，即正序电流只在正序阻抗中产生电压降，而负序电流只在负序阻抗中产生电压降。

在励磁绕组和控制绕组回路中，有电压平衡关系

$$\left.\begin{aligned}\dot{U}_1' &= \dot{U}_{11}' + \dot{U}_{12}' = \dot{I}_{f1}' Z_{f1}' + \dot{I}_{f2}' Z_{f2}' \\ \dot{U}_c &= \dot{U}_{c1} + \dot{U}_{c2} = \dot{I}_{c1} Z_{c1} + \dot{I}_{c2} Z_{c2}\end{aligned}\right\} \tag{2-46}$$

式中：$\dot{U}_1'$ 为归算至控制绕组的外施电压。

由式（2-46）可知，已知交流异步伺服电动机的正序阻抗 $Z_{f1}'$、$Z_{c1}$ 和负序阻抗 $Z_{f2}'$、$Z_{c2}$ 及电压 $\dot{U}_1'$、$\dot{U}_c$，便可求得电流的各序分量，并进一步分析电动机的运行性能。

（三）励磁绕组和控制绕组中的电流

将式（2-39）中励磁绕组和控制绕组电流的对称分量代入式（2-46），消去电流 $\dot{I}_{f1}'$ 和 $\dot{I}_{f2}'$，得控制绕组电流的对称分量为

$$\left.\begin{aligned}\dot{I}_{c1} &= \frac{\dot{U}_c \dot{Z}_{f2}' - j\dot{U}_1' Z_{c2}}{Z_{c1} Z_{f2}' + Z_{c2} Z_{f1}'} \\ \dot{I}_{c2} &= \frac{\dot{U}_c \dot{Z}_{f1}' + j\dot{U}_1' Z_{c1}}{Z_{c1} Z_{f2}' + Z_{c2} Z_{f1}'}\end{aligned}\right\} \tag{2-47}$$

根据电流的对称分量关系式（2-39），由 $\dot{I}_{c1}$、$\dot{I}_{c2}$ 可得到励磁绕组电流的对称分量 $\dot{I}_{f1}'$ 和 $\dot{I}_{f2}'$，从而可得控制绕组和励磁绕组电流为

$$\left.\begin{aligned}\dot{I}_c &= \dot{I}_{c1} + \dot{I}_{c2} \\ \dot{I}_f' &= \dot{I}_{f1}' + j\dot{I}_{f2}' = j\dot{I}_{c1} - j\dot{I}_{c2}\end{aligned}\right\} \tag{2-48}$$

（四）电磁功率和电磁转矩

两相伺服电动机经常工作在不对称状态。对于异步电动机，电磁功率是转子电流流过等效电路的转子电阻所消耗的电功率，它与定子电流流过不计铁耗时励磁支路与转子支路并联阻抗的等效电阻所消耗的电功率相等。从图 2-25 可以得到，正向旋转磁场的电磁功率为

$$P_{e1} = I_{c1}^2 R_{m1}' + I_{f1}'^2 R_{m1}' = 2I_{c1}^2 R_{m1}' \tag{2-49}$$

反向旋转磁场的电磁功率为

$$P_{e2} = I_{c2}^2 R_{m2}' + I_{f2}'^2 R_{m2}' = 2I_{c2}^2 R_{m2}' \tag{2-50}$$

正向旋转磁场使电动机工作在电动机状态，产生正向的电磁转矩 $T_{e1}$，反向旋转磁场使电动机工作在电磁制动状态，产生反向电磁转矩 $T_{e2}$，总的电磁转矩即为上述两种转矩之差。

由正向旋转磁场产生的电磁转矩为

$$T_{e1} = \frac{P_{e1}}{\Omega_s} = 9.55 \frac{P_{e1}}{n_s} \tag{2-51}$$

反向旋转磁场产生的电磁转矩为

$$T_{e2} = \frac{P_{e2}}{\Omega_s} = 9.55 \frac{P_{e2}}{n_s} \tag{2-52}$$

合成转矩为

$$T_e = T_{e1} - T_{e2} = \frac{9.55}{n_s}(P_{e1} - P_{e2}) = \frac{18.1}{n_s}(I_{c1}^2 R'_{rm1} - I_{c2}^2 R'_{rm2}) \tag{2-53}$$

式（2-51）～式（2-53）中：$\Omega_s$ 为电动机的同步角速度，rad/s；$n_s$ 为电动机的同步转速，r/min；$T_{e1}$、$T_{e2}$、$T_e$ 为电磁转矩，单位为 N·m。

（五）获得圆形旋转磁场的条件

当电动机气隙磁场是椭圆形旋转磁场时，负序旋转磁场的存在使电动机的电磁转矩减小，损耗增大。

从上面的分析可知，如果 $\dot{I}_{c2}=0$，气隙磁场即为圆形旋转磁场。由式（2-47）可知，获得圆形旋转磁场的条件是

$$\dot{U}_c Z'_{f1} + j\dot{U}_1 Z_{c1} = 0 \tag{2-54}$$

下面对不同控制方式时交流异步伺服电动机获得圆形旋转磁场的条件进行分析。

1. 幅值控制

幅值控制时，励磁回路不接电容，$X_{ca}=0$，$\dot{U}_f = \dot{U}_1$。若取电源电压 $U_1$ 为电压基值，则控制电压 $U_c$ 的标幺值为

$$\alpha = \frac{U_c}{U_1} \tag{2-55}$$

幅值控制时，信号系数 $\alpha$ 为变量。通常将控制电压与归算到控制绕组的电源电压 $U'_1$ 之比称为有效信号系数 $\alpha_e$，即

$$\alpha_e = \frac{U_c}{U'_1} = \frac{U_c}{k_{cf}U_1} = \frac{\alpha}{k_{cf}} \tag{2-56}$$

因 $\dot{U}_c$ 在相位上滞后 $\dot{U}_1$ 90°电角度，所以

$$\dot{U}_c = -j\alpha\dot{U}_1 = -j\alpha_e\dot{U}'_1 \tag{2-57}$$

当 $X_{ca}=0$ 时，有

$$Z'_{f1} = Z_{c1} \tag{2-58}$$

将式（2-57）和式（2-58）代入式（2-54），得

$$\alpha_e = 1 \tag{2-59}$$

即幅值控制时，交流异步伺服电动机获得圆形旋转磁场的条件是有效信号系数等于1。

2. 相位控制

同样有 $X_{ca}=0$，$\dot{U}_f = \dot{U}_1$。相位控制时，通常使控制电压 $U_c = U'_1$，而控制电压与励磁电压间的相位差 $\beta$ 在 0°～90°电角度之间变化，因此有

$$\dot{U}_c = \dot{U}_1 e^{-j\beta} \tag{2-60}$$

$$Z'_{f1} = Z_{c1} \tag{2-61}$$

将式（2-60）和式（2-61）代入式（2-54），得

$$\dot{U}'_1 e^{-j\beta} Z'_{f1} + j\dot{U}'_1 Z'_{f1} = 0 \tag{2-62}$$

化简得

$$e^{-j\beta} + j = 0 \qquad (2-63)$$

即

$$e^{-j\beta} + e^{-j90°} = 0$$

$$\beta = 90° \qquad (2-64)$$

式（2-64）表示相位控制时异步伺服电动机获得圆形旋转磁场的条件，是控制电压和励磁电压间的相位差为90°电角度。

3. 幅值—相位控制

这时，控制电压 $\dot{U}_c$ 与电源电压 $\dot{U}_1$ 同相但大小不同。考虑到

$$Z'_{f1} = Z_{c1} - jX'_{ca} = R_{c1} + j(X_{c1} - X'_{ca})$$

式（2-54）可表示为

$$\alpha_e \dot{U}'_1 [R_{c1} + j(X_{c1} - X'_{ca})] + j\dot{U}'_1 (R_{c1} + jX_{c1}) = 0$$

或

$$(\alpha R_{c1} - X_{c1}) + j[\alpha_e(X_{c1} - X'_{ca}) + R_{c1}] = 0 \qquad (2-65)$$

令式（2-65）的实部和虚部分别等于零，得

$$\left.\begin{array}{l} \alpha_e = \dfrac{X_{c1}}{R_{c1}} \\[3mm] X'_{ca} = \dfrac{R_{c1} + \alpha_e X_{c1}}{\alpha_e} = \dfrac{R_{c1}^2 + X_{c1}^2}{X_{c1}} \end{array}\right\} \qquad (2-66)$$

式（2-66）表示在幅值—相位控制中，要得到圆形旋转磁场，有效信号系数 $\alpha_e$ 和电容器容抗 $X_{ca}$ 应满足的条件。由于 $R_{c1}$、$X_{c1}$ 是转差率 $s$ 的函数，故在某一转速下按式（2-66）选定 $\alpha_e$、$X_{ca}$ 后，当转速发生改变时，磁场又变为椭圆形旋转磁场。

在自动控制系统中，要求伺服电动机在起动时能有尽可能大的转矩，以提高系统的动态性能。因此，在幅值—相位控制中，通常使伺服电动机在起动时（$s=1$）获得圆形旋转磁场，这时有效信号系数和电容容抗应为

$$\left.\begin{array}{l} \alpha_{e0} = \dfrac{X_{c1st}}{R_{c1st}} \\[3mm] X'_{ca} = \dfrac{R_{c1st}^2 + X_{c1st}^2}{X_{c1st}} \end{array}\right\} \qquad (2-67)$$

4. 双相控制

双相控制的出发点就是为了使电动机工作在圆形旋转磁场。该控制方式下，励磁电压随控制电压一起变化，它们之间的相位差固定在90°电角度。于是，由前面的分析可知，只要满足

$$U_c = k_{cf}U_f \qquad (2-68)$$

电动机便工作在圆形旋转磁场。

**四、静态特性**

（一）机械特性

不同控制方式时交流异步伺服电动机的机械特性不同，但它们的分析方法相同。现

以幅值控制为例进行分析。

伺服电动机在幅值控制时，控制电压 $\dot{U}_c$ 和电源电压 $\dot{U}_1$ 始终保持相位角 $\beta = 90°$ 电角度，且励磁绕组回路中不串联电容器，即 $X'_{ca} = 0$。这时

$$\left.\begin{array}{l} Z'_{f1} = Z_{c1} \\ Z'_{f2} = Z_{c2} \\ \dot{U}_c = -j\alpha\dot{U}_1 = -j\alpha_e\dot{U}'_1 \end{array}\right\} \tag{2-69}$$

将式（2-69）代入式（2-47），得幅值控制时控制绕组电流的正序分量 $\dot{I}_{c1}$ 和负序分量 $\dot{I}_{c2}$ 为

$$\left.\begin{array}{l} \dot{I}_{c1} = -j\dfrac{\dot{U}'_1}{2Z_{c1}}(1+\alpha_e) \\[3mm] \dot{I}_{c2} = j\dfrac{\dot{U}'_1}{2Z_{c2}}(1-\alpha_e) \end{array}\right\} \tag{2-70}$$

将式（2-70）代入式（2-53）便可得到电磁转矩

$$T_e = \frac{9.55}{n_s}\frac{U'^2_1}{2}\left[\frac{R'_{rm1}}{Z^2_{c1}}(1+\alpha_e)^2 - \frac{R'_{rm2}}{Z^2_{c2}}(1-\alpha_e)^2\right] \tag{2-71}$$

为了简化表达式和使分析结论更具普遍性，将式（2-71）以标幺值形式表示，选取圆形旋转磁场时的堵转转矩作为转矩的基值。因获得圆形旋转磁场的条件是 $\alpha_e = 1$，而堵转时

$$\left.\begin{array}{l} s = 1 \\ 2 - s = 1 \end{array}\right\} \tag{2-72}$$

由式（2-41）和式（2-43）得

$$\left.\begin{array}{l} R'_{rm1} = R'_{rm2} = \dfrac{X^2_{mc}R'_r}{R'^2_r + (X_{mc} + X'_{\sigma r})^2} = R'_{rmst} \\[4mm] X'_{rm1} = X'_{rm2} = \dfrac{X_{mc}R'^2_r + X_{mc}X'_{\sigma r}(X_{mc} + X'_{\sigma r})}{R'^2_r + (X_{mc} + X'_{\sigma r})^2} = X'_{rmst} \\[4mm] Z_{c1} = Z_{c2} = R_{cst} + jX_{cst} = Z_{cst} \end{array}\right\} \tag{2-73}$$

将式（2-73）代入式（2-71），得到幅值控制时的转矩基值为

$$T_{stb} = \frac{9.55}{n_s}\frac{2U'^2_1}{Z^2_{cst}}R'_{rmst} \tag{2-74}$$

电磁转矩的标幺值为

$$T^*_e = \frac{T_e}{T_{stb}} = \frac{Z^2_{cst}R'_{rm1}}{Z^2_{c1}R'_{rmst}}\left(\frac{1+\alpha_e}{2}\right)^2 - \frac{Z^2_{cst}R'_{rm2}}{Z^2_{c2}R'_{rmst}}\left(\frac{1-\alpha_e}{2}\right)^2 \tag{2-75}$$

式（2-75）中，阻抗 $Z_{c1}$、$Z_{c2}$、$R'_{rm1}$、$R'_{rm2}$ 都是转速的函数，所以当控制电压不变，即 $\alpha_e$ 为常数时，它表示了电动机的电磁转矩和转速之间的关系。故式（2-75）即为异步伺服电动机幅值控制时的机械特性。

式（2-75）中，转矩标幺值 $T^*_e$ 和转速标幺值 $n^*$ 的关系十分复杂。因此，常采用实际电动机的参数，按式（2-75）进行计算，作出不同有效信号系数时的机械特性曲

线。由于式（2-75）使用标幺值表示，选用实际电动机参数得到的特性曲线仍具有普遍意义。

图 2-27（a）中给出了一台交流异步伺服电动机的一组机械特性曲线，其参数为 $k_{cf}=0.5$，$R_{sc}=75\Omega$，$X_{\sigma c}=75\Omega$，$X_{mc}=150\Omega$，$R'_r=300\Omega$，$X_{\sigma r}=4.5\Omega$。从图 2-27（a）中可以看出，幅值控制时异步伺服电动机的机械特性是一组曲线。只有当有效信号系数 $\alpha_e=1$ 即圆形旋转磁场时，理想空载转速才是同步转速。当有效信号系数 $\alpha_e\neq1$ 即椭圆形旋转磁场时，理想空载转速将低于同步转速。这是因为在椭圆形旋转磁场中，存在的反向旋转磁场产生了附加制动转矩 $T_2$，相当于负载转矩，因此，转子转速不能达到同步转速 $n_s$，故理想空载转速 $n_0$ 只能小于 $n_s$。有效信号系数 $\alpha_e$ 越小，磁场椭圆度越大，反向转矩越大，理想空载转速就越低。

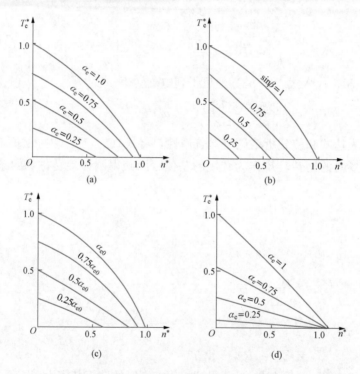

图 2-27　交流异步伺服电动机的机械特性
(a) 幅值控制；(b) 相位控制；(c) 幅值—相位控制；(d) 双相控制

应用类似的方法，可得相位控制和幅值—相位控制时的机械特性，分别如图 2-27（b）和图 2-27（c）所示。这里选定电动机起动时获得圆形旋转磁场，所以电动机运转后便有椭圆形磁场。这使得理想空载情况下负序磁场产生反向转矩，理想空载转速低于同步转速。

对于双相控制方式，励磁电压与控制电压相等，且两个电压间的相位差固定在 90° 电角度，气隙磁场始终为圆形旋转磁场。从图 2-27（d）可见，理想空载转速为同步转速 $n_s$，不随有效信号系数 $\alpha_e$ 的变化而改变。与另外三种控制方式不同的是，这里取控制电压为额定值时的起动电磁转矩为转矩基值。

比较图 2‐27 所示四种控制方式时的机械特性可以看出，若堵转转矩的标幺值相同，对应于同一转速下，一般而言，在幅值、相位和幅值—相位控制中，幅值—相位控制时电机的转矩标幺值较大，而相位控制时最小。这是因为在幅值—相位控制时，励磁回路中串联有电容器，当电动机起动后，励磁绕组中的电流将发生变化，电容电压 $U'_{ca}$ 也随之改变，因此励磁绕组的端电压 $U'_f$ 有可能比堵转时还高，使转矩略有增高。双相控制时，气隙磁场始终为圆形旋转磁场，使电动机运行在最佳状态。

（二）调节特性

交流异步伺服电动机的调节特性是指电磁转矩不变时，转速与控制电压的关系，即 $T^*_e$ 为常数时的 $n^* = f(\alpha_e)$ 或 $n^* = f(\sin\beta)$。

从电动机的转矩表达式直接推导出调节特性相当复杂，所以各种控制方式下的调节特性曲线，都是从相应的机械特性曲线用作图法求得，即在某一转矩值下，由机械特性曲线上找出转速和相对应的信号系数，并绘成曲线。各种控制方式下的调节特性如图 2‐28 所示。

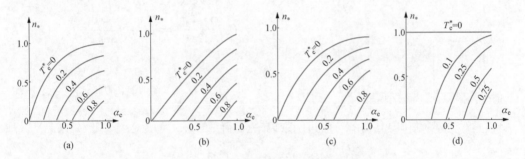

图 2‐28　交流异步伺服电动机的调节特性
（a）幅值控制；（b）相位控制；（c）幅值—相位控制；（d）双相控制

由图 2‐28 可见，交流异步伺服电动机的调节特性都不是线性关系，仅在转速标幺值较小和信号系数 $\alpha_e$ 不大的范围内才近似于线性关系。所以，为了获得线性的调节特性，伺服电动机应工作在较小的相对转速范围内，这可通过提高伺服电动机的工作频率来实现。例如，伺服电动机的调速范围是 $0\sim2400\mathrm{r/min}$，若电源频率为 $50\mathrm{Hz}$，同步转速 $n_s = 3000\mathrm{r/min}$，转速 $n^*$ 的调节范围为 $0\sim0.8$；若电源频率为 $500\mathrm{Hz}$，同步转速 $n_s = 30\,000\mathrm{r/min}$，转速 $n^*$ 的调节范围仅为 $0\sim0.08$，这样伺服电动机便可工作在调节特性的线性部分。

**五、动态特性**

交流异步伺服电动机的动态特性的分析方法与直流伺服电动机相类似，主要区别是，交流电动机的机械特性和调节特性均为非线性，这使得其传递函数的获得过程十分复杂，也大大降低了这种形式传递函数的实用价值。下面以幅值控制为例来说明交流异步伺服电动机的动态特性的分析方法。

由第二章第二节直流伺服电动机动态过程的分析可知，电动机动态过渡过程包括电气过渡过程和机械过渡过程两个方面。动态过程中，这两个过渡过程相互影响，相互关联，但是电动机的电气过渡过程远小于机械过渡过程时间，分析交流异步伺服电动机在幅值控制时的动态性能时，只考虑电动机的机械过渡过程，略去电气过渡过程。这种简化的物理意义是认为电动机加上控制电压后，控制电流将瞬时达到稳态值。另外，假设电动机工作在有效信号系数 $\alpha_e = 1$ 即圆形旋转磁场条件下，电动机的机械运动方程为

$$T_e = T_L + J \frac{d\Omega}{dt} \tag{2-76}$$

求解式（2-76）的微分方程非常困难，因为电磁转矩 $T_e$ 是转速的函数，且机械特性是非线性的，工程上常将机械特性线性化。具体方法是用一条通过机械特性的起动转矩和空载转速点的直线来代替非线性的机械特性，如图 2-29 所示。由图可见，对于直线上的任意点 $a$，有

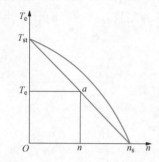

$$\frac{T_{st}}{T_e} = \frac{n_s}{n_s - n} = \frac{\Omega_s}{\Omega_s - \Omega} \tag{2-77}$$

将式（2-77）代入式（2-76）得

$$T_{st} \frac{\Omega_s - \Omega}{\Omega_s} = T_L + J \frac{d\Omega}{dt} \tag{2-78}$$

或

$$J \frac{d\Omega}{dt} + \Omega \frac{T_{st}}{\Omega_s} = T_{st} - T_L \tag{2-79}$$

图 2-29　机械特性曲线线性化　　两边同乘以 $\frac{\Omega_s}{T_{st}}$，得

$$J \frac{\Omega_s}{T_{st}} \frac{d\Omega}{dt} + \Omega = \Omega_s - \frac{T_L \Omega_s}{T_{st}} = \Omega_a \tag{2-80}$$

$$\Omega_a = \Omega_s - \frac{T_L \Omega_s}{T_{est}}$$

式中：$\Omega_a$ 为电动机的机械过渡过程结束时达到某一稳定工作点 $a$ 的稳定转速。

对照直流伺服电动机分析中的式（2-26），可将式（2-80）改写为

$$\tau_m \frac{d\Omega}{dt} + \Omega = \Omega_a \tag{2-81}$$

在机电时间常数 $\tau_m = J \frac{\Omega_s}{T_{st}}$ 中用空载转速 $n_s$ 代替 $\Omega_s$，则 $\tau_m$ 可表示为

$$\tau_m = \frac{2\pi}{60} J \frac{n_s}{T_{st}} = 0.1047 J \frac{n_s}{T_{st}} \tag{2-82}$$

由前面的分析可知，相对于直流伺服电动机，交流异步伺服电动机的机械特性为非线性。为了考虑其非线性特点，在满足工程精度要求的条件下，将它近似看作抛物线关系，并通过 $n^* = 0$、$T_e^* = 1$，$n^* = 0.5$、$T_e^* = 0.5 + \mu$ 和 $n^* = 1$、$T_e^* = 0$ 三个特定点来确定抛物线方程，如图 2-30 所示。将机械特性表示为

$$T_e^* = 1 + (4\mu - 1)n^* - 4\mu n^{*2} \tag{2-83}$$

式中：$\mu$ 为抛物线中的最大误差，可参见图 2-30。

根据动力学方程式可以推导出电动机转速随时间的变化关系，即

$$n^* = \frac{e^{\frac{k}{\tau_m}t} - 1}{e^{\frac{k}{\tau_m}t} - 1 + k} \tag{2-84}$$

其中，$k = 4\mu + 1$。

由式（2-84）得图 2-31 所示电动机转速随时间变化的曲线。图中 $\mu = 0$ 的曲线对应于线性化的机械特性。

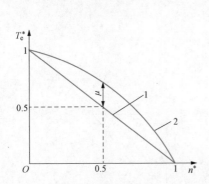

图 2-30 机械特性曲线以抛物线近似曲线
1—线性机械特性；2—实际机械特性

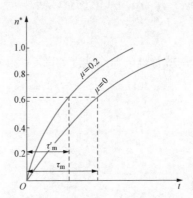

图 2-31 考虑机械特性非线性后的
电动机转速变化过程

由式（2-84）可求得电动机转速由零上升到 $63.2\% n_s$ 所需的时间，即考虑到电动机机械特性非线性后的时间常数方程为

$$\tau'_m = k_\mu \frac{2\pi}{60} \frac{J n_s}{T_{st}} = k_\mu \tau_m \tag{2-85}$$

$$k_\mu = \frac{1}{4\mu + 1} \ln(6.86\mu + 2.71) \tag{2-86}$$

由式（2-86）可见，当 $\mu = 0$ 时 $\tau'_m = \tau_m$，当 $\mu \neq 0$ 时 $\tau'_m < \tau_m$。也就是说，机械特性的非线性，使机电时间常数变小，通常 $\mu$ 在 $0 \sim 0.2$ 之间，所以 $\tau'_m$、$\tau_m$ 间由 $\mu$ 引起的误差不超过 22%。这样，$\tau'_m$ 仍可近似地用线性机械特性时的机电时间常数 $\tau_m$ 代替。

我国生产的 SL 系列笼型转子异步伺服电动机的机电时间常数为 $10 \sim 55\text{ms}$。其中，大部分产品的机电时间常数仅为 $10 \sim 20\text{ms}$。

### 六、主要性能指标

1. 空载始动电压 $U_{s0}$

在额定励磁电压和空载的情况下，使转子在任意位置开始连续转动所需的最小控制电压定义为空载始动电压 $U_{s0}$，以额定控制电压的百分比来表示。$U_{s0}$ 越小，表示伺服电动机的灵敏度越高。一般要求 $U_{s0}$ 不大于额定控制电压的 $3\% \sim 4\%$；用于精密仪器仪表中的两相交流异步伺服电动机，有时要求不大于额定控制电压的 1%。

2. 机械特性非线性度 $k_n$

在额定励磁电压下，任意控制电压时的实际机械特性与线性机械特性在转矩 $T_e = T_{st}/2$ 时的转速偏差 $\Delta n$ 与空载转速 $n_0$（对称状态时）之比的百分数，定义为机械特性非线性度，即

$$k_n = \frac{\Delta n}{n_0} \times 100\% \qquad (2-87)$$

机械特性的非线性度如图 2-32 所示。

3. 调节特性非线性度 $k_v$

在额定励磁电压和空载情况下，当 $\alpha_e = 0.7$ 时，实际调节特性与线性调节特性的转速偏差 $\Delta n$ 与 $\alpha_e = 1$ 时的空载转速 $n_0$ 之比的百分数定义为调节特性非线性度，即

$$k_v = \frac{\Delta n}{n_0} \times 100\% \qquad (2-88)$$

调节特性的非线性度如图 2-33 所示。

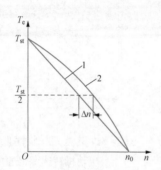

图 2-32 机械特性的非线性度
1—线性机械特性；2—实际机械特性

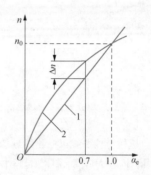

图 2-33 调节特性的非线性度
1—线性调节特性；2—实际调节特性

以上这几种特性的非线性度越小，特性曲线越接近直线，系统的动态误差就越小，工作就越准确，一般要求 $k_n \leqslant 20\%$，$k_v \leqslant 25\%$。

4. 机电时间常数 $\tau_m$

当转子电阻相当大时，交流伺服电动机的机械特性接近于直线。如果把信号系数 $\alpha_e = 1$ 时的机械特性近似地用一条直线来代替，如图 2-34 中虚线所示，那么与这条机械特性相对应的机电时间常数就与直流伺服电动机机电时间常数表达式相同，即

$$\tau_m = \frac{J\Omega_s}{T_{st}} \qquad (2-89)$$

式中：$J$ 为转子转动惯量，kg·m²；$\Omega_s$ 为对称状态下，空载时的角速度（对应的转速为 $n_s$），rad/s；$T_{st}$ 为对称状态下的堵转转矩，N·m。

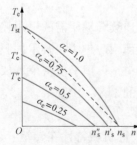

图 2-34 不同信号系数 $\alpha_e$ 时的
机械特性

在技术数据中所给出的机电时间常数值就是按照式（2-89）计算的。但必须指出，伺服电动机经常工作于不对称状态，即 $\alpha_e \neq 1$。由图 2-34 可以看出，随着 $\alpha_e$ 的减小，机械特性上的空载转速与堵转转矩的比值增大，即

$$\frac{n_s}{T_{st}} < \frac{n_s'}{T_e'} < \frac{n_s'}{T''} \qquad (2-90)$$

因而随着 $\alpha_e$ 的减小，相应的时间常数也随着增大，即

$$\tau_m < \tau_m' < \tau_m'' \qquad (2-91)$$

# 第五节　交流同步伺服电动机

直流伺服电动机和交流异步伺服电动机的转速，随着电动机轴上所带的负载转矩或加在控制绕组上的控制信号电压的改变而变化。但是，在有些自动控制系统中，往往要求电动机的转速恒定不变，即要求电动机的转速不随负载和控制电压的变化而改变。交流同步伺服电动机就是具有这种特性的电动机。

随着电力电子技术、计算机技术和控制理论的发展，交流同步伺服电动机的应用越来越广泛。目前，功率从零点几瓦到数百瓦的各种同步伺服电动机，在无线电通信设备、自动和遥控装置、程序控制器、高级音像设备和钟表等要求恒速传动的自动控制装置中的使用越来越多。

结构上，交流同步伺服电动机也由定子和转子两部分组成。各种同步电动机的定子结构与一般异步电动机的相同，定子铁芯也是由带有齿和槽的冲片叠成，在槽中嵌入对称三相或二相绕组。

通常，按定子绕组所接电源的相数交流同步伺服电动机可分为三相和单相两大类。三相同步伺服电动机的定子结构与普通三相异步电动机相同。单相同步伺服电动机又分为电容移相式和罩极式两种。电容移相式的定子结构与幅值控制的异步伺服电动机相同，罩极式的定子结构与单相罩极式异步电动机的相同。

按转子结构的不同，交流同步伺服电动机又可分为永磁式、磁阻式和磁滞式三种。这些电动机的转子上均没有励磁绕组，因而也无电刷接触，结构简单，工作可靠。

## 一、永磁同步电动机（permanent magnet synchronous motor）

### 1. 结构形式

永磁同步电动机的转子由永久磁钢制成。按照永磁体在转子上位置的不同，转子磁路结构主要可分为表贴式和内嵌式两种。采用自起动方式起动时，转子上还设置有笼型绕组。图 2-35 所示为自起动瓦片永磁体转子结构，永磁体贴于转子表面，极间用铝、铜等隔磁材料隔开，以减小漏磁，而笼型导条放置在永磁体内侧。

随着永磁材料性能的不断提高，高性能低价格永磁材料（如钕铁硼）的出现，永磁同步电动机的应用范围不断扩大。与其他型式同步电动机相比，它体积小，效率高，耗电少，结构简单、可靠，已成为同步电动机中最主要的品种。功率从几瓦到几百瓦，甚至是几十千瓦的永磁同步电动机在各种自动控制系统中得到广泛的应用。

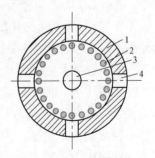

### 2. 工作原理

永磁同步电动机的转子可以制成一对极的，也可制成多对极的，现以两极电动机为例说明其工作原理。

图 2-36 所示为一台两极的永磁同步电动机的工作原理。当定子绕组通上交流电源后，就产生旋转磁场，在图

图 2-35　自起动瓦片永磁体
转子结构

1—永磁体；2—转子导条；
3—转轴；4—非磁性材料

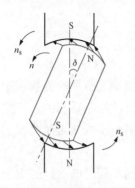

图 2-36 永磁同步电动机的
工作原理

中以一对旋转磁极 N、S 表示。当定子磁场以同步转速 $n_s$ 逆时针方向旋转时,根据异性极相吸的原理,定子旋转磁极就吸引转子磁极,带动转子一起旋转,转子的旋转速度与定子磁场的旋转速度(同步转速 $n_s$)相等。当转子上的负载转矩增大时,定、转子磁极轴线间的夹角 $\delta$ 就相应增大;反之,夹角 $\delta$ 则减小。定、转子磁极间的磁力线如同具有弹性的橡皮筋,随着负载的增大和减小而拉长和缩短。虽然定、转子磁极轴线之间的夹角会随负载的变化而改变,但只要负载不超过某一极限,转子就始终跟着定子旋转磁场以同步转速 $n_s$ 转动,即转子转速为

$$n = n_s = \frac{60f}{p} \tag{2-92}$$

式中:$f$ 为电源频率;$p$ 为电动机极对数。

电动机的输入功率为

$$P_1 = mUI_1\cos\varphi = \frac{mU\left[E_0(X_d\sin\delta - R_1\cos\delta) + R_1U + \frac{1}{2}U(X_d - X_q)\sin2\delta\right]}{R_1^2 + X_dX_q}$$

$$\tag{2-93}$$

式中:$m$ 为电动机相数;$U$、$E_0$ 分别为电源电压和空载反电动势有效值;$R_1$ 为定子绕组电阻;$X_d$、$X_q$ 分别为电动机直轴(d 轴)、交轴(q 轴)同步电抗;$\varphi$ 为功率因数角;$\delta$ 为功角或转矩角。

略去定子绕组电阻,电动机的电磁功率为

$$P_e = \frac{mE_0U}{X_d}\sin\delta + \frac{mU^2}{2}\left(\frac{1}{X_q} - \frac{1}{X_d}\right)\sin2\delta \tag{2-94}$$

除以电动机的机械角速度,可得电磁转矩为

$$T_e = \frac{mpE_0U}{\omega_sX_d}\sin\delta + \frac{mpU^2}{2\omega_s}\left(\frac{1}{X_q} - \frac{1}{X_d}\right)\sin2\delta \tag{2-95}$$

式中:$\omega_s = 2\pi f$ 为电角速度。

图 2-37 所示是永磁同步电动机的电磁转矩—功角特性曲线,简称为矩角特性曲线。图中曲线 1 为式(2-95)中第 1 项,是由永磁磁场与定子电枢反应磁场相互作用产生的永磁转矩;曲线 2 为式(2-95)中第 2 项,即由电动机 d、q 轴磁路不对称而产生的磁阻转矩;曲线 3 为曲线 1 和曲线 2 的合成。对于内置式永磁同步电动机,因为直轴磁阻大于交轴磁阻,则 $X_d < X_q$,所以当 $\delta$ 在 0°～90°范围内变化时,磁阻转矩为一负值,因而矩角特性曲线上最大转矩值对应的转矩角大于 90°。因此,电动

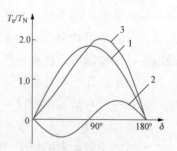

图 2-37 永磁同步电动机的
矩角特性

机运行时不希望 $\delta$ 工作在 0°～90°区间,而更希望其在 90°～180°区间运行。

矩角特性上的最大转矩值 $T_{emax}$ 被称为永磁同步电动机的失步转矩。如果电动机轴上负载转矩超过此值，则电动机将失步，甚至停转。最大转矩 $T_{emax}$ 与电动机额定转矩 $T_{eN}$ 的比值 $T_{emax}/T_{eN}$ 称为失步转矩倍数。

3. 工作特性曲线

当已知永磁同步电动机的 $E_0$、$X_d$、$X_q$ 和 $R_1$ 等参数后，给定一系列不同的功角 $\delta$，便可求出相应的电动机输入功率、定子相电流和功率因数等，然后求出电动机的损耗，便可得到输出功率 $P_2$ 和效率 $\eta$，从而得到电动机运行性能（$P_1$、$\eta$、$\cos\varphi$ 和 $I_1$ 等）与输出功率 $P_2$ 之间的关系曲线，即永磁同步电动机的工作特性曲线，如图 2-38 所示。由于永磁同步电动机中由永磁体提供励磁，所需励磁电流很小，因此其效率和功率因数一般较高。

一般来讲，永磁同步电动机的直接起动比较困难。其主要原因是，刚起动合上电源时，虽然气隙内产生了旋转磁场，但转子还是静止的，转子在惯性的作用下，跟不上旋转磁场的转动。因此，定子和转子两对磁极之间存在相对运动，转子所受到的平均转矩为零。例如在图 2-39（a）所表示的瞬间，定、转子磁极间的相互作用倾向于使转子逆时针方向旋转，但由于惯性的影响，转子受到作用后不能马上转动，当转子还来不及转起来时，定子旋转磁场已转过 180° 电角度，到达如图 2-39（b）所示的位置，这时定、转子磁极的相互作用又趋向于使转子依顺时针方向旋转。所以转子所受到的转矩方向时正时反，其平均转矩为零。因而，永磁同步电动机往往不能自起动。从图 2-39 还可看出，在同步电动机中，如果转子的转速与旋转磁场的转速不相等，转子所受到的平均转矩总是为零。

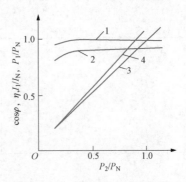

图 2-38　永磁同步电动机的工作
特性曲线

1—功率因数 $\cos\varphi$ 曲线；2—效率 $\eta$ 曲线；
3—电流 $I_1/I_N$ 曲线；4—输入功率 $P_1/P_N$ 曲线

从上面的分析可知，影响永磁同步电动机不能自起动主要有下面两个因素：①转子本身存在惯性；②定、转子磁场之间转速相差过大。

为了使永磁式同步电动机能自行起动，在转子上一般都装有起动绕组，如图 2-35 所示。当电动机起动时，依靠该笼型起动绕组，就可使其如同异步电动机工作时一样产生起动转矩，转子转动。等到转

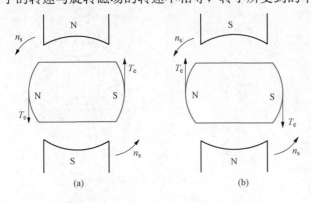

图 2-39　永磁同步电动机的起动转矩

（a）转子逆时针方向旋转；（b）转子顺时针方向旋转

子转速上升到接近同步转速时，定子旋转磁场就与转子永久磁钢相互吸引把转子牵入同步，转子与旋转磁场一起以同步转速旋转。

如果转子本身惯性不大，或者是多极的低速电动机，定子旋转磁场转速不是很大，那么永磁同步电动机不另装起动绕组还是可自起动的。

目前，用于机器人等装置的永磁伺服电动机，多由电力电子变频器供电，起动时其频率可由低到高逐步上升，转子可跟随定子旋转磁场逐步加速，即实现所谓的软起动，因此，不需要在转子上加装起动绕组。

图 2-40 所示为永磁同步电动机的转矩-转速特性曲线，速度范围可分为恒转矩区和恒功率区，分界点转速 $n_b$ 称为转折转速，此时电动机的反电动势达到最大值。当转速超过 $n_b$ 以后，需要对电机进行弱磁控制，以减小反电动势，维持恒功率，直至最大转速 $n_{max}$。

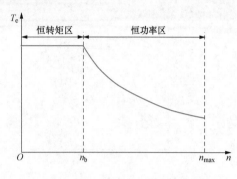

图 2-40　永磁同步电动机转矩-转速特性

## 二、磁阻同步电动机（reluctance synchronous motor）

### 1. 结构形式

磁阻同步电动机又称为反应式同步电动机，它是利用转子上直轴和交轴方向磁阻不等产生磁阻转矩而工作的同步电动机。磁阻同步电动机具有结构简单、制造容易、成本低廉、无滑动接触、运行可靠等优点，可用于电子设备、记录仪器、光学仪器及摄影、录音和录像等设备中。

磁阻同步电动机的定子与一般同步电动机或异步电动机相同。转子结构上，为产生磁阻转矩，转子直轴与交轴的磁阻不同。按转子结构，磁阻同步电动机可分为凸极式（外反应式）、分块式、内反应式（磁障式）和磁各向异性转子式等，图 2-41 给出了其中的两种结构。通过将外反应槽与内反应槽相结合的方法，增大交轴的磁阻，从而增大直轴、交轴同步电抗比 $X_d/X_q$，以提高磁阻同步电动机的运行性能。

与永磁同步电动机相类似，为了能自起动，磁阻同步电动机的转子上也装有笼型起动绕组。

### 2. 工作原理

磁阻同步电动机的工作原理可用图 2-42 所示模型来说明。图中外边的一对磁极 N、S 表示电枢旋转磁场。图 2-42（a）是一个圆柱形的隐极转子，直、交轴磁阻相同，使 $X_d = X_q$，不存在电磁力及电磁转矩；图 2-42

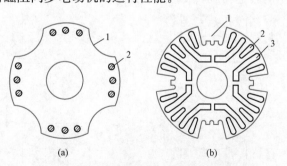

图 2-41　磁阻同步电动机转子结构
（a）外反应式；（b）内外反应式
1—外反应槽；2—转子笼型导条；3—内反应槽

（b）中间是一个凸极转子，沿着凸极的方向为直轴方向，与凸极轴线正交的方向为交轴方向。显然，当旋转磁场轴线与转子直轴方向一致时，磁通所走路径的磁阻最小；磁力线与交轴方向一致时，磁阻最大。

40

在图 2-42（b）的瞬间，旋转磁场轴线与转子直轴方向间夹角为 $\delta$，磁通所走路径如图中所示，这时磁力线被扭曲了。由于磁力线有类似于橡皮筋的特性，力图使自己缩短，使磁通所走路径的磁阻为最小，最终达到磁阻最小位置，转子受到磁阻转矩的作用，迫使转子跟着旋转磁场以同步速旋转。因此，磁阻同步电动机的转速也等于同步转速，即

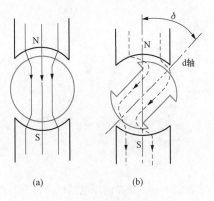

$$n = n_s = \frac{60f}{p}$$

显然，转子轴上的负载转矩越大，电枢旋转

图 2-42　磁阻同步电动机的工作原理
(a) 隐极转子；(b) 凸极转子

磁场轴线与转子直轴方向的夹角 $\delta$ 也越大，磁力线的扭曲越厉害，产生更大的电磁转矩，并与负载阻力转矩相平衡。

与永磁同步电动机一样，只要负载转矩不超过电磁转矩最大值，磁阻同步电动机转子始终与旋转磁场一起同步旋转。但如果负载转矩超出该极限值，电动机将失步，甚至停转。

与永磁同步电动机类似，磁阻同步电动机的起动过程分为异步起动和牵入同步两个阶段。由于磁阻同步电动机的转子上装有起动绕组，接通电源后，其类似于异步电动机一样起动，当转速接近同步速时，在磁阻转矩的作用下牵入同步运行。

### 三、磁滞同步电动机（hysteresis synchronous motor）

1. 基本结构

磁滞同步电动机的定子结构与永磁式、磁阻式同步电动机的定子结构相同。其转子结构和转子材料与永磁式、磁阻式都不相同，最主要的特点是转子本体由磁滞材料制成，如图 2-43 所示。转子外层为磁滞层，用铁钴钼合金制成，也可由铁钴钒合金等硬磁材料冲片叠压而成，它的磁滞回线很宽，即剩磁感应强度 $B_r$ 和矫顽磁力 $H_c$ 都较大，如图 2-44 中曲线 2 所示。转子磁滞层内为内圈套筒，套在转轴上，可用磁性或非磁性材料制造。用磁性套筒制成的转子，磁滞层中的磁力线以径向分量为主，称为径向磁通转子，如图 2-45（a）所示；用非磁性套筒（如黄铜、铝合金、耐高温塑料等）制成的转子，磁滞层中的磁力线以切向分量为主，称为切向式结构，如图 2-45（b）所示。

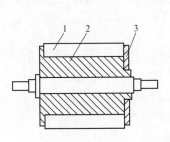

图 2-43　磁滞同步电动机的转子结构
1—硬磁材料；2—套筒；3—挡环

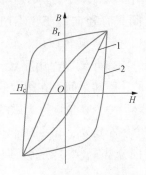

图 2-44　铁磁材料的磁滞回线
1—软磁材料；2—硬磁材料

41

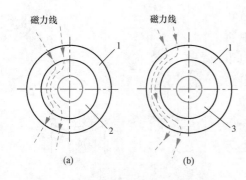

图 2-45 磁滞同步电动机的转子形式
(a) 径向磁通式转子；(b) 切向磁通式转子
1—磁滞层；2—磁性套筒；3—非磁性套筒

有时为了增大电动机的转动惯量，以提高电动机的运行稳定性，也有采用外转子结构的，这时转子罩在定子外面。这种外转子结构的磁滞电动机常用在陀螺、电唱机等装置中。

磁滞电动机的起动转矩大，能自行牵入同步运行，不需要设置起动绕组。因此，磁滞电动机具有结构简单、工作可靠、机械强度高、起动电流小、电磁噪声低和适于高速运行等优点。但其体积和质量都较同功率的其他同步电动机大，价格也较贵，效率和功率因数较低。它一般只用于 120W 以下要求恒速运行的场合，特别适用于负载转动惯量大、频繁起动、恒速恒转矩、高速等同步驱动装置。

2. 工作原理

磁滞同步电动机的工作原理是，定子绕组接通交流电源产生旋转磁场，该旋转磁场使转子磁滞层磁化，再与定子旋转磁场作用而产生转矩。

磁滞材料的磁滞回线比较宽，剩磁密度 $B_r$ 和矫顽力 $H_c$ 都比较大。根据磁畴学，铁磁材料可看成由许多小磁畴（单元磁体）组成，在外界磁场的作用下，这些小磁畴会发生偏转。对于磁滞材料来说，这些小磁畴之间存在较大的摩擦力，因而，磁畴的偏转跟不上外磁场的旋转，以致在时间上滞后一个角度，从而产生磁滞转矩。

下面以一对极的磁滞同步电动机为例加以说明。在图 2-46 中，气隙磁场以同步转速旋转，用一对磁极 N、S 表示。当旋转磁场以同步转速相对转子旋转时，转子的每一部分都会被交变地磁化，转子中所有的磁畴将跟着旋转磁场的方向进行排列。在起始磁化时，转子磁畴排列方向与旋转磁场轴线方向一致，如图 2-46（a）所示，这时旋转磁场与磁畴之间只有径向力 $F$，不产生转矩。当旋转磁场相对转子旋转以后，转子磁畴也要顺着旋转磁场方向转动。由于转子是由硬磁材料做成的，磁畴之间存在很大的摩擦力，因此，磁畴不能跟随旋转磁场转过同样的角度，而要落后一个 $\delta$ 角，称为磁滞角。这样，所有磁畴产生的转子磁场，也落后定子旋转磁场一个磁滞角 $\delta$，如图 2-46（b）所示。由于磁滞角的出现，旋转磁场对磁畴的拉力 $F$ 除径向分量 $F_r$ 外，还有切向分量 $F_t$。其中

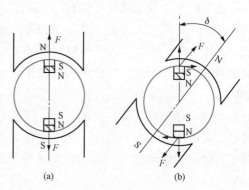

图 2-46 磁滞同步电动机的工作原理
(a) $\delta = 0°$；(b) $\delta > 0°$

$$\left.\begin{array}{l} F_r = F\cos\delta \\ F_t = F\sin\delta \end{array}\right\} \qquad (2-96)$$

这个切向分量便形成了磁滞转矩 $T_h$，在它的作用下转子就跟随旋转磁场一起转动起来。

由此可见，产生磁滞转矩的原因是磁滞转子被旋转磁场磁化后，磁畴轴线落后于旋转磁场一个磁滞角 $\delta$。显然，磁滞角 $\delta$ 的大小与定子磁场相对转子的速度无关，它取决于转子所用硬磁材料的性质。因而，当转子在低于同步转速 $n_s$ 运转时，不管转子转速多大，转子的磁滞角 $\delta$ 是相同的，所产生的磁滞转矩 $T_h$ 也与转子转速无关。在异步运行状态，磁滞同步电动机的机械特性是一条水平的直线，如图 2-47 所示。

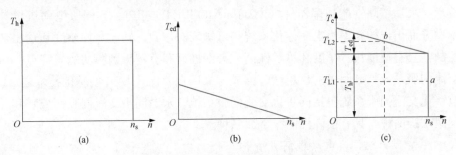

图 2-47　磁滞同步电动机的机械特性
(a) 磁滞转矩；(b) 涡流转矩；(c) 总转矩

如果磁滞同步电动机在磁滞转矩的作用下起动并达到同步速运行，转子相对定子旋转磁场静止，转子便被恒定磁化。这时，转子相当于永磁转子，转子磁场轴线与旋转磁场轴线之间的夹角不是固定不变，而是可以变化，其值大小取决于轴上负载转矩的大小。在不同 $\delta$ 值下，电动机产生的电磁转矩与负载转矩平衡，这种平衡与永磁同步电动机运行时完全相同。

除了磁滞转矩外，转子转速低于同步转速时，转子和旋转磁场之间存在相对运动，这时定子旋转磁场切割磁滞转子产生涡流，如异步电动机笼型绕组中的电流。涡流与旋转磁场作用产生涡流转矩，以 $T_{ed}$ 表示，它为一异步转矩。涡流转矩随着转子转速的增加而减小，转子转速为同步速时，其值为零，对应的机械特性如图 2-47 (b) 所示。由于磁滞材料为硬磁材料，涡流转矩相对于磁滞转矩较小。

考虑了磁滞转矩 $T_h$ 和涡流转矩 $T_{ed}$ 后，磁滞同步电动机的总转矩为

$$T_e = T_h + T_{ed} \tag{2-97}$$

对应的总的机械特性如图 2-47 (c) 所示。

从图 2-47 可见，磁滞同步电动机在同步转速运行和异步运行时都能产生电磁转矩，因而它既可以同步速运行，又可以在异步速运行。当负载转矩 $T_{L1} < T_h$ 时，电动机工作于同步运行状态，如工作点 $a$；当负载转矩 $T_{L2} > T_h$ 时，电动机工作于异步运行状态，如工作点 $b$。但磁滞同步电动机很少工作于异步运行状态，这主要因为在异步运行状态时，转子铁芯被交变磁化，会产生很大的磁滞损耗和涡流损耗，这些损耗随着转速的减小而增大，同步转速时为零，起动时最大。磁滞同步电动机在异步运行状态下运行，特别在低速时很不经济。

磁滞同步电动机有很大的起动转矩，因而它不像永磁同步电动机和磁阻同步电动机

那样需要设置任何起动绕组就能自起动，这是其有别于其他类型同步电动机的一个最大优点。

## 第六节　数字化交流伺服系统

### 一、数字化交流伺服系统的分类和结构

数字化交流伺服系统也即计算机控制的交流伺服系统，是随微处理器技术、电动机控制技术、大功率高性能功率器件（IGBT、MOSFET 或 IPM）、伺服电动机设计和制造技术发展而出现的新型机电一体化系统，可实现对位置、转速、加速度和输出转矩的随动控制，具有速度快、精度和可靠性高、灵活性好和有逻辑判断功能等特点。由于数字化交流伺服系统具有明显的优越性，已成为工厂自动化（FA）的基础技术之一。

数字化交流伺服系统包括同步化交流伺服系统（永磁同步交流伺服系统）和异步化交流伺服系统两种，具有代表性的有下面三种。

1. 矢量控制永磁同步电动机伺服系统

数字化交流伺服系统中使用的永磁同步电动机转子上没有励磁绕组，由永磁体产生磁场。在电动机的定子铁芯上绕有三相正弦波分布绕组，绕组切割磁场产生正弦波反电动势。定子绕组中通以三相正弦交流电流，产生平稳的电磁转矩。

由电机学知，在他励直流电动机中，励磁磁场和电枢磁动势间的空间角度由电刷和机械换向器所固定。通常情况下，两者是正交的。因此，电磁转矩和电枢电流间存在线性关系，通过调节电枢电流就可以直接控制电磁转矩。另外，为使电动机在额定转速以上恒功率运行，还可单独调节励磁。正是因为在很宽的运行范围内都能提供可控转矩，直流电动机才在伺服系统中获得了广泛的应用。

在同步电动机中，励磁磁场与电枢磁动势间的空间夹角不是固定的，而是随着负载而变化的，这将导致两磁场间十分复杂的作用关系，因此就不能简单地通过调节定子电流来控制电磁转矩。如果能通过电动机外部的控制系统，即通过外部条件对电枢磁动势相对励磁磁场进行空间定向控制，就可以直接控制两者间的空间角度；若对电枢电流的幅值也能直接控制，就可将永磁同步电动机模拟为一台他励直流电动机，获得与直流电动机相同的调速性能。由于既要控制定子电流空间相量的相位（对应于电动机气隙中产生的磁动势为空间矢量，故说成是定子电流空间相量），又要控制其幅值，所以称为永磁同步电动机的矢量控制（vector control，VC）。

在矢量控制中，通常选择定子正弦磁动势与励磁磁场间正交，实现所谓的磁场定向。通过磁场定向，可以实现 d 轴、q 轴变量间的解耦，达到对直流电动机的严格模拟。对永磁同步电动机输出转矩的控制最终归结为对 d 轴、q 轴电流的控制。永磁同步电动机矢量控制的电流控制方法主要有 $i_d = 0$ 控制、最大转矩电流比控制、单位功率因数控制和最大效率控制等。

图 2-48 给出了永磁同步电动机矢量控制的结构图。该系统硬件采用数字信号处理器，用旋转编码器和电流传感器提供反馈信号，智能功率模块（IPM）作为逆变器，由

传感器输出的信号处理后反馈给数字信号处理器，经过数字信号处理器对给定信号和反馈信号的运算处理来调节伺服系统的电流环、速度环和位置环的控制变量，最后输出脉宽调制信号驱动逆变器实现对永磁同步电动机的控制。

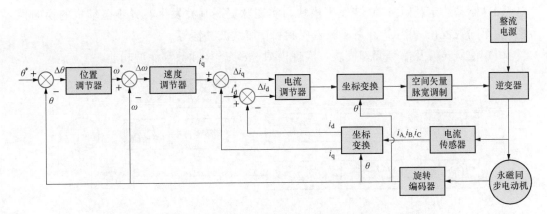

图 2-48　永磁同步电动机矢量控制系统结构图

该系统采用三环控制方式，位置控制是外环，速度控制是中环，电流控制是内环。为了保证动态响应速度和定位时不产生振荡，电流环和速度环采用比例—积分—微分（PID）调节器，位置环采用比例—积分（PI）调节器。

矢量控制通过控制转子 d—q 轴坐标系电流 $i_d$、$i_q$ 等效控制电枢三相电流。由电动机非负载轴端安装的编码器检测转子磁极位置，不断得到位置角 $\theta$，就能够进行实时的坐标变换，变换后的电流对逆变器进行控制，使电动机运行。

使用矢量控制技术后，永磁同步电动机伺服系统控制性能达到了很高水平。

2. 矢量控制异步电动机伺服系统

德国科学家勃拉希克（F.Blaschke）于 1972 年提出的转子磁场定向矢量方法，不但可以用于永磁同步电动机的控制，也可以用于异步电动机。通过坐标变换和电压补偿，实现异步电动机磁通和转矩的解耦合闭环控制，转矩和 q 轴电流分量成正比，也可使异步电动机的机械特性和他励直流电动机的机械特性完全一样，控制十分方便。

由于异步电动机转子上存在绕组，电动机工作时转子的发热将使转子参数发生变化。相对于同步电动机伺服控制系统，异步电动机伺服控制系统的性能受转子参数变化的影响，鲁棒性差。

3. 直接和间接转矩控制异步电动机伺服系统

直接转矩控制法是直接在异步电动机定子坐标系上计算磁通和转矩的大小，并通过磁通和转矩的直接跟踪，即双位调节，来实现脉宽调制控制和伺服系统的高动态性能。

电压定向控制是在交流电动机广义派克变换坐标方程基础上提出的一种磁通和转矩间接控制方法。它避免了传统矢量控制中繁杂的坐标变换，还可以使磁通和转矩的控制完全解耦，方便地实现速度和位置伺服控制。

图 2-49 所示为基于数字信号处理器（DSP）的数字化异步电动机伺服控制系统框图。在该系统中，各个模块的功能如下：

（1）给定值产生模块，实现多项式拟合、查表及插值等。

（2）数字控制模块，实现比例—积分—微分（PID）控制算法、参数/状态估计、磁场定向控制变换、无速度传感器算法和自适应算法等。

（3）驱动给定/脉宽调制波发生模块，实现脉宽调制波发生、异步电动机的换向控制、功率因数校正（PFC）、高速弱磁控制和直流纹波补偿等。

（4）信号转换及信号调理模块，实现模拟/数字转换和数字滤波功能。

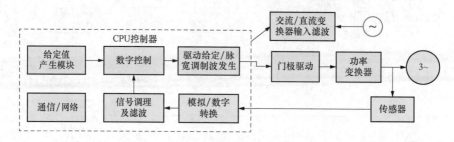

图 2-49　数字化异步电动机伺服控制系统框图

## 二、数字化交流伺服系统的特点

数字化交流伺服系统集自动控制理论、电力电子技术、计算机控制技术和高精度电机于一体，克服了传统直流电动机伺服系统的缺点，获得了十分广泛的应用。其具有以下特点：

（1）良好设计的微机控制系统显著地降低了控制系统硬件成本。目前，在数字化交流伺服系统中，使用的微控制器包括高性能 16 位单片机和 32 位 DSP，并向片上系统（system on a chip，SOC）发展，系统集成度高，功能齐全，使用这些芯片大大简化了系统硬件结构，降低了系统成本。

（2）系统性能好。基于高性能 DSP 或 SOC 设计的数字化交流伺服系统，采用数字控制技术，极大地提高了系统的各项性能指标。以伺服系统的核心指标为例，速度控制比可达 1:30000 以上，并可实现零速力矩控制。

（3）系统可靠性高。数字化交流伺服系统中采用片上系统（SOC）和智能化功率模块（IPM）后，使线路连线降到最少，其平均无故障时间大大高于分立元器件电路。IPM 自身具有过压、过流、短路、缺相、温升和电磁干扰等检测与保护功能，且具有低功耗等特点，所以单元安全可靠。

（4）系统稳定性好。数字化交流伺服控制器采用的数字电路不存在温漂，不存在参数变化的影响，大大提高了系统的稳定性。

（5）系统精度高。在数字化交流伺服系统中，选用高精度的交流伺服电动机，与数字控制技术相结合，大大减小了系统误差，提高了系统的伺服控制精度。

（6）无传感器控制。随着现代控制理论、微处理技术、电力电子技术的不断发展和应用，高性能微处理器的运算速度越来越快，在交流电动机的矢量控制系统中，通过对获得的电信号进行运算和辨识，获得电动机的转速和位置信息，实现交流电动机的无速度传感器控制，大大提高了系统的控制精度和可靠性。

## 第七节　伺服电动机应用举例

伺服电动机在自动控制系统中作为执行元件，即电动机在控制电压或频率的作用下驱动工作机械工作。它通常作为随动系统、遥测和遥控系统及各种增量运动控制系统的主传动元件。增量运动系统是一种既作间断跃变、又能高速连续运转的数字控制系统，如磁盘存储器的磁头驱动机构、计算机打印机的纸带驱动系统、工业机器人的关节驱动系统和数控机床进给装置等。

由伺服电动机组成的伺服驱动系统，按被控对象可分为：

（1）转矩控制方式，电动机的转矩是被控制的对象；

（2）速度控制方式，电动机的速度是被控制的对象；

（3）位置控制方式，电动机的位置角是被控制的对象；

（4）混合控制方式，此种控制系统是上述几种控制方式的结合，并能从一种控制方式切换到另一种控制方式。

在伺服系统中，使用较多的是速度控制和位置控制两种控制方式，原理框图如图2-50所示。图2-50（a）所示的速度控制伺服系统，$n^*$是速度给定，$n$是通过测速装置输出的实际速度值，两者的偏差通过速度调节器补偿后作为转矩环的指令信号。图2-50（b）所示的位置控制伺服系统是将外面的位置环加到速度环上，其中$\theta^*$是位置给定信号，它与实际转子位置的差值通过位置调节器进行调节。

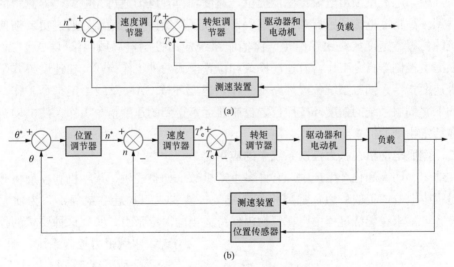

图2-50　速度控制和位置控制原理框图
（a）速度控制方式；（b）位置控制方式

下面以机器人、张力控制系统、雷达天线及电梯驱动系统为例分析伺服电动机的应用。

### 一、伺服电动机在机器人中的应用

工业机器人具有工作效率高、工作稳定可靠、重复精度好和能在高危环境下作业等优势，在传统制造业，特别是劳动密集型产业的转型升级中发挥着重要作用，其应用越来越广泛。图2-51所示为机器人伺服系统结构框图。伺服系统是机器人的动力来源，机器人大多涉及运动的机构通常都由伺服电动机提供动力，例如安装在机器人关节处的关节电动机。

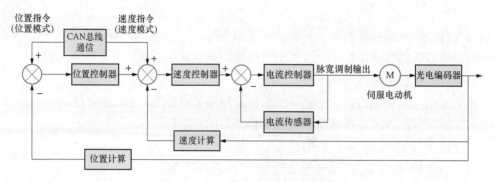

图2-51 机器人伺服系统结构框图

机器人的关节由伺服电动机驱动，关节越多，机器人的柔性和精准度越高，所要使用的伺服电动机的数量也就越多。机器人要求伺服系统满足起动转矩高、转矩惯量比大、响应快速和调速范围宽等要求，以适应机器人的体积小、质量轻和加减速快等要求，并实现高可靠性和高稳定性。伺服系统需要的位置指令和速度指令由人机交互系统输入，通过位置控制器、速度控制器和电流控制器三闭环系统实现对位置和速度的精确控制。其中，电流反馈由电流传感器提供，速度和位置反馈通过光电编码器测得的数据计算得到。高精度电流传感器和光电编码器保证了反馈信号的精度，通过负反馈使伺服电动机的位置、速度始终跟踪给定。该伺服系统使用控制器局域网络（CAN）总线通信，根据主控制器指令工作，有速度模式和位置模式两种工作模式。在速度模式下，系统输入速度指令，伺服系统位置环路不工作，速度环按CAN总线给定指令工作；在位置模式下，伺服系统的速度环按照位置控制器运算得到的速度指令工作，使电动机转子稳定在给定指令的位置上。

**二、伺服电动机在张力控制系统中的应用**

在纺织、印染和化纤生产中，有许多生产机械（如整经机、浆纱机和卷染机等）在加工过程中以及加工的最后，都要将加工物——纱线或织物卷绕成筒形。为使卷绕紧密、整齐，要求在卷绕过程中，在织物内保持适当的恒定张力。实现这种要求的控制系统，叫做张力控制系统。图2-52所示是利用直流伺服电动机驱动、张力辊进行检测的张力控制系统。

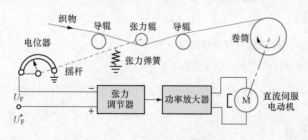

图2-52 张力控制系统原理图

当织物由导辊经过张力辊时，张力弹簧通过摇杆拉紧张力辊。如果织物张力发生波动，则张力辊的位置将上下移动，带动摇杆改变电位器滑动端位置，使张力反馈信号 $U_F$ 随之发生变化。如张力减小，在张力弹簧的作用下，摇杆使电位器滑动端向反馈信号减小的方向移动，在某一张力给定信号 $U_F^*$ 下，输入到张力调节器的差值电压 $\Delta U_F = U_F^* - U_F$ 增加，经功率放大器放大后，直流伺服电动机的转速升高，张力增大并保持近似恒定。

这种张力控制系统结构简单、工作可靠，在造纸工业和钢铁工业也都获得了广泛的应用，如钢板或薄钢片卷绕机就采用这种控制系统。

### 三、伺服电动机在雷达天线系统中的应用

图 2-53 所示的雷达天线系统，是由直流力矩电动机组成的主传动系统，它是一个典型的位置控制随动系统。该系统中，被跟踪目标的位置经雷达天线系统检测并发出位置误差信号，此信号经放大后作为力矩电动机的控制信号，力矩电动机驱动天线跟踪目标。若天线因偶然因素造成其阻力发生变化，例如阻力减小，则电动机轴上的阻力矩下降，导致电动机的转速增加。这时雷达天线系统检测到的误差信号也随之增大，通过自动控制系统的调节作用，立即减小力矩电动机的电

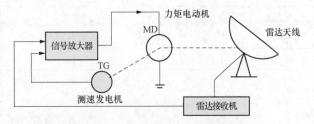

图 2-53　雷达天线系统工作原理图

枢电压，转速降低，天线又能重新跟踪目标。为了提高控制系统的运行稳定性，该系统使用了测速发电机负反馈装置。

### 四、伺服电动机在电梯驱动中的应用

电梯是高层建筑中必不可少的垂直交通工具。随着现代高层建筑的发展，不但电梯的数量不断增加，而且对电梯的性能要求也越来越高。

电梯的关键技术在于它的主驱动系统，它对电梯的安全可靠性和舒适性有着决定性的影响，同时必须具有足够的运行平稳性、快速性，运行时还要节电、噪声小，并能快速准确地到达预定的楼层。电梯主驱动系统是一个实现高精度位置控制的速度伺服跟踪系统。

电梯主驱动系统主要由微机控制器、光电编码器、变频驱动器和永磁同步伺服电动机等组成，系统总体结构框图如图 2-54 所示。

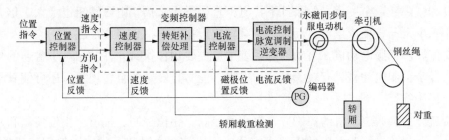

图 2-54　直驱式电梯伺服系统结构框图

永磁同步伺服电动机体积小、质量轻、高效节能，采用扁平式多极结构，去除齿轮

减速器，低速大转矩，可方便地实现平滑宽调速，通过微型化牵引机直接驱动轿厢。位置控制器根据位置指令输出满足速度和方向要求的速度指令，在反馈作用下，永磁同步伺服电动机按照指令带动轿厢运行。

采用三相永磁同步伺服电动机直接驱动，提高了效率，也减小了驱动电动机的容量。例如，对于运行速度 1.75m/s、载重 1000kg 的电梯主驱动系统，带齿轮驱动的电梯要配置 31～40kVA 的变频器，而采用永磁同步伺服电动机直接驱动时，只需配备 21～26kVA 的变频器。表 2-1 给出了由永磁同步伺服电动机牵引的电梯主驱动系统典型技术参数。采用永磁同步伺服电动机实现了低速大转矩运行，结合高分辨率光电编码传感器，能牵引电梯准确、平稳运行。

表 2-1　　　　永磁同步伺服电动机牵引电梯主驱动系统典型技术参数

| 电动机额定功率 | 电动机额定电流 | 电动机额定转速 | 电动机额定转矩 | 电动机极数 | 电梯载重 | 电梯速度 | 光电编码器分辨率 |
|---|---|---|---|---|---|---|---|
| 11.7kW | 27.2A | 167r/min | 670N·m | 24 | 1000kg | 1.6m/s | 4096 |

## 小　结

伺服电动机将电压信号转变为电动机转轴的角速度或角位移输出，在自动控制系统中作执行元件。

直流伺服电动机是指使用直流电源的伺服电动机，实质是一台他励式直流电动机。除了传统型直流伺服电动机外，还有盘式电枢、空心杯转子和无槽电枢等低惯量直流伺服电动机，这些结构大大减小了机电时间常数，改善了动态特性。直流伺服电动机有电枢控制和磁极控制两种控制方式，其中以电枢控制应用较多。电枢控制时直流伺服电动机具有机械特性和控制特性的线性度好，控制绕组电感较小，电气过渡过程时间短等优点。直流伺服电动机采用放大器供电时，放大器的内阻将使机械特性变软；另一方面，放大器内阻将增大系统的机电时间常数，因此，在设计或选用放大器时，应减小放大器的内阻，以减小机电时间常数。

在低转速、大转矩负载的场合，可以选用力矩电动机。在转子体积、电枢电流、电流密度和气隙磁通密度相同的条件下，电枢直径增大 1 倍，电磁转矩也增大 1 倍，即电磁转矩基本上与直径成正比，而理想空载转速近似与电枢直径成反比。

交流异步伺服电动机在自动控制系统中也主要用作执行元件。相对于普通的异步电动机，异步伺服电动机具有较大的转子电阻，能防止转子的自转现象，还可使其机械特性更接近于线性。

交流异步伺服电动机的控制方式有幅值控制、相位控制、幅值—相位控制和双相控制四种。通过改变控制电压的幅值或相位，可以控制电动机的转速。采用双相控制时，即控制电压和励磁电压大小相等，相位差 90°电角度，电动机始终工作在圆形旋转磁场下，能获得最佳的运行性能。通常，加在伺服电动机上的控制电压是变化的，所以电动机运行在不对称状态。由于反向旋转磁场的存在，电动机的输出转矩下降，空载转速降低。

利用对称分量法分析异步伺服电动机的运行性能，可得到各种不同有效信号系数时的机械特性和调节特性。当控制电压发生变化时，电动机转速也发生相应变化，从而达到控制转速的目的。与直流伺服电动机相比，交流异步伺服电动机的机械特性和调节特性都是非线性的。

在自动控制系统中，当要求电动机的转速恒定不变，即要求电动机的转速不随负载的变化而改变时，可以使用交流同步伺服电动机。根据转子结构特点，同步伺服电动机可分为永磁式、磁阻式和磁滞式三种。它们的定子结构与异步电动机相同，转子上均没有励磁绕组。永磁同步电动机和磁阻同步电动机的转速为同步转速；磁滞同步电动机既可以在同步速运行，也可以在异步速运行，只是在异步状态下会产生很大的磁滞损耗。

数字化交流伺服系统也即计算机控制的交流伺服系统，是随微处理器技术、电动机控制技术、大功率高性能功率器件、伺服电动机设计和制造技术发展而出现的新型机电一体化系统。数字化交流伺服系统包括同步化交流伺服系统和异步化交流伺服系统，具有响应速度快、精度和可靠性高、稳定性和灵活性好等特点。数字化交流伺服系统具有明显的优越性，是伺服系统的发展方向。

## 思考题与习题

2-1 用分析电枢控制类似的方法，推导出电枢绕组加恒定电压，磁极绕组加控制电压时直流伺服电动机的机械特性和调节特性。并说明这种控制方式有哪些缺点。

2-2 若直流伺服电动机的励磁电压下降，对其机械特性和调节特性会有哪些影响？

2-3 交流异步伺服电动机的两相绕组匝数不同时，若外施两相对称电压，电动机气隙中能否得到圆形旋转磁场？如要得到圆形旋转磁场，两相绕组的外施电压要满足什么条件？

2-4 为什么两相伺服电动机的转子电阻要设计得相当大？当转子电阻过大对电动机的性能会产生哪些不利影响？

2-5 若有两台型号相同的直流伺服电动机，如何通过实验测定它们的机电时间常数 $\tau_m$？

2-6 若已知一台直流伺服电动机的转动惯量 $J$，如何从其机械特性估算出机电时间常数 $\tau_m$？

2-7 一台直流伺服电动机，其电磁转矩为 0.2 倍额定转矩时，测得始动电压为 4V，当电枢电压 $U_a = 49V$ 时电动机转速为 1500r/min。电磁转矩为额定值，要使转速为 3000 r/min，应加多大的电枢电压？

2-8 一台型号为 45SY0.6 的直流伺服电动机，额定电压 27V，转速 9000r/min，功率 28 W，测得电枢的转动惯量 $J = 6.228 \times 10^{-6} kg \cdot m^2$。电枢电压 $U_a = 13V$ 时测得

$n_0＝4406r/min$，堵转转矩 $T_d＝0.1006N·m$。按标准规定电动机的机电时间常数应不大于 30ms。试问该电动机的机电时间常数是否符合要求？

2-9　用一对完全相同的直流电机组成电动机-发电机组，如图2-55所示。它们的励磁电压均为 110 V，电枢电阻 $R_a＝75\Omega$。已知当发电机不带负载，电动机电枢电压加到 110V 时，电动机的电枢电流为 0.12A，转子的转速为 4500r/min。试问：

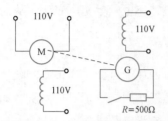

图2-55　直流电动机-发电机机组

（1）发电机空载时的电枢电压为多少？

（2）电动机的电枢电压仍为 110V，而发电机接上 500\Omega 的负载电阻时，假定空载阻力转矩不变，机组的转速 n 是多大？

2-10　已知一台直流伺服电动机的电枢电压 $U_a＝110V$，空载电流 $I_{a0}＝0.005A$，空载转速 $n_0＝4600r/min$，电枢电阻 $R_a＝80\Omega$。试求：

（1）当电枢电压 $U_a＝67.5V$ 时的理想空载转速 $n_0$ 及堵转转矩 $T_d$；

（2）该电动机若用放大器控制，放大器内阻 $R_i＝80\Omega$，开路电压 $U_i＝67.5V$，求这时的理想空载转速 $n_0$ 和堵转转矩 $T_d$；

（3）当阻力转矩 $T_L＋T_0$ 由 $30\times10^{-3}N·m$ 增至 $40\times10^{-3}N·m$ 时，求上述两种情况下转速的变化 $\Delta n$。

2-11　36SL02 笼型转子两相伺服电动机，额定励磁电压 $U_f＝115V$，空载转速 $n_0＝4800r/min$，频率 $f＝400Hz$。当该电动机工作在幅值-相位控制方式时，试求其堵转阻抗 $R_{clst}$ 和 $X_{clst}$。

2-12　数字化交流伺服系统有哪些优点？

2-13　试比较永磁同步电动机和磁阻同步电动机的工作原理。

2-14　为什么磁滞同步电动机既可以在同步转速运行，也可以在异步转速运行？但为什么很少工作于异步运行状态？

# 第 三 章

# 测 速 发 电 机
## （Tachogenerator）

## 第一节 概　　述

测速发电机（tachogenerator）是一种检测机械转速的电磁装置。测速发电机的转轴和被测机械对象的转轴用联轴器连接在一起，它能把输入的机械转速变换成电压信号输出，通常要求输出电压与输入的转速成正比关系，如图 3-1 所示。测速发电机在自动控制系统和计算装置中通常作为测速元件、校正元件、解算元件和角加速度信号元件等。

自动控制系统对测速发电机的要求，主要是精确度高、灵敏度高、可靠性好等，具体有：

（1）输出电压与转速保持良好的线性关系；

（2）剩余电压（转速为零时的输出电压）小；

（3）输出电压的极性或相位能反映被测对象的转向；

（4）温度变化对输出特性的影响小；

（5）输出电压的斜率大，即转速变化所引起的输出电压的变化大；

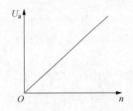

图 3-1　测速发电机输出电压与
转速的关系

（6）摩擦转矩和惯性小；

（7）体积小、质量轻、结构简单，工作可靠，对无线电通信的干扰小，噪声小等。

在实际应用中，不同的自动控制系统对测速发电机的性能要求各有所侧重。例如作解算元件时，对线性误差、温度误差和剩余电压等都要求较高，一般允许在千分之几到万分之几的范围内，但对输出电压的斜率要求却不高；作校正元件时，对线性误差等精度指标的要求不高，而要求输出电压的斜率要大。

测速发电机按输出信号的形式，可分为交流测速发电机和直流测速发电机两大类。

交流测速发电机又有同步测速发电机和异步测速发电机两种。前者的输出电压虽然也与转速成正比，但输出电压的频率也随转速而变化，所以只作指示元件用；后者是目前应用最多的一种，尤其是空心杯转子异步测速发电机性能较好。

直流测速发电机虽然存在机械换向器，会产生火花和无线电干扰，但它的输出电压信号不受负载性质的影响，也不存在相角误差，所以实际应用也较广泛。此外，还有性能和可靠性更高的无刷直流测速发电机。

# 第二节　直流测速发电机

## 一、结构型式

直流测速发电机实际上是一种微型直流发电机。按励磁方式可分为电磁式和永磁式两种。

### 1. 电磁式直流测速发电机

电磁式直流测速发电机在结构上和直流伺服电动机基本相同，如图 3-2（a）所示。励磁绕组由外部直流电源供电，通电时产生磁场，定子磁极常为二极。我国生产的 CD 系列直流测速发电机为电磁式。

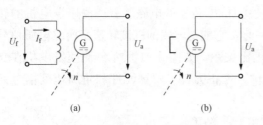

图 3-2　直流测速发电机
(a) 电磁式；(b) 永磁式

### 2. 永磁式直流测速发电机

永磁式直流测速发电机定子磁极由永久磁铁做成（通常也为二极），其他部分的结构和电磁式相同，如图 3-2（b）所示。由于没有励磁绕组，可省去励磁电源，具有结构简单、使用方便等特点，近年来发展较快。其缺点是永磁材料的价格较贵，受机械振动易发生程度不同的退磁。为防止永磁式直流测速发电机的特性变坏，必须选用矫顽力较高的永磁材料。我国生产的 CY 系列直流测速发电机为永磁式。

永磁式直流测速发电机按应用场合不同，可分为普通速度型和低速型。前者的工作转速一般在几千转每分钟以上，最高可达 10 000r/min 以上；而后者一般在几百转每分钟以下，最低可达 1r/min 以下。由于低速测速发电机能和低速力矩电动机直接耦合，省去了中间笨重的齿轮传动装置，消除了由于齿轮间隙带来的误差，提高了系统的精度和刚度，因而在国防、科研和工业生产等各种精密自动化系统中得到了广泛应用。

## 二、输出特性

测速发电机输出电压和转速的关系称为输出特性，即 $U=f(n)$。直流测速发电机的工作原理与一般直流发电机相同。根据直流电机理论，在每极总磁通量 $\Phi$ 为常数时，电枢感应电动势为

$$E_a = C_e \Phi n = K_e n \tag{3-1}$$

空载时，电枢电流 $I_a=0$，直流测速发电机的输出电压和电枢感应电动势相等，因而输出电压与转速成正比。

如图 3-3 所示，负载时，因为电枢电流 $I_a \neq 0$，直流测速发电机的输出电压为

$$U_a = E_a - I_a R_a - \Delta U \tag{3-2}$$

式中：$\Delta U$ 为电刷接触压降；$R_a$ 为电枢回路电阻。

在理想情况下，若不计电刷和换向器之间的接触电阻，即 $\Delta U=0$，则

$$U_a = E_a - I_a R_a \qquad (3-3)$$

显然，带有负载后，由于电阻 $R_a$ 上有电压降，测速发电机的输出电压比空载时小。负载时电枢电流为

$$I_a = \frac{U_a}{R_L} \qquad (3-4)$$

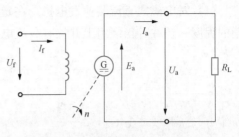

图 3-3　直流测速发电机带负载

式中：$R_L$ 为测速发电机的负载电阻。

将式（3-4）代入式（3-3），可得

$$U_a = E_a - \frac{U_a}{R_L} R_a$$

经化简后为

$$U_a = \frac{E_a}{1+\dfrac{R_a}{R_L}} = \frac{K_e}{1+\dfrac{R_a}{R_L}} n = Cn \qquad (3-5)$$

$$C = \frac{K_e}{1+\dfrac{R_a}{R_L}}$$

式中：$C$ 为测速发电机输出特性的斜率。

当不考虑电枢反应时，且认为 $\varPhi$、$R_a$ 和 $R_L$ 都能保持为常数，斜率 $C$ 也是常数，输出特性便有线性关系。对于不同的负载电阻 $R_L$，测速发电机输出特性的斜率也不同，它将随负载电阻的增大而增大，如图 3-4 中实线所示。

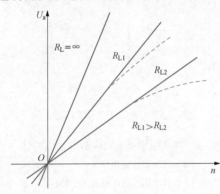

图 3-4　直流测速发电机的输出特性

### 三、误差产生的原因及减小措施

实际上，直流测速发电机的输出特性 $U_a=f(n)$ 并不是严格的线性特性，而与线性特性之间存在有误差。下面讨论产生误差的原因及减小误差的方法。

1. 电枢反应的影响

当直流测速发电机带负载时，负载电流流经电枢绕组，产生电枢反应的去磁作用，使气隙磁通减小。因此，在相同转速下，负载时电枢绕组的感应电动势比在空载时电枢绕组的感应电动势小。负载电阻越小或转速越高，电枢电流就越大，电枢反应的去磁作用越强，气隙磁通减小得越多，输出电压下降越显著，致使输出特性向下弯曲，如图 3-4 中虚线所示。

为了减小电枢反应对输出特性的影响，应尽量使气隙磁通保持不变。通常采取以下措施：

（1）对电磁式直流测速发电机，在定子磁极上安装补偿绕组 $W_c$。有时为了调节补偿的程度，还在补偿绕组上并接有分流电阻，如图3-5所示。

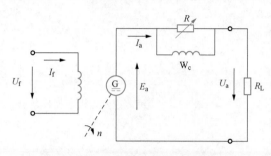

图3-5 有补偿绕组时的接线图

（2）在设计时，选择较小的线负荷和较大的空气隙。

（3）在使用时，转速不应超过最大线性工作转速，所接负载电阻不应小于最小负载电阻。

2. 电刷接触电阻的影响

测速发电机带负载时，由于电刷与换向器之间存在接触电阻，会产生电刷接触压降 $\Delta U$，在相同的 $R_L$、$n$ 下使输出电压降低，即

$$U_a = E_a - I_a R_a - \Delta U = K_e n - \frac{U_a}{R_L} R_a - \Delta U \tag{3-6}$$

$$U_a = \frac{K_e}{1 + \frac{R_a}{R_L}} n - \frac{\Delta U}{1 + \frac{R_a}{R_L}} = Cn - \frac{C}{K_e}\Delta U \tag{3-7}$$

由于电刷接触电阻是非线性的，它与电刷上的电流密度有关。当电枢电流较小时，接触电阻较大，接触压降也较大；电枢电流较大时，接触电阻较小。可见接触电阻与电流成反比。只有电枢电流较大，电流密度达到一定数值时，电刷接触压降才可近似认为是常数。考虑到电刷接触压降的影响，直流测速发电机的输出特性如图3-6中的特性曲线2所示。

由图3-6可见，在转速较低时，输出特性上有一段输出电压极低的区域，这一区域叫不灵敏区，以符号 $\Delta n$ 表示。在此区域内，测速发电机虽然有输入信号（转速），但输出电压很小（甚至为零），对转速的反应很不灵敏。接触电阻越大，不灵敏区也越大。

为了减小电刷接触压降的影响，缩小不灵敏区，在直流测速发电机中，常常采用导电性能较好的黄铜—石墨电刷或含银金属电刷。铜制换向器的表面容易形成氧化层，也

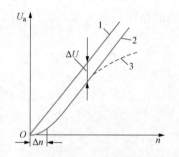

图3-6 考虑电刷接触压降后的输出特性

1—理想输出特性；

2—考虑到电刷接触压降的输出特性；

3—同时考虑电枢反应和电刷接触压降影响的输出特性

会增大接触电阻，在要求较高的场合，换向器也用含银合金或者在表面镀上银层，这样也可以减小电刷和换向器之间的磨损。

当同时考虑电枢反应和电刷接触压降的影响时，直流测速发电机的输出特性应如图3-6中的曲线3所示。在负载电阻很小或转速很高时，输出电压与转速之间出现明显非线性关系。因此，在实际使用时，宜选用较大的负载电阻和适当的转子转速。

56

3. 电刷位置的影响

当直流测速发电机带负载运行时，若电刷没有严格地位于几何中性线上，会造成正、反转时输出电压不对称，即在相同的转速下，正、反向旋转时输出电压不完全相等。

如图 3-7 所示，电刷顺时针方向偏离几何中性线一个不大的角度。当电枢以顺时针方向旋转时，电枢绕组的感应电动势和电流方向如图 3-7（a）所示，该电流所产生电枢反应磁通的直轴分量 $\Phi'_d$ 和励磁磁通 $\Phi_d$ 的方向恰好相反，即对主磁通起去磁作用，使气隙磁通减小，电枢绕组的感应电动势减小，输出电压也随之减小；当电枢以逆时针方向旋转时，电枢绕组的感应电动势和电流方向如图 3-7（b）所示，该电流所产生电枢反应磁通的直轴分量 $\Phi'_d$ 和励磁磁通 $\Phi_d$ 的方向相同，对主磁通起增磁作用，使气隙磁通增加，电枢绕组的感应电动势增加，输出电压也增加。以上分析可知，在两种不同的转向下，尽管转速相同，电枢绕组的感应电动势不相等，其输出电压也不相等。

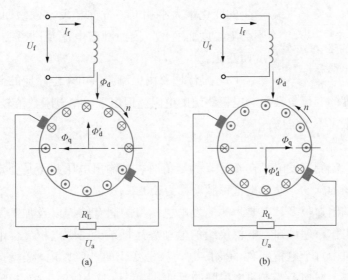

图 3-7　电刷偏离几何中性线的原理图

（a）电枢顺时针方向旋转；（b）电枢逆时针方向旋转

⊗表示电流流入纸面；⊙表示电流流出纸面。

4. 温度的影响

电磁式直流测速发电机在实际工作时，由于周围环境温度的变化以及测速发电机本身发热（由测速发电机各种损耗引起），都会引起励磁绕组电阻的变化。当温度升高时，励磁绕组电阻增大，即使励磁电压保持不变，励磁电流也将减小，磁通也随之减小，导致电枢绕组的感应电动势和输出电压降低。反之，当温度下降时，输出电压便升高。例如铜的电阻温度系数约为 0.004/℃，即当温度每升高 25℃，其电阻值相应增加 10%，也即励磁电流要下降 10%。同样，在永磁式直流测速发电机中，因钕铁硼永磁体对温度敏感，温度升高，磁通减小，使电枢绕组的输出电压降低。所以，温度的变化对直流测速发电机输出特性的影响是很重要的。

为了减小温度变化对输出特性的影响，通常可采取下列措施：

（1）设计测速发电机时，磁路比较饱和，使励磁电流的变化所引起磁通的变化较小。

（2）在励磁回路中串联一个阻值比励磁绕组电阻大几倍的附加电阻来稳流。附加电阻可用温度系数较低的合金材料制成（如锰镍铜合金或镍铜合金），它的阻值随温度变化较小。这样，尽管温度变化，引起励磁绕组电阻变化，但整个励磁回路总电阻的变化不大，磁通变化也不大。其缺点是相应励磁电源电压需增高，励磁功率随之增大。

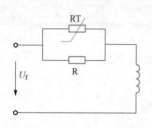

图 3 - 8　励磁回路中的热敏
　　电阻并联网络

对测速精度要求比较高的场合，为了减小温度变化所引起的误差，可在励磁回路中串联具有负温度系数的热敏电阻并联网络，如图 3 - 8 所示。只要使负温度系数的并联网络所产生电阻的变化量与正温度系数的励磁绕组电阻所产生的变化量大小相同、方向相反，励磁回路的总电阻就不会随温度而变化，因而励磁电流及励磁磁通也就不随温度而变化。

（3）励磁回路由恒流源供电，但相应的造价会提高。

当然，温度的变化也会影响电枢绕组的电阻。但由于电枢电阻数值较小，所造成的影响也小，一般可不予考虑。

5. 纹波的影响

实际上，直流测速发电机在 $\Phi$ 和 $n$ 为定值时，其输出电压并不是稳定的直流电压，而总是带有微弱的脉动，通常把这种脉动称为纹波。

引起纹波的因素很多，主要是测速发电机本身的固有结构以及加工误差所引起的。由直流电机的工作原理可知，电枢绕组的电动势是每条支路中电枢元件电动势的叠加。由于测速发电机中每个电枢元件的感应电动势是变化的，所以电枢电动势也不是恒定的，即存在纹波。增加每条支路中串联的元件数，可以减小纹波。但由于工艺所限，测速发电机的槽数、元件数及换向片数不可能无限增加，所以输出电压不可避免要产生脉动。另外，由于电枢铁芯有齿和槽，气隙不均匀，铁芯材料的导磁性能各向相异等，也会使输出电压中纹波幅值上升。电枢采用斜槽结构，可减小由于齿和槽所引起的输出电压中的高次谐波，从而减小纹波。

纹波电压的存在，对于测速发电机用于速度反馈或加速度反馈系统都很不利。特别在高精度的解算装置中更是不允许。因此，实用的测速发电机在结构和设计上都采取了一定的措施来减小纹波幅值，如无槽电枢测速发电机输出电压纹波幅值仅为有槽电枢测速发电机的1/5。

**四、性能指标**

1. 线性误差 $\Delta U\%$

在其工作转速的范围内，实际输出电压与理想输出电压的最大差值 $\Delta U_\mathrm{m}$ 与最大理

想输出电压 $U_{am}$ 之比称为线性误差，即

$$\Delta U\% = \frac{\Delta U_m}{U_{am}} \times 100\% \tag{3-8}$$

线性误差计算原理如图 3-9 所示，$n_b$ 一般为 $\frac{5}{6}n_m$。一般要求 $\Delta U\%=1\%\sim2\%$，要求较高的系统 $\Delta U\%=0.1\%\sim0.25\%$。

2. 最大线性工作转速 $n_m$

在允许线性误差范围内的电机最高转速称为最大线性工作转速，亦即测速发电机的额定转速。

3. 输出斜率（也称静态放大系数）$K_g$

在额定的励磁条件下，单位转速所产生的输出电压称为输出斜率，此值越大越好。增大负载电阻，可提高输出斜率。

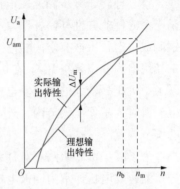

图 3-9　线性误差计算原理图

4. 最小负载电阻 $R_L$

最小负载电阻是指保证输出特性在允许误差范围内的最小负载电阻值。在使用时，接到电枢两端的电阻应不小于此值。

5. 不灵敏区 $\Delta n$

由于换向器与电刷间的接触压降 $\Delta U$，而导致测速发电机在低转速时其输出电压很低，几乎为零，这个转速范围称为不灵敏区。

6. 输出电压的不对称度 $K_{ub}$

在相同转速下，测速发电机正、反转时的输出电压绝对值之差 $\Delta U_{a2}$ 与两者平均值 $U_{av}$ 之比称为输出电压的不对称度，即

$$K_{ub} = \frac{\Delta U_{a2}}{U_{av}} \times 100\% \tag{3-9}$$

一般不对称度为 $0.35\%\sim2\%$。

7. 纹波系数 $K_u$

在一定转速下，输出电压中交流分量的峰值与直流分量之比称为纹波系数。

## 第三节　交流异步测速发电机

交流测速发电机可分为同步测速发电机和异步测速发电机（asynchronous tacho-generator）两大类。

同步测速发电机又分为永磁式、感应子式和脉冲式三种。由于同步测速发电机感应电动势的频率随转速而变化，致使负载阻抗和电机本身的阻抗均随转速而变化，所以在自动控制系统中较少采用。

异步测速发电机按其结构可分为笼型转子和空心杯转子两种。它的结构与交流伺服电动机相同。笼型转子异步测速发电机输出斜率大，但线性度差，相位误差大，剩

余电压高，一般只用在精度要求不高的控制系统中。空心杯转子异步测速发电机的精度较高，转子转动惯量也小，性能稳定，是目前在自动控制系统中广泛采用的一种测速发电机。因此，这是本节主要介绍的内容。目前，我国生产的这种测速发电机的型号为 CK。

**一、空心杯转子异步测速发电机的结构和工作原理**

空心杯转子异步测速发电机的结构与空心杯转子交流伺服电动机一样，它的转子也是一个薄壁非磁性杯，杯壁厚 0.2～0.3mm，通常由电阻率比较高的硅锰青铜或锡锌青铜制成。定子上嵌有空间相差 90° 电角度的两相绕组，其中一相绕组为励磁绕组 $W_f$；另一相绕组为输出绕组 $W_2$。在机座号较小的测速发电机中，一般把两相绕组都嵌在内定子上；机座号较大的测速发电机，常把励磁绕组嵌在外定子上，把输出绕组嵌在内定子上。有时为了便于调节内、外定子的相对位置，使剩余电压最小，在内定子上还装有转动调节装置。

为了减小由于磁路不对称和转子电气性能的不平衡所引起的不良影响，空心杯转子异步测速发电机通常为四极电机。

空心杯转子异步测速发电机的工作原理如图 3-10 所示。空心杯转子可以看成一个笼型导条数目很多的笼型转子。励磁绕组加上频率为 $f$ 的交流电压 $\dot{U}_f$，在励磁绕组中就会有电流 $\dot{I}_f$ 通过，并在内外定子间的气隙中产生脉振磁场。脉振的频率与电源频率 $f$ 相同，脉振磁场的轴线与励磁绕组 $W_f$ 的轴线一致。

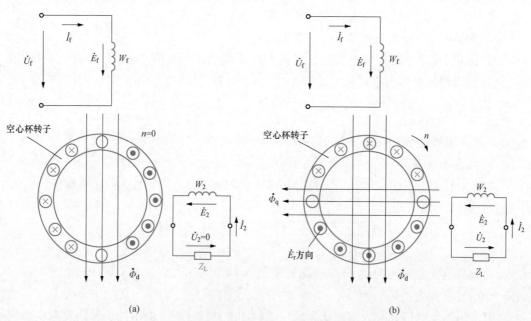

图 3-10 空心杯转子异步测速发电机的工作原理
(a) 转子静止时；(b) 转子转动时

当转子静止（$n=0$）时，转子杯导条与脉振磁通 $\dot{\Phi}_d$ 相匝链，并产生感应电动势。

这时励磁绕组与转子杯之间的电磁耦合情况和变压器一次侧与二次侧的情况完全一样。因此，脉振磁场在励磁绕组和转子杯中分别产生的感应电动势称为变压器电动势。

若忽略励磁绕组 $W_f$ 的电阻 $R_1$ 及漏抗 $X_1$，则根据变压器的电压平衡方程式，电源电压 $\dot{U}_f$ 与励磁绕组中的感应电动势 $\dot{E}_f$ 相平衡，电源电压的大小近似地等于感应电动势的大小，即

$$U_f \approx E_f \tag{3-10}$$

又因为 $E_f \propto \Phi_d$，故

$$\Phi_d \propto U_f \tag{3-11}$$

所以电源电压 $U_f$ 一定时，磁通 $\Phi_d$ 也基本保持不变。

由于输出绕组的轴线与励磁绕组的轴线相差 90°电角度。因此，磁通 $\dot{\Phi}_d$ 与输出绕组无匝链，不会在输出绕组中产生感应电动势，输出电压 $\dot{U}_2$ 为零，如图 3-10（a）所示。

当转子以转速 $n$ 转动时，转子杯中除了上述变压器电动势外，转子杯导条还要切割磁通 $\dot{\Phi}_d$ 而产生切割电动势 $\dot{E}_r$（或称旋转电动势），如图 3-10（b）所示。由于磁通 $\dot{\Phi}_d$ 为脉振磁通，所以电动势 $\dot{E}_r$ 亦为交变电动势，其交变的频率为磁通 $\dot{\Phi}_d$ 的脉振频率 $f$，它的大小为

$$E_r = C_2 n \Phi_d \tag{3-12}$$

式中：$C_2$ 为电动势比例常数。

若磁通 $\dot{\Phi}_d$ 的幅值恒定，则电动势 $E_r$ 与转子的转速 $n$ 成正比关系。

由于转子杯为短路绕组，电动势 $\dot{E}_r$ 就在转子杯中产生短路电流 $\dot{I}_r$，电流 $\dot{I}_r$ 也是频率为 $f$ 的交变电流，其大小正比于电动势 $\dot{E}_r$。若忽略转子杯中漏抗的影响，电流 $\dot{I}_r$ 在时间相位上与转子杯电动势 $\dot{E}_r$ 同相，即在任一瞬时，转子杯中的电流方向与电动势方向一致。

当然，转子杯中的电流 $\dot{I}_r$ 也要产生脉振磁通 $\dot{\Phi}_q$，其脉振频率仍为 $f$，而大小则正比于电流 $\dot{I}_r$，即

$$\Phi_q \propto I_r \propto E_r \propto n \tag{3-13}$$

无论转速如何，由于转子杯上半周导体的电流方向与下半周导体的电流方向总相反，而转子导条沿着圆周又是均匀分布的。因此，转子杯中的电流 $\dot{I}_r$ 产生的脉振磁通 $\dot{\Phi}_q$ 在空间的方向总是与磁通 $\dot{\Phi}_d$ 垂直，而与输出绕组 $W_2$ 的轴线方向一致，因此，$\dot{\Phi}_q$ 将在输出绕组中感应出频率为 $f$ 的电动势 $\dot{E}_2$，从而产生测速发电机的输出电压 $\dot{U}_2$，它的大小正比于 $\dot{\Phi}_q$，即

$$U_2 \propto E_2 \propto \Phi_q \propto n \tag{3-14}$$

因此，当测速发电机励磁绕组加上电压 $\dot{U}_f$，以转速 $n$ 旋转时，输出绕组将产生输出电压 $\dot{U}_2$，它的频率和电源频率 $f$ 相同，与转速 $n$ 的大小无关；输出电压的大小与转速 $n$ 成正比。当测速发电机反转时，由于转子杯中的电动势、电流及其产生的磁通的相

位都与原来相反，因而输出电压 $\dot{U}_2$ 的相位也与原来相反。这样，异步测速发电机就可以很好地将转速信号变换成电压信号，实现测速的目的。

由以上分析可见，为了保证测速发电机的输出电压和转子转速严格成正比关系，就必须保证磁通 $\Phi_d$ 为常数。实际上，由于转子杯漏抗的影响，转子杯中电流 $\dot{I}_r$ 还要产生直轴方向的磁通分量，使磁通 $\dot{\Phi}_d$ 发生变化。另一方面，当测速发电机中产生磁通 $\dot{\Phi}_q$ 后，转子杯旋转时又同时切割磁通 $\dot{\Phi}_q$，同样又会产生与磁通 $\dot{\Phi}_d$ 轴线相同的磁通，使 $\dot{\Phi}_d$ 发生变化。这些因素都将影响到测速发电机输出特性的线性度。所以，在测速发电机的结构选型和参数选择时，对上述因素都需要认真考虑。

为了解决转子漏抗对输出特性的影响，异步测速发电机采用非磁性空心杯转子，并使空心杯的电阻值取得相当大，使 $\dot{I}_r$ 在直轴方向产生的磁通分量减小。同时因转子电阻增大后，也可以使转子杯切割磁通 $\dot{\Phi}_q$ 所产生的与励磁绕组轴线相同的磁动势大大削弱。这样，在实际应用中就可完全略去转子漏阻抗的影响。但是，转子的电阻值选得过大，会使测速发电机输出电压的斜率降低，灵敏度下降。

此外，为了保证磁通 $\dot{\Phi}_d$ 尽可能不变，还必须设法减小励磁绕组的漏阻抗。因为在外加励磁电源电压不变时，即使因转子磁动势引起的励磁电流变化，漏阻抗压降变化也很小，励磁磁通 $\dot{\Phi}_d$ 也就基本上保持不变。

**二、输出特性**

在理想情况下，异步测速发电机的输出特性为直线，但实际上异步测速发电机输出电压与转速之间并不是严格的线性关系，而是非线性的。应用双旋转磁场理论或交轴磁场理论，在励磁电压和频率不变的情况下，可得

$$U_2 = \frac{An^*}{1 + Bn^{*2}} U_f \qquad (3-15)$$

$$n^* = \frac{n}{n_s} = \frac{pn}{60f}$$

$$n_s = 60f/p$$

式中：$n^*$ 为转速的标幺值；$n_s$ 为异步测速发电机的同步转速；$A$ 和 $B$ 都是与异步测速发电机及负载参数有关的复系数。

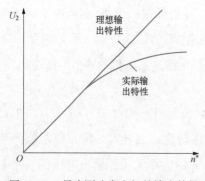

图 3-11  异步测速发电机的输出特性

由式（3-15）可以看出，由于分母中有 $Bn^{*2}$ 项，使输出特性不是直线而是一条曲线，如图 3-11 所示。造成输出电压与转速成非线性关系，是因为异步测速发电机本身的参数是随转速的变化而变化的；其次输出电压与励磁电压之间的相位差也将随转速的变化而变化。

此外，输出特性还与负载的大小、性质以及励磁电压的频率与温度变化等因素有关。

### 三、负载阻抗对输出特性的影响

异步测速发电机在控制系统中工作时，一般情况下输出绕组所连接的负载阻抗是很大的，所以可以近似地用输出绕组开路的情况进行分析。但倘若负载阻抗不是足够大，负载阻抗对异步测速发电机的性能就会有影响。下面讨论不同负载对输出电压的影响。

由于异步测速发电机输出电压与负载阻抗之间的函数关系相当复杂，所以为了分析方便，假设励磁电压 $\dot{U}_f$ 不变时磁通 $\dot{\Phi}_d$ 为常数。这样，输出绕组的感应电动势 $\dot{E}_2$ 就仅与转速成正比，当转速一定时，电动势 $\dot{E}_2$ 为常数，且设此时 $\dot{E}_2$ 滞后励磁电压 $\dot{U}_f \varphi_0$ 相角。输出绕组的电压平衡方程式为

$$\dot{E}_2 = \dot{U}_2 + \dot{I}_2(R_2 + jX_2) = \dot{I}_2 Z_L + \dot{I}_2(R_2 + jX_2) \tag{3-16}$$

式中：$R_2$ 和 $X_2$ 分别为输出绕组的电阻和漏抗。

下面用相量图来观察 $\dot{E}_2$ 不变时负载阻抗 $Z_L$ 对输出电压 $\dot{U}_2$ 的影响。

（一）$Z_L = R_L$ 时，即测速发电机接纯电阻负载时的情况

由式（3-16）可得

$$\dot{E}_2 = \dot{I}_2 R_L + \dot{I}_2(R_2 + jX_2) = \dot{I}_2(R_L + R_2) + j\dot{I}_2 X_2 = 常数 \tag{3-17}$$

由式（3-17），以励磁电压 $\dot{U}_f$ 为参考相量作出相量图，如图3-12所示。

空载时 $\dot{I}_2 = 0$，输出电压 $\dot{U}_2 = \dot{E}_2$，$\dot{U}_2$ 与 $\dot{U}_f$ 的相位差为 $\varphi_0$。当负载时，有 $OC = U_2 = I_2 Z_L = I_2 R_L$，$OC$ 的方向也是 $\dot{I}_2$ 的方向。$CB = I_2 R_2$；$BA = I_2 X_2$；$OA = E_2$；$\alpha = \arctan \dfrac{X_2}{R_2} = 常数$；$\beta = 180° - \alpha = 常数$。

由于 $\triangle OBA$ 为直角三角形，并且 $\dot{E}_2$ 的大小不变，所以负载变化时，$B$ 点的轨迹应为以 $OA$ 为直径的圆弧。又因 $\alpha$ 角不随 $R_L$ 而变化，$\beta$ 角

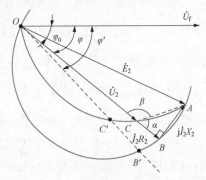

图3-12　$Z_L = R_L$ 时输出电压的变化

也为常数，所以输出电压 $\dot{U}_2$ 的端点 $C$ 的轨迹应为圆弧 $\overparen{OCA}$。当负载电阻 $R_L$ 减小时，$B$ 点移至 $B'$ 点，$C$ 点移至 $C'$ 点，输出电压 $\dot{U}_2$ 由 $OC$ 减小至 $OC'$，输出电压与励磁电压之间的相位差由 $\varphi$ 增加至 $\varphi'$。当 $R_L = 0$ 时，$\dot{U}_2 = 0$。

（二）$Z_L = jX_L$ 时，即测速发电机接纯电感负载时的情况

由式（3-16）可得

$$\dot{E}_2 = j\dot{I}_2 X_L + \dot{I}_2(R_2 + jX_2) = \dot{I}_2 R_2 + j\dot{I}_2(X_L + X_2) = 常数 \tag{3-18}$$

由式（3-18）作出相量图，如图3-13所示。图中，$CB = I_2 X_2$；$OC = U_2$；$BA = I_2 R_2$；$OA = E_2$；$\alpha = \arctan \dfrac{R_2}{X_2}$。

同理可知，当负载感抗 $X_L$ 改变时，输出电压 $\dot{U}_2$ 的端点 $C$ 的轨迹为圆弧 $\overparen{OCA}$。当负载感抗 $X_L$ 减小时，$C$ 点移至 $C'$ 点，输出电压 $\dot{U}_2$ 以及它与励磁电压之间的相位差同

63

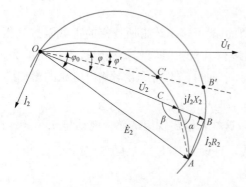

图 3-13 $Z_L = jX_L$ 时输出电压的变化

时都要减小。当 $X_L$ 变得相当小时，$\dot{U}_2$ 有可能超前 $\dot{U}_f$。当 $X_L = 0$ 时，$\dot{U}_2 = 0$。

（三）$Z_L = -jX_C$ 时，即测速发电机接纯电容负载时的情况

由式（3-16）可得

$$\dot{E}_2 = -j\dot{I}_2 X_C + \dot{I}_2 (R_2 + jX_2)$$
$$= \dot{I}_2 R_2 + j\dot{I}_2 (X_2 - X_C) = 常数$$

$$(3-19)$$

由式（3-19）作出相量图，如图 3-14 所示。图中，$CB = I_2 X_2$；$OC = U_2$；$BA = I_2 R_2$；$OA = E_2$；$\alpha = \arctan \dfrac{R_2}{X_2}$。

同理可知，当负载容抗 $X_C$ 改变时，输出电压 $\dot{U}_2$ 的端点 $C$ 的轨迹为圆弧 $\overgroup{OCA}$。当负载容抗 $X_C = \dfrac{R_2^2 + X_2^2}{X_2}$ 时，输出电压有最大值 $OC' = U_{2m}$，即为轨迹圆的直径。因此，当负载容抗 $X_C$ 由 $\infty$ 减小至 $X_C = \dfrac{R_2^2 + X_2^2}{X_2}$ 时，输出电压 $\dot{U}_2$ 随之增大，相位角 $\varphi$ 也随之增大；当负载容抗由 $X_C = \dfrac{R_2^2 + X_2^2}{X_2}$ 再继续减小时，输出电压 $\dot{U}_2$ 将随之减小，相位角 $\varphi$ 却继续增大，最后甚至超过 90°。

综合以上分析，可得输出电压的大小和相位移与负载阻抗的关系，如图 3-15 所示。由此可得如下结论：

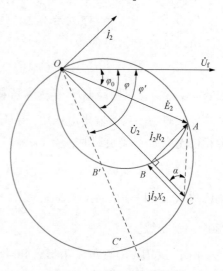

图 3-14 $Z_L = -jX_C$ 时输出电压的变化

（1）当异步测速发电机的转速一定，且负载阻抗足够大时，无论什么性质的负载，即使负载阻抗有变化也不会引起输出电压有明显改变。

（2）当 $X_C > \dfrac{R_2^2 + X_2^2}{X_2}$ 时，电容负载和电阻负载对输出电压值的影响是相反的。所以，若测速发电机输出绕组接有电阻—电容负载时，则负载阻抗的改变对输出电压值的影响可以互补，有可能使输出电压不受负载变化的影响，但却扩大了对相位移的影响。

（3）若输出绕组接有电阻—电感负载，则有可能使输出相位移不受负载阻抗改变的影响，但却扩大了对输出电压值的影响。

在实际应用中到底选用什么性质的负载，即对输出电压的幅值还是其相位移进行补偿，应由系统的要求来决定。一般希望输出电压幅值不受负载阻抗变化的影响，故常采用电阻—电容负载。

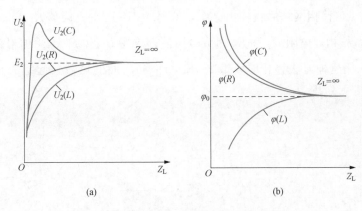

图 3-15 输出电压的大小和相位与负载阻抗的关系

(a) $U_2=f(Z_L)$；(b) $\varphi=f(Z_L)$

### 四、主要技术指标

表征异步测速发电机性能的技术指标主要有线性误差、相位误差和剩余电压。

#### 1. 线性误差

异步测速发电机实际输出特性是非线性的，在工程上用线性误差来表示它的非线性度。工程上为了确定线性误差的大小，一般把实际输出特性上对应于 $n_c^*=\sqrt{3}n_m^*/2$ 的一点与坐标原点的连线作为理想输出特性，其中 $n_m^*$ 为最大转速标幺值。将实际输出电压与理想输出电压的最大差值 $\Delta U_m$ 与最大理想输出电压 $U_{2m}$ 之比定义为线性误差，如图 3-16 所示，即

$$\delta = \frac{\Delta U_m}{U_{2m}} \times 100\% \qquad (3-20)$$

式中：$U_{2m}$ 为规定的最大转速对应的线性输出电压。

异步测速发电机在自动控制系统中的作用不同，对线性误差的要求也不同。作为校正元件时一般允许线性误差大一些，为千分之几到百分之几；而作为解算元件时，线性误差必须很小，为万分之几到千分之几。目前，高精度异步测速发电机线性误差为 $0.05\%$ 左右。

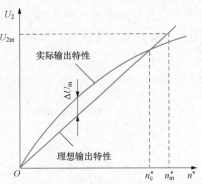

图 3-16 输出特性线性度

#### 2. 相位误差

自动控制系统希望测速发电机的输出电压与励磁电压同相位。实际上测速发电机的输出电压与励磁电压之间总是存在相位移（见图 3-12~图 3-14），且相位移的大小还随着转速的不同而变化。在规定的转速范围内，输出电压与励磁电压之间的相位移的变化量 $\Delta\varphi$ 称为相位误差，如图 3-17 所示。

异步测速发电机的相位误差一般不超过 $1°\sim2°$。由于相位误差与转速有关，所以很

难进行补偿。为了满足控制系统的要求，目前应用较多的是在输出回路中进行移相，即输出绕组通过 RC 移相网络后再输出电压，如图 3-18 所示。调节 $R_1$ 和 $C_1$ 的值可对输出电压 $\dot{U}_2$ 进行移相；电阻 $R_2$ 和 $R_3$ 组成分压器，改变 $R_2$ 和 $R_3$ 的阻值可调节输出电压 $\dot{U}_2$ 的大小。采用这种方法移相时，整个 RC 网络和后面的负载一起组成测速发电机的负载。

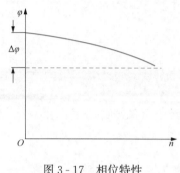

图 3-17　相位特性

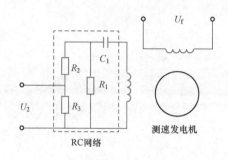

图 3-18　输出回路中的移相

**3. 剩余电压**

在理论上测速发电机的转速为零时，输出电压也为零。但实际上异步测速发电机转速为零时，输出电压并不为零，这就会使控制系统产生误差。这种测速发电机在规定的交流电源励磁下，转速为零时，输出绕组所产生的电压称为剩余电压（或零速电压）。剩余电压 $U_r$ 的数值一般只有几十毫伏，但它的存在却使得输出特性曲线不再从坐标的原点开始，如图 3-19 所示。它是异步测速发电机误差的主要部分。关于剩余电压产生的原因以及减小措施，将在本节的第六部分专门讨论。

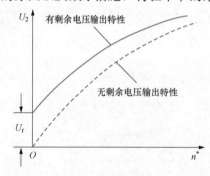

图 3-19　剩余电压对输出特性的影响

**五、误差产生的原因及减小措施**

**1. 气隙磁通 $\dot{\Phi}_d$ 的变化**

根据异步测速发电机的工作原理，当略去励磁绕组和转子漏阻抗的影响时，气隙磁通 $\dot{\Phi}_d$ 能保持常数，输出电压与转速之间便有线性关系。事实上，漏阻抗总是存在的，当转子旋转切割磁通 $\dot{\Phi}_d$ 后，在转子杯导条中产生的电流 $\dot{I}_r$ 将在时间相位上滞后电动势 $\dot{E}_r$ 一个角度。在同一瞬时，转子杯中电流方向如图 3-20 中的内圈符号所示。由电流 $\dot{I}_r$ 所产生的磁通 $\dot{\Phi}_r$ 在空间上就不与 $\dot{\Phi}_d$ 相差 90°电角度，可以把它分解为 $\dot{\Phi}_q$ 和 $\dot{\Phi}'_d$ 两个分量，其中 $\dot{\Phi}'_d$ 的方向与磁通 $\dot{\Phi}_d$ 正好相反，起去磁作用；另外，转子旋转还要切割磁通 $\dot{\Phi}_q$，又要在转子杯导条中产生切割电动势 $\dot{E}'_r$ 和电流 $\dot{I}'_r$，而且它们正比于转速 $n$ 的二次方。根据磁通 $\dot{\Phi}_q$ 与转速 $n$ 的方向，可确定在此瞬间 $\dot{E}'_r$ 和 $\dot{I}'_r$ 的方向，如图 3-20 中的外圈符号所示（为了简化起见，这里仍不计漏阻抗的影响）。当然 $\dot{I}'_r$ 也要产生磁通，由图 3-20 可见，$\dot{I}'_r$ 所产生的磁通 $\dot{\Phi}''_d$ 的

方向也与磁通 $\dot{\Phi}_{\mathrm{d}}$ 方向相反，也起去磁作用。根据磁动势平衡原理，励磁绕组的电流 $\dot{I}_{\mathrm{f}}$ 将发生变化。即使外加励磁电压 $\dot{U}_{\mathrm{f}}$ 不变，电流 $\dot{I}_{\mathrm{f}}$ 的变化也将引起励磁绕组漏阻抗压降的变化，使磁通 $\dot{\Phi}_{\mathrm{d}}$ 也随之发生变化，即随着转速的增大而减小。这样就破坏了输出电压 $\dot{U}_{2}$ 与转速 $n$ 的线性关系，使输出特性在转速 $n$ 较大时向下弯曲。

显然，减小励磁绕组的漏阻抗或增大转子电阻，都可以减小气隙磁通 $\dot{\Phi}_{\mathrm{d}}$ 的变化。而减小励磁绕组的漏阻抗，会使异步测速发电机的体积增大。为此，常采用增大转子电阻的办法，来满足输出特性的线性要求。

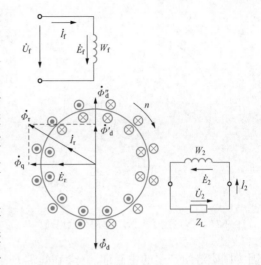

图 3 - 20　转子杯电流对定子的影响

此外，通过减小异步测速发电机的相对转速 $n^{*}$ 也可减小输出电压的误差。对于一定的转速，通常采用提高励磁电源的频率，从而增大异步测速发电机的同步转速，减小相对转速，达到减小输出电压误差的目的。因此，异步测速发电机大都采用 400Hz 的中频励磁电源。

2. 励磁电源的影响

异步测速发电机对励磁电源电压的幅值、频率和波形要求都比较高。电源电压幅值不稳定，会直接引起输出电压的波动。频率的变化对输出电压的大小和相角也有明显的影响。随着频率的增加，在电感性负载时，输出电压稍有增长；而在电容性负载时，输出电压的增加比较明显；在电阻负载时，输出电压的变化是最小的。频率的变化对相角的影响更为严重，因为频率的增加使得电机中的漏电抗增加，输出电压的相位更加滞后。但当转子电阻较大时，相位滞后得要小一些。此外，波形的失真会引起输出电压中含有高次谐波分量。

3. 温度的影响

温度的变化，会使励磁绕组和空心杯转子的电阻以及磁性材料的磁性能发生变化，从而使输出特性发生改变。温度升高使输出电压降低，而相角增大。因此，在设计空心杯时应选用电阻温度系数较小的材料。在实际使用时，可采用温度补偿措施，最简单的方法是在励磁回路、输出回路或同时在两个回路串联负温度系数的热敏电阻来补偿温度变化的影响。

**六、剩余电压产生的原因及减小措施**

剩余电压主要包含两部分：一部分是固定分量，其值与转子位置无关；另一部分是交变分量，其值随转子位置的变化作周期性变化。

1. 固定分量

产生剩余电压固定分量的主要原因是励磁绕组和输出绕组不正交，磁路不对称，绕

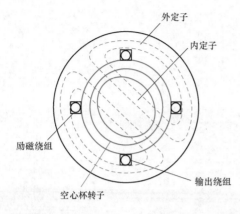

图 3-21　内定子椭圆引起的剩余电压

组匝间短路，绕组端部电磁耦合，励磁绕组与输出绕组之间存在分布电容等。如图 3-21 所示，由于内定子加工成椭圆，使气隙不均匀，引起磁路不对称，励磁磁通发生扭斜，部分磁通匝链输出绕组，在输出绕组中产生变压器电动势，这就产生了剩余电压的固定分量。

2. 交变分量

剩余电压交变分量主要是由于转子电路的不对称性引起的，如转子杯材料不均匀、杯壁厚度不一致等。非对称转子可以用一个对称转子加上一个短路环来等效，如图 3-22 所示。

因为励磁绕组产生的主磁通 $\dot{\Phi}_d$ 会在短路环中感应出电动势和电流，并在短路环轴线方向产生一个附加脉振磁通 $\dot{\Phi}_k$。当短路环轴线与输出绕组轴线不垂直时，脉振磁通 $\dot{\Phi}_k$ 就会在输出绕组中感应出电动势，即产生了剩余电压。显然，该剩余电压的值与转子位置有关，转子位置不同，输出绕组中感应产生的剩余电压的大小就不同。这样，就产生了随转子位置周期性变化的剩余电压（$U_2=U_r$），如图 3-23 所示。

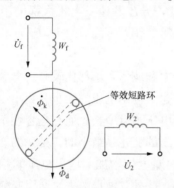

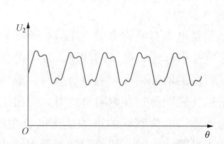

图 3-22　非对称杯形转子的等效　　图 3-23　剩余电压的交变分量

在剩余电压中，除基波分量外，还有高频分量。其产生的原因主要是：①励磁电源电压为非正弦，通过变压器耦合、分布电容的直接传导等方式在输出绕组中产生剩余电压的高频分量；②铁芯材料饱和，即使励磁电压为正弦，励磁电流为非正弦，致使励磁绕组的漏阻抗压降为非正弦，从而使直轴脉振磁场中出现高次谐波。这些高次谐波再通过变压器耦合、椭圆形旋转磁场的电磁感应作用等，在输出绕组中产生剩余电压的高频分量。

剩余电压（$\dot{U}_2$）的相位与励磁电压（$\dot{U}_f$）的相位也是不同的，如图 3-24 所示。一般将 $\dot{U}_2$ 分解成两个分量，一个是相位与 $\dot{U}_f$ 相同的称为同相分量 $\dot{U}_{2d}$，另一个是相位与 $\dot{U}_f$ 成

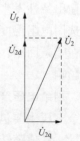

图 3-24　剩余电压的同相和正交分量

$90°$的称为正交分量 $\dot{U}_{2q}$。

总之，异步测速发电机存在剩余电压会给自动控制系统带来不利影响。剩余电压的基波同相分量，将使系统产生误动作；剩余电压的基波正交分量及高次谐波分量，会使放大器饱和，使放大倍数受到影响。所以必须设法减小异步测速发电机的剩余电压。

3. 减小剩余电压的措施

（1）改进电机的制造材料及工艺。通过选用导磁性能好的铁芯，降低磁路的饱和度，可减小剩余电压中的高频分量；将励磁绕组和输出绕组分别放于外定子和内定子上，并使内外定子铁芯可调，在电机装配时通过调节内定子铁芯使输出绕组的剩余电压最小；采用定子铁芯旋转叠装法，可保证铁芯导磁性能各向同性，从而减小剩余电压；在大机座号的产品中，还可采用补偿绕组来减小剩余电压。

（2）采用四极电机。针对剩余电压的交变分量，可采用四极电机结构来减小转子和磁路的非对称性，从而降低剩余电压。图 3-25 所示为一台四极电机绕组产生的脉振磁场，当转子不动时，任一瞬间穿过短路环的两路脉振磁通的方向正好相反，因而在短路环中所感应的电动势、电流以及短路环产生的脉振磁通 $\dot{\Phi}_{k}$ 都很小，这样在输出绕组中产生的剩余电压就很小。

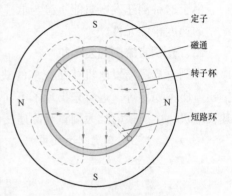

图 3-25　四极电机的脉振磁场

（3）外接补偿装置。在电机的外部采用适当的线路，产生一个校正电压来抵消电机所产生的剩余电压。图 3-26（a）是用分压器的办法，取出一部分励磁电压去补偿剩余电压。图 3-26（b）是阻容电桥补偿法，调节电阻 $R_1$ 的大小，可改变校正电压的大小，调节电阻 $R$ 的大小可改变校正电压的相位，以达到有效补偿剩余电压的目的。有时为了消除剩余电压中的高次谐波，还在输出绕组端设置滤波电路。

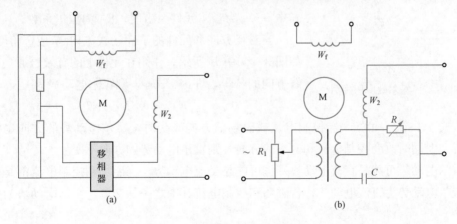

图 3-26　剩余电压补偿电路
（a）校正补偿；（b）电桥补偿

## 第四节  其他型式的测速发电机

**一、永磁式高灵敏度直流测速发电机**

永磁式高灵敏度直流测速发电机的结构特点是直径大、轴向尺寸小、电枢元件数多，因而输出电压斜率大、低速精度高，其灵敏度比普通测速发电机高出一千多倍。它的换向器是用塑料或绝缘材料制成薄板基体，在其上面印制很多换向片。换向器固定在轴的端面上，故称之为印制电路端面换向器。由于这种测速发电机刷间串联的元件数较多，因而纹波电压较低。它的转速可以很低，有的最低转速可低于每天一转，输出电压为几毫伏。

由于这种测速发电机能直接与低速伺服电动机连接，所以特别适合作为低速伺服系统中的速度检测元件。

**二、无刷直流测速发电机**

有刷直流测速发电机存在很多的缺点，如可靠性差、无线电干扰大、摩擦转矩大、输出电压不稳定等。近年来出现了不同结构的无刷直流测速发电机，如霍尔无刷直流测速发电机、电子换向式无刷直流测速发电机等。下面介绍其基本工作原理。

（一）霍尔无刷直流测速发电机

1. 霍尔元件

如图3-27所示，在一块半导体薄片的相对两侧通入控制电流 $I$，在薄片的垂直方向加以磁场 $B$，则在半导体薄片的另外两侧会产生一个电动势，这一现象叫做霍尔效应，所产生的电动势叫霍尔电动势，该半导体薄片称为霍尔元件。

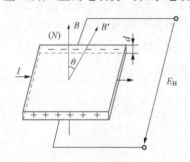

图3-27  霍尔效应原理图

对厚度为 $d$ 的霍尔元件，霍尔电动势的计算式为

$$E_H = K_H I B \qquad (3-21)$$

$$K_H = \frac{R_H}{d}$$

式中：$K_H$ 为霍尔元件灵敏度；$R_H$ 为霍尔系数。

当磁场方向和元件的平面法线方向 $N$ 成 $\theta$ 角度时，如图3-27中 $B'$ 所示，作用在元件上的有效磁通是其法线方向的分量，即为 $B\cos\theta$，则霍尔电动势为

$$E_H = K_H I B' \cos\theta \qquad (3-22)$$

从式（3-22）可知，当控制电流或磁场的方向改变时，霍尔电动势的方向也将随之改变。但同时改变控制电流和磁场的方向，则霍尔电动势的方向不变。

霍尔电动势可能是直流电动势，也可能是交流电动势。当磁场和控制电流都是直流时，霍尔电动势为直流电动势；若磁场和控制电流其中之一是交流，霍尔电动势为交流电动势。

2. 霍尔无刷直流测速发电机的工作原理

图3-28所示为霍尔无刷直流测速发电机的结构布置图和原理接线图。在定子铁芯

上放置两个空间位置相差 $90°$ 电角度的绕组 $W_A$ 和 $W_B$，并分别在两个绕组的轴线上放置霍尔元件 $H_B$ 和 $H_A$。转子为两极永久磁钢。霍尔元件 $H_A$ 和 $H_B$ 的控制电流分别由定子绕组 $W_A$ 和 $W_B$ 供给。将霍尔元件的输出端串联，总的输出电压为两个霍尔元件的霍尔电动势之代数和。

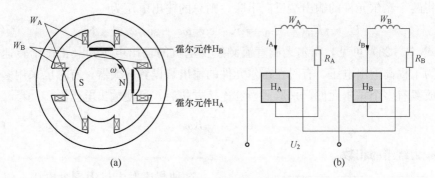

图 3 - 28　霍尔无刷直流测速发电机
(a) 结构布置图；(b) 原理接线图

当转子不转时，定子绕组 $W_A$ 和 $W_B$ 中都没有感应电动势，霍尔元件的控制电流都为零，所以霍尔电动势也为零。

当转子以 $\omega$ 的角速度旋转时，转子永磁磁场将在定子绕组 $W_A$ 和 $W_B$ 中产生感应电动势。设转子磁场处于图 3 - 28 (a) 所示的位置时 $\omega t = 0$，此时霍尔元件 $H_A$ 处的磁通密度为最大。若气隙磁通密度按正弦规律分布，则磁通密度 $B_A$ 应为

$$B_A = B_m \cos\omega t \tag{3 - 23}$$

式中：$B_m$ 为气隙磁通密度的幅值。

同理，通过霍尔元件 $H_B$ 处的磁通密度 $B_B$ 为

$$B_B = B_m \sin\omega t \tag{3 - 24}$$

当转子旋转时，定子绕组 $W_A$ 和 $W_B$ 中的感应电动势分别为

$$\left. \begin{array}{l} e_A = K_A \dfrac{dB_B}{dt} = K_A B_m \omega \cos\omega t \\[2mm] e_B = K_B \dfrac{dB_A}{dt} = -K_B B_m \omega \sin\omega t \end{array} \right\} \tag{3 - 25}$$

式中：$K_A$、$K_B$ 分别为霍尔元件 $H_A$、$H_B$ 的比例常数。

当略去控制电流回路中的漏阻抗，根据图 3 - 28 (b)，则控制电流分别为

$$\left. \begin{array}{l} i_A = \dfrac{e_A}{R_A} = \dfrac{K_A B_m}{R_A} \omega \cos\omega t \\[2mm] i_B = \dfrac{e_B}{R_B} = -\dfrac{K_B B_m}{R_B} \omega \sin\omega t \end{array} \right\} \tag{3 - 26}$$

霍尔元件 $H_A$ 和 $H_B$ 的霍尔电动势分别为

$$\left. \begin{array}{l} E_{HA} = K_{HA} B_A i_A = \dfrac{K_{HA} K_A B_m^2}{R_A} \omega \cos^2\omega t \\[2mm] E_{HB} = K_{HB} B_B i_B = -\dfrac{K_{HB} K_B B_m^2}{R_B} \omega \sin^2\omega t \end{array} \right\} \tag{3 - 27}$$

式中：$K_{HA}$、$K_{HB}$ 分别为霍尔元件 $H_A$ 和 $H_B$ 的灵敏度。

调节 $R_A$ 和 $R_B$ 的大小，使

$$\frac{K_{HA}K_AB_m^2}{R_A} = \frac{K_{HB}K_BB_m^2}{R_B} = K$$

若将两个霍尔元件的输出端反向串联，则总的输出电压为

$$U_2 = E_{HA} - E_{HB} = K\omega(\cos^2\omega t + \sin^2\omega t) = K\omega \tag{3-28}$$

由式（3-28）可见，霍尔无刷直流测速发电机的输出电压为一正比于转速的直流电压。为了提高输出电压，有时在霍尔元件的输出端设置放大器；有时也采用多相对称绕组，放置有多个霍尔元件，采取适当的连接方法后，可使输出电压为

$$U_2 = \frac{m}{2}K\omega \tag{3-29}$$

式中：$m$ 为绕组的相数。

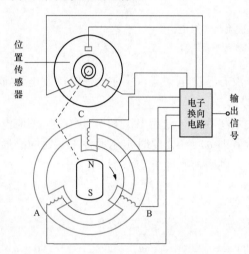

图 3-29  电子换向式无刷直流测速
发电机原理图

这种测速发电机无剩余电压，输出电压中也不含脉动成分；转子摩擦转矩小，惯量小，寿命长，可靠性好，容易维护，所以近年来发展很快。

（二）电子换向式无刷直流测速发电机

图 3-29 所示为电子换向式无刷直流测速发电机的原理图。它是根据电磁感应定律，通过磁场的电磁作用产生交变感应电动势，然后经过电子换向电路转换成直流电压输出。测速发电机的转向不同，输出电压的极性也不同；电子换向电路的形式不同，输出的直流测速信号也不同。这种测速发电机没有电刷与换向器接触等所造成的缺陷，性能较好，但结构较复杂。

# 第五节  测速发电机应用举例

测速发电机在自动控制系统和计算装置中可以作为测速元件、校正元件、解算元件和角加速度信号元件。

## 一、转速自动调节系统

图 3-30 所示为转速自动调节系统的原理图。测速发电机耦合在电动机轴上作为转速负反馈元件，其输出电压作为转速反馈信号送回到放大器的输入端。调节转速给定电压，系统可达到所要求的转速。当电动机的转速由于某种原因（如负载转矩增大）减小，此时测速发电机的输出电压减小，转速给定电压和测速反馈电压的差值增大，差值电压信号经放大器放大后，使电动机的电压增大，电动机开始加速，测速机输出的反馈电压增加，差值电压信号减小，直到近似达到所要求的转速为止。同理，若电动机的转

速由于某种原因（如负载转矩减小）
增加，测速发电机的输出电压增加，
转速给定电压和测速反馈电压的差值
减小，差值信号经放大器放大后，使
电动机的电压减小，电动机开始减
速，直到近似达到所要求的转速为
止。通过以上分析可知，只要系统转
速给定电压不变，无论由于何种原因
企图改变电动机的转速，因测速发电
机输出电压反馈的作用，使系统能自
动调节到所要求的转速（有一定的误
差，近似于恒速）。

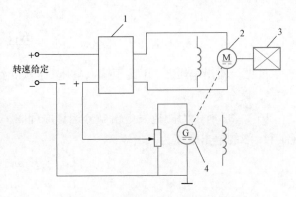

图 3 - 30  转速自动调节系统原理图

1—放大器；2—电动机；3—负载；4—测速发电机

## 二、自动控制系统的解算

测速发电机作为控制系统中的解算元件，既可用作积分运算，也可用作微分运算。

### 1. 积分运算

图 3 - 31 所示为测速发电机积分运算原理图。$U_1$ 为输入信号，电位器的输出电压 $U_2$ 为输出信号，$U_2$ 与其转角 $\theta$ 成正比。当输入信号 $U_1 = 0$ 时，伺服电动机不转，电位器的转角 $\theta = 0$，输出电压 $U_2 = 0$。当施加一个输入信号，伺服电动机带动测速发电机和电位器转动，将有

$$\left. \begin{array}{l} U_2 = K_1 \theta \\ \theta = K_2 \displaystyle\int_0^{t_1} n \mathrm{d}t \\ U_\mathrm{b} = K_3 n \end{array} \right\} \tag{3 - 30}$$

式中：$K_1$、$K_2$、$K_3$ 为比例常数，由系统内各环节的结构和参数所决定；$n$ 为伺服电动机转速。

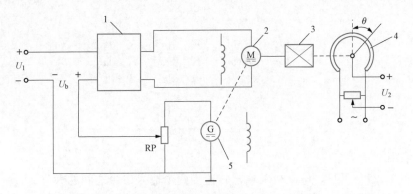

图 3 - 31  测速发电机作积分运算的原理图

1—放大器；2—直流伺服电动机；3—传动机构；4—电位器；5—测速发电机

只要放大器的放大倍数足够大，则

$$U_1 \approx U_b \qquad (3-31)$$

$$U_2 = K_1\theta = K_1K_2\int_0^{t_1} n\mathrm{d}t = \frac{K_1K_2}{K_3}\int_0^{t_1} U_b\mathrm{d}t = K\int_0^{t_1} U_1\mathrm{d}t \qquad (3-32)$$

可见，输出电压 $U_2$ 正比于输入电压 $U_1$ 从 0 到 $t_1$ 时间内的积分。

2. 微分运算

图 3-32 所示为测速发电机微分运算原理图。在励磁电压保持不变时，测速发电机 G1 和 G2 的输出电压为

$$\left.\begin{aligned}U_1 &= K_1\omega_1\\U_2 &= K_2\omega_2\end{aligned}\right\} \qquad (3-33)$$

式中：$K_1$、$K_2$ 为比例常数。

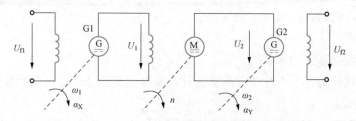

图 3-32　测速发电机作微分运算的原理图

将 $U_1$ 和 $U_2$ 分别作为电动机 M 的励磁电压和电枢电压，在略去电动机电枢回路电阻时有

$$U_2 \propto \Phi n \propto U_1 n \qquad (3-34)$$

设测速发电机 G1 和 G2 的输入信号即转角 $\alpha_X = \alpha_X(t)$ 和 $\alpha_Y = \alpha_Y(t)$ 分别正比于参量 $X(t)$ 和 $Y(t)$，则

$$\left.\begin{aligned}\omega_1 &= \frac{\mathrm{d}\alpha_X}{\mathrm{d}t}\\\omega_2 &= \frac{\mathrm{d}\alpha_Y}{\mathrm{d}t}\end{aligned}\right\} \qquad (3-35)$$

$$n \propto \frac{U_2}{U_1} \propto \frac{K_2\omega_2}{K_1\omega_1} \propto \frac{K_2}{K_1}\frac{\dfrac{\mathrm{d}\alpha_Y}{\mathrm{d}t}}{\dfrac{\mathrm{d}\alpha_X}{\mathrm{d}t}} \propto \frac{K_2}{K_1}\frac{\mathrm{d}\alpha_Y}{\mathrm{d}\alpha_X} \qquad (3-36)$$

因此

$$n = K\frac{\mathrm{d}Y}{\mathrm{d}X} \qquad (3-37)$$

式中：$K$ 为比例常数。

由式（3-37）可见，电动机的输出转速为两个输入参量之间的微分。

小　结

测速发电机是自动控制系统中的信号元件，它可以把转速信号转换成电气信号。

74

直流测速发电机是一种微型直流发电机，按励磁方式分为电磁式和永磁式两大类。在理想情况下，输出特性为一条直线，而实际输出特性与直线有误差。引起误差的主要原因是：电枢反应的去磁作用，电刷与换向器的接触压降，电刷偏离几何中性线，温度的影响等。因此，在使用时必须注意测速发电机的转速不得超过规定的最高转速，负载电阻不得小于规定值。在精度要求严格的场合，还需要对测速发电机进行温度补偿。纹波电压造成了输出电压不稳定，降低了测速发电机的精度。

异步测速发电机的结构与空心杯转子交流伺服电动机完全相同。当异步测速发电机的励磁绕组产生的磁通 $\dot{\Phi}_d$ 保持不变，转子不转时输出电压为零，转子旋转时切割励磁磁通产生感应电动势和电流，建立交轴方向的磁通，在输出绕组中产生感应电动势，从而产生输出电压。输出电压的大小与转速成正比，但其频率与转速无关，等于电源的频率。理想的输出特性也是一条直线，但实际上并非如此。引起误差的主要原因是：$\dot{\Phi}_d$ 的大小和相位都随着转速而变化，负载阻抗的大小和性质，励磁电源的性能，温度以及剩余电压，其中剩余电压是误差的主要部分。

表征异步测速发电机性能的主要技术指标有线性误差、相位误差和剩余电压。

引起剩余电压的原因很多，如：磁路不对称，气隙不均匀，输出绕组和励磁绕组在空间不是严格相差 90°电角度，绕组匝间短路，铁芯片间短路，转子杯材料和厚度不均匀，存在寄生电容等。在控制系统中，剩余电压的同相分量引起系统误差，正交和高次谐波分量将使放大器饱和。消除剩余电压的方法很多，除了改进测速发电机的制造材料和工艺外，还可外接补偿装置。

在实际中为了提高异步测速发电机的性能通常采用四极电机。为了减小误差，应增大转子电阻和负载阻抗，减小励磁绕组和输出绕组的漏阻抗，提高励磁电源的频率（采用 400Hz 的中频励磁电源）。使用时电机的工作转速不应超过规定的转速范围。

为了满足控制系统的要求，对测速发电机的性能要求也越来越高。在普通测速发电机的基础上，研制出了永磁高灵敏度直流测速发电机和无刷直流测速发电机。

测速发电机在自动控制系统中是一个非常重要的元件，它可作为校正元件、阻尼元件、测量元件、解算元件和角加速度信号元件等。

## 思考题与习题

3-1 直流测速发电机按励磁方式分有哪几种？各有什么特点？

3-2 直流测速发电机的输出特性，在什么条件下是线性特性？产生误差的原因和改进的方法是什么？

3-3 为什么直流测速发电机在使用时转速不宜超过规定的最高转速？而负载电阻不能小于规定值？

3-4 若直流测速发电机的电刷没有放在几何中性线的位置上，试问其正、反转时的输出特性是否一样？为什么？

3-5 为什么异步测速发电机的转子多采用非磁性空心杯结构，而较少用笼型结构？

3-6 异步测速发电机的励磁绕组与输出绕组在空间位置上互差 90°电角度，没有磁路的耦合作用。为什么励磁绕组接交流电源，转子转动时输出绕组会产生电压？为何输出电压的频率却与转速无关？若把输出绕组移到与励磁绕组在同一轴线上，测速发电机工作时，输出绕组的输出电压有多大？与转速有关吗？

3-7 异步测速发电机输出特性存在线性误差的主要原因有哪些？怎样确定线性误差的大小？

3-8 为什么异步测速发电机的励磁电源大多采用 400Hz 的中频电源？

3-9 什么是异步测速发电机的剩余电压？各个分量的含义和产生的原因以及对系统的影响是什么？如何减小？

3-10 当异步测速发电机接纯电容负载时，试证明当负载容抗 $X_C = \dfrac{R_2^2 + X_2^2}{X_2}$ 时，输出电压有最大值，即 $U_{2m} = E_2 \sqrt{1 + \left(\dfrac{X_2}{R_2}\right)^2}$。

3-11 简述霍尔无刷直流测速发电机的工作原理，并说明为什么输出电压不含脉动成分，而且也无剩余电压。

3-12 若要求异步测速发电机输出电压的大小不受负载变化的影响，应采用什么性质的负载组合？

# 第 四 章

# 步 进 电 动 机
## （Stepping Motor）

## 第一节 概　　述

步进电动机（stepping motor）是将电脉冲信号转换为相应的角位移或直线位移的一种特殊执行电动机。每输入一个电脉冲信号，电动机就转动一个角度，它的运动形式是步进式的，所以称为步进电动机。由于其输入是脉冲电流，所以也叫脉冲电动机。

步进电动机不需要变换，能直接将数字脉冲信号转换成角位移或线位移，因此适合作为数字控制系统的伺服元件。步进电动机具有以下优点：①输出角位移量或线位移量与其输入的脉冲数成正比，而转速或线速度与脉冲的频率成正比，在电动机的负载能力范围内，这些关系不受电压的大小、负载的变化、环境条件等外界各种因素的影响，因而适合在开环系统中作执行元件，使控制系统大为简化；②它每转一周都有固定的步数，所以步进电动机在不失步的情况下运行，其步距误差不会长期积累；③控制性能好，可以在很宽的范围内通过改变脉冲的频率来调节转速，并且能够快速起动、制动和反转；④有些形式的步进电动机在停止供电的状态下还有定位转矩，有些形式在停机后某些相绕组仍保持通电状态，具有自锁能力，不需要机械制动装置等。当采用速度和位置检测装置后，它可构成闭环控制系统。

步进电动机的主要缺点是效率较低，并且需要专用电源供给电脉冲信号，带惯性负载的能力不强，在运行中会出现共振和振荡问题。

计算机技术、电力电子技术和微电子技术的发展，给步进电动机的应用开辟了广阔的前景，其应用非常广泛，如数控机床、绘图机、自动记录仪表、遥控装置和航空系统等，都大量使用步进电动机。

步进电动机的种类很多，主要有反应式、永磁式和混合式。近年来又发展了直线步进电动机和平面步进电动机等。其中反应式步进电动机具有步距角小、结构较简单等特点，而且其他类型步进电动机的工作原理与它基本相似，所以本章着重分析反应式步进电动机。

## 第二节　反应式步进电动机的结构及工作原理

### 一、结构型式

反应式步进电动机有多种结构型式，按定转子铁芯的段数分为单段式和多段式两种。

### 1. 单段式

单段式是指定转子为一段铁芯。由于各相绕组沿圆周方向均匀排列，所以又称为径向分相式。它是步进电动机中使用最多的一种结构型式。图4-1所示为三相反应式步

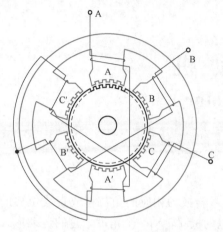

图4-1 三相反应式步进电动机的结构

进电动机的结构。定转子铁芯由硅钢片叠压而成，定子磁极为凸极式，磁极的极面上开有小齿。定子上有三套控制绕组，每一套有两个串联的集中控制绕组分别绕在径向相对的两个磁极上。每套绕组为一相，三相绕组接成星形，所以定子磁极数通常为相数的2倍，即 $2p=2m$（$p$为极对数，$m$为相数）。转子上没有绕组，沿圆周也有均匀的小齿，其齿距和定子磁极上小齿的齿距必须相等，因此转子的齿数有一定的限制。这种结构的优点是制造简便，精度易于保证，步距角可以做得较小，容易得到较高的起动和运行频率。其缺点是在电动机的直径较小而相数又较

多时，沿径向分相较为困难，消耗功率大，断电时无定位转矩。

### 2. 多段式

多段式是指定转子铁芯沿电动机轴向按相数分成 $m$ 段。由于各相绕组沿着轴向分布，所以又称为轴向分相式。按其磁路的结构特点可分为两种，一种是主磁路仍为径向，另一种是主磁路包含有轴向部分。

多段式径向磁路反应式步进电动机的结构如图4-2所示，每一段的结构和单段式径向分相结构相似。通常每一相绕组放在一段定子铁芯的各个磁极上。定子的磁极数从结构合理考虑决定，最多可以和转子齿数相等。定转子铁芯的圆周上都有齿形相近和齿距相同的均匀小齿，转子齿数通常为定子极数的整数倍。定子铁芯（或转子铁芯）每相邻两段沿圆周错开 $1/m$ 齿距。也可以在一段铁芯上放置两相或三相绕组，定子铁芯（或转子铁芯）每相邻两段要错开相应的齿距，这样，可增加电动机制造的灵活性。

多段式轴向磁路步进电动机的结构如图4-3所示，每段定子铁芯为Π字形，在其中间放置环形控制绕组。定转子铁芯上均有齿形相近和齿数相等的小齿。定子铁芯（或转子铁芯）每相邻两段沿圆周错开 $1/m$ 齿距。

多段式结构的共同特点是铁芯分段和错位装配工艺比较复杂，精度不易保证，

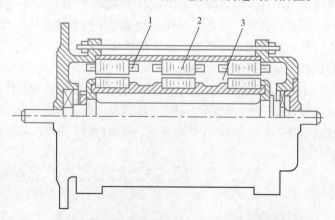

图4-2 多段式径向磁路反应式步进电动机的结构
1—线圈；2—定子；3—转子

特别对步距角较小的电动机装配更是困难。但步距角可以做得很小，起动和运行频率较高。对轴向磁路的结构，定子空间利用率高，环形控制绕组绕制方便，转子的惯量较低。

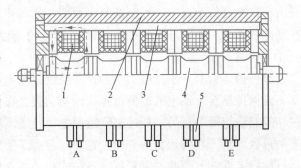

图 4 - 3 多段式轴向磁路反应式步进电动机的结构
1—线圈；2—定子；3—磁轭；4—转子；5—引出线

**二、工作原理**

反应式步进电动机是利用凸极转子交轴磁阻与直轴磁阻之差所产生的反应转矩（或磁阻转矩）而转动的，所以也称为磁阻式步进电动机。现以一台最简单的三相反应式步进电动机为例，说明其工作原理。

图 4 - 4 所示为三相反应式步进电动机的原理。定子铁芯为凸极式，共有 3 对（6个）磁极，每两个空间相对的磁极上绕有一相控制绕组。转子用软磁性材料制成，也是凸极结构，只有 4 个齿，齿宽等于定子的极宽。下面通过几种基本的控制方式来说明其工作原理。

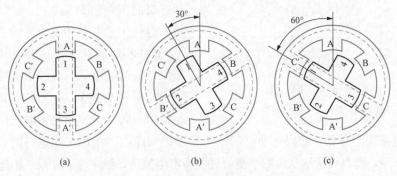

图 4 - 4 三相反应式步进电动机的原理
(a) A 相通电；(b) B 相通电；(c) C 相通电

1. 三相单三拍通电方式

当 A 相控制绕组通电，其余两相均不通电时，电动机内建立以定子 A 相极为轴线的磁场。由于磁通具有力图走磁阻最小路径的特点，使转子齿 1、3 的轴线与定子 A 相极轴线对齐，如图 4 - 4 (a) 所示。当 A 相控制绕组断电，B 相控制绕组通电时，转子在反应转矩的作用下，逆时针方向转过 30°，使转子齿 2、4 的轴线与定子 B 相极轴线对齐，即转子走了一步，如图 4 - 4 (b) 所示。若再断开 B 相，使 C 相控制绕组通电，转子逆时针方向又转过 30°，使转子齿 1、3 的轴线与定子 C 相极轴线对齐，如图 4 - 4 (c) 所示。如此按 A—B—C—A 的顺序轮流通电，转子就会一步一步地按逆时针方向转动。其转速取决于各相控制绕组通电与断电的频率，旋转方向取决于控制绕组轮流通电的顺序。若按 A—C—B—A 的顺序通电，则电动机按顺时针方向转动。

上述通电方式称为三相单三拍运行。"三相"是指三相步进电动机；"单"是指每次只有一相控制绕组通电；控制绕组每改变一次通电状态称为一拍，"三拍"是指改变三次通电状态为一个循环。把每一拍转子转过的角度称为步距角，用 $\theta_s$ 来表示。三相单三拍运行时，$\theta_s=30°$。

单三拍运行时，步进电动机的控制绕组在断电、通电的间断期间，转子磁极因失磁而不能保持原自行锁定的平衡位置，即所谓失去自锁能力，易出现失步现象；另外，由一相控制绕组断电至另一相控制绕组通电，转子则经历起动加速、减速、至新的平衡位置的过程，转子在到达新的平衡位置时，会由于惯性而在平衡点附近产生振荡现象，故运行的稳定性差。因此，常采用双三拍或单、双六拍的控制方式。

2. 三相双三拍通电方式

控制绕组的通电方式为 AB—BC—CA—AB 或 AB—CA—BC—AB，即每拍同时有两相绕组通电，三拍为一个循环。当 A、B 两相控制绕组同时通电时，转子齿的位置应同时考虑到两对定子极的作用，只有 A 相极和 B 相极对转子齿所产生的磁拉力相平衡，才是转子的平衡位置，如图 4 - 5（a）所示。若下一拍为 B、C 两相同时通电时，则转子按逆时针转过 30°到达新的平衡位置，如图 4 - 5（b）所示。可见，双三拍运行时的步距角仍是 30°。但双三拍运行时，每一拍总有一相绕组持续通电，如由 A、B 两相通电变为 B、C 两相通电时，B 相保持持续通电状态。C 相磁拉力力图使转子逆时针方向转动，而 B 相磁拉力却起到阻止转子继续向前转动的作用，即起

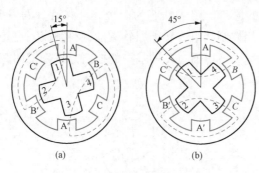

图 4 - 5　三相双三拍运行方式
（a）AB 相导通；（b）BC 相导通

到一定的电磁阻尼作用，所以电动机工作比较平稳。而在三相单三拍运行时，由于没有这种阻尼作用，所以转子达到新的平衡位置容易产生振荡，稳定性不如双三拍运行方式。

3. 三相单、双六拍通电方式

控制绕组的通电方式为 A—AB—B—BC—C—CA—A 或 A—AC—C—CB—B—BA—A，即一相通电和两相通电间隔地轮流进行，完成一个循环需要经过六次改变通电状态。当 A 相控制绕组通电时和单三拍运行的情况相同，如图 4 - 4（a）所示。当 A、B 两相同时通电时和双三拍运行的情况相同，转子只能按逆时针方向转过 15°，如图 4 - 5（a）所示。当断开 A 相使 B 相单独通电，转子继续按逆时针方向，又转过 15°，如图 4 - 4（b）所示。以此类推，若继续按 BC—C—CA—A 的顺序通电，步进电动机就一步一步地按逆时针方向转动。若通电顺序变为 A—AC—C—CB—B—BA—A 时，步进电动机将按顺时针反方向旋转。可见单、双六拍运行时步距角为 15°，比三拍通电方式时减小一半。因此，同一台步进电动机，采用不同的通电方式，可以有不同的拍数，对应的步距角也不同。

此外，六拍运行方式每一拍也总有一相控制绕组持续通电，也具有电磁阻尼作用，电动机工作也比较平稳。

以上这种结构型式的反应式步进电动机，其步距角较大，常常满足不了系统精度的要求。所以，大多数采用如图 4-1 所示的定子磁极上带有小齿、转子齿数很多的反应式结构，其步距角可以做得很小。下面进一步说明它的工作原理。

图 4-1 所示的是最常见的一种小步距角的三相反应式步进电动机。定子每个极面上有 5 个齿，转子上均匀分布 40 个齿，定转子的齿宽和齿距都相同。当 A 相控制绕组通电时，转子受到反应转矩的作用，使转子齿的轴线和定子 A、A′ 极下齿的轴线对齐。因转子上共有 40 个齿，其齿距角为 $\frac{360°}{40}=9°$。定子每个极距所占的转子齿数为 $\frac{40}{6}=6\frac{2}{3}$，不是整数，如图 4-6 所示。因此，当定子 A 相极下定转子齿对齐时，定子 B 相极和 C 相极下的齿和转子齿依次有 1/3 齿距的错位，即 3°；同样，当 A 相断电，B 相控制绕组通电时，在反应转矩的作用下，转子按逆时针方向转过 3°，使转子齿的轴线和定子 B 相极下齿的轴线对齐。这时，定子 C 相极和 A 相极下的齿和转子齿又依次错开 1/3 齿距。以此类推，若持续按单三拍的顺序通电，转子就按逆时针方向一步一步地转动，步距角为 3°。改变通电顺序，即按 A—C—B—A，电动机按顺时针方向反转。

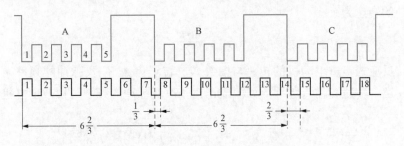

图 4-6　定、转子展开图（A 相绕组通电）

若采用三相单、双六拍的通电方式运行时，和前面分析的原理完全一样，步距角减小一半，为 1.5°。

通过以上分析可知，转子的齿数不能任意选取。因为在同一相的几个磁极下，定转子齿应同时对齐或同时错开，才能使几个磁极的作用相加，产生足够的反应转矩，而定子圆周上属于同一相的极总是成对出现的，所以转子齿数应是偶数。另外，在不同相的磁极下，定转子相对位置应依次错开 $1/m$ 齿距，这样才能在连续改变通电状态下，获得连续不断的运动。否则，当某一相控制绕组通电时，对各相定子磁极而言，转子齿都将处于磁路的磁阻最小位置上，各相绕组轮流通电时，转子将一直处于静止状态，电动机不能正常转动运行。因此，要求两相邻相磁极轴线之间转子的齿数为整数加或减 $1/m$，即

$$\frac{Z_r}{2mp}=K\pm\frac{1}{m} \tag{4-1}$$

式中：$K$ 为非零正整数；$Z_r$ 为转子的齿数；$2p$ 为一相绕组通电时在定子圆周上形成的磁极数。

如果以 $N$ 表示步进电动机运行的拍数，则转子经过 $N$ 步，将转过一个齿距。每转

一圈（即 360°机械角），需要走 $NZ_r$ 步，步距角为

$$\theta_s = \frac{360°}{NZ_r} \qquad (4-2)$$

$$N = Cm$$

式中：$C$ 为通电状态系数。当采用单拍或双拍方式时，$C=1$；而采用单、双拍方式时，$C=2$。

由此可见，增加拍数和转子的齿数可减小步距角，有利于提高控制精度。增加电动机的相数可以增加拍数，也可以减小步距角。但相数越多，电源及电动机的结构越复杂，造价也越高。反应式步进电动机一般做到六相，个别的也有八相或更多相。增加转子的齿数是减小步进电动机步距角的一个有效途径，目前所使用的步进电动机转子的齿数一般很多。对相同相数的步进电动机既可采用单拍或双拍方式，也可采用单、双拍方式。因此，同一台步进电动机可有两个步距角，如 3°/1.5°、1.5°/0.75°、1.2°/0.6°等。

当通电脉冲的频率为 $f$(Hz) 时，由于转子每经过 $NZ_r$ 个脉冲旋转一周，故步进电动机每分钟的转速为

$$n = \frac{60f}{NZ_r} \qquad (4-3)$$

可见，反应式步进电动机的转速与拍数 $N$、转子齿数 $Z_r$ 及脉冲的频率 $f$ 有关。当转子齿数一定，转速与输入脉冲的频率成正比，改变脉冲的频率可以改变电机的转速。

## 第三节　反应式步进电动机的静态特性

### 一、矩角特性

步进电动机的一相或多相控制绕组通入直流电流，且不改变它的通电状态，这时转子将固定在某一平衡位置上保持不动，称为静止状态（简称静态）。在空载情况下，转子的平衡位置称为初始稳定平衡位置。静态时的反应转矩叫静转矩，在理想空载时静转矩为零。当有扰动作用时，转子偏离初始稳定平衡位置，偏离的电角度 $\theta$ 称为失调角。静转矩与转子失调角的关系称为矩角特性，即 $T = f(\theta)$。

反应式步进电动机转子转过一个齿距，从磁路情况来看，变化了一个周期。因此，转子一个齿距所对应的电角度为 $2\pi$ 电弧度或 360°电角度。

设静转矩 $T$ 和失调角 $\theta$ 的正方向为从右向左。当失调角 $\theta=0$ 时，定转子齿的轴线重合，静转矩 $T=0$，如图 4-7 (a) 所示；当 $\theta>0$ 时，切向磁拉力使转子向右移动，静转矩 $T<0$，如图 4-7 (b) 所示；当 $\theta<0$ 时，切向磁拉力使转子向左移动，静转矩 $T>0$，如图 4-7 (c) 所示；当 $\theta=\pi$ 时，定子齿与转子槽正好相对，转子齿受到定子相邻两个齿磁拉力作用，但大小相等、方向相反，产生的静转矩为零，即 $T=0$，如图 4-7 (d) 所示。

以上定性地讨论了反应式步进电动机的静转矩和失调角的关系，下面由机电能量转换原理，推导静转矩的数学表达式。

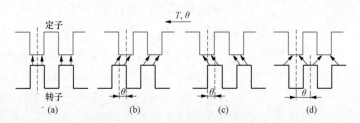

图 4-7　静转矩与转子位置的关系

(a) $\theta=0$；(b) $\theta>0$；(c) $\theta<0$；(d) $\theta=\pi$

若不计步进电动机磁路铁芯部分磁场能量或磁共能变化的影响，当只有一相绕组通电时，储存在电机气隙中的磁场能量为

$$W_{\mathrm{m}} = \frac{1}{2}LI^2 \tag{4-4}$$

式中：$L$ 为每相控制绕组的自感；$I$ 为通入控制绕组中的电流。

当磁链保持不变，静转矩的大小等于磁场能量对机械角位移的变化率，即

$$T = \frac{\mathrm{d}W_{\mathrm{m}}}{\mathrm{d}\beta} \tag{4-5}$$

式中：$\beta$ 为转子的机械角位移，用失调角（电角度）表示，则 $\theta=Z_{\mathrm{r}}\beta$。

相绕组的自感为

$$L = \frac{W\Phi}{I} = W^2\Lambda \tag{4-6}$$

式中：$W$ 为每相控制绕组的匝数；$\Phi$ 为每极磁通；$\Lambda$ 为对应磁路的磁导。

如果略去磁导中高次谐波的影响，步进电动机的磁导近似如图 4-8 所示的曲线，当定转子的齿正好对齐时，气隙磁导最大，用直轴磁导 $\Lambda_{\mathrm{d}}$ 表示；当定子齿和转子槽相对时，气隙磁导最小，用交轴磁导 $\Lambda_{\mathrm{q}}$ 表示，其数学关系式为

$$\Lambda = \frac{1}{2}(\Lambda_{\mathrm{d}}+\Lambda_{\mathrm{q}}) + \frac{1}{2}(\Lambda_{\mathrm{d}}-\Lambda_{\mathrm{q}})\cos\theta \tag{4-7}$$

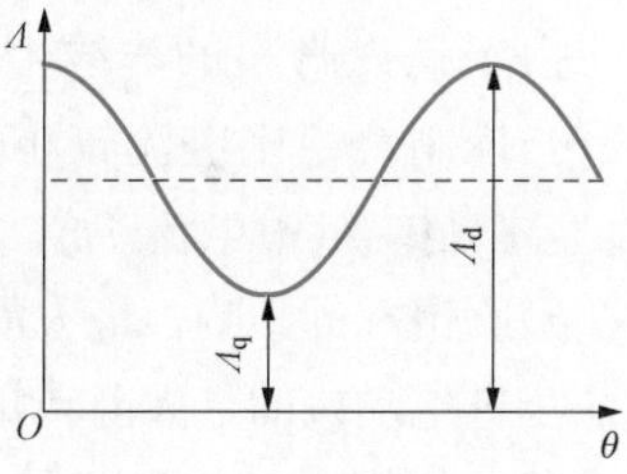

图 4-8　磁导变化曲线

将式 (4-7) 代入式 (4-4)～式 (4-6)，静转矩为

$$T=\frac{\mathrm{d}W_{\mathrm{m}}}{\mathrm{d}\beta} = \frac{1}{2}I^2\frac{\mathrm{d}L}{\mathrm{d}\beta} = \frac{1}{2}(WI)^2\frac{\mathrm{d}\Lambda}{\mathrm{d}\beta} = -\frac{Z_{\mathrm{r}}}{4}(WI)^2(\Lambda_{\mathrm{d}}-\Lambda_{\mathrm{q}})\sin(Z_{\mathrm{r}}\beta)$$
$$= -T_{\max}\sin(Z_{\mathrm{r}}\beta) = -T_{\max}\sin\theta \tag{4-8}$$
$$T_{\max} = \frac{Z_{\mathrm{r}}(WI)^2(\Lambda_{\mathrm{d}}-\Lambda_{\mathrm{q}})}{4}$$

式中：$T_{\max}$ 为最大静转矩。

步进电动机的理想矩角特性为正弦波，如图 4-9 所示。

在矩角特性上，$\theta=0$ 是理想的稳定平衡位置。因为此时若有外力矩干扰使转子偏离它的稳定平衡位置，只要偏离的角度在 $-\pi$～$+\pi$ 之间，一旦干扰消失，转子在静转

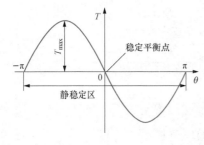

图 4-9　步进电动机的理想矩角特性

矩的作用下，将自动恢复到 $\theta=0$ 这一位置，从而消除失调角。当 $\theta=\pm\pi$ 时，虽然此时 $T$ 也等于零，但是如果有外力矩的干扰使转子偏离该位置，当干扰消失时，转子回不到原来的位置，而是在静转矩的作用下，转子将稳定到 $\theta=0$ 或 $2\pi$ 的位置上，所以 $\theta=\pm\pi$ 为不稳定平衡位置。$-\pi<\theta<\pi$ 之间的区域称为静稳定区。在这一区域内，当转子转轴上的负载转矩与静转矩相平衡时，转子能稳定在某一位置；当负载转矩消失时，转子又能回到初始稳定平衡位置。

## 二、最大静转矩

当一相绕组通电时，在 $\theta=\pm\dfrac{\pi}{2}$ 时有最大静转矩 $T_{\max}$。若有多相绕组同时通电，最大静转矩为

$$T_{\max} = K\frac{Z_{\mathrm{r}}(WI)^2(\Lambda_{\mathrm{d}}-\Lambda_{\mathrm{q}})}{4} \tag{4-9}$$

式中：$K$ 为多相控制绕组同时通电时的转矩增大系数。

当两相控制绕组同时通电时，$K=2\cos\dfrac{\pi}{m}$；当三相控制绕组同时通电时，$K=1+2\cos\dfrac{2\pi}{m}$。

在一定通电状态下，最大静转矩与控制绕组中电流的关系称为最大静转矩特性，即 $T_{\max}=f(I)$，如图 4-10 所示。

由于铁磁材料的非线性，$T_{\max}$ 与 $I$ 之间也呈非线性关系。当控制绕组中电流较小，磁路不饱和时，最大静转矩 $T_{\max}$ 与控制绕组中电流 $I$ 的二次方成正比；当电流较大时，由于磁路饱和的影响，最大静转矩 $T_{\max}$ 的增加变缓。

步进电动机的最大静转矩能反映其承受负载的能力，与很多特性的优劣有直接关系。因此，最大静转矩是步进电动机的主要性能指标之一，通常在技术数据中都会给出。

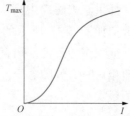

图 4-10　最大静转矩特性

## 三、矩角特性族

在分析步进电动机动态运行时，不仅要知道某一相控制绕组通电时的矩角特性，而且要知道整个运行过程中各相控制绕组通电状态下的矩角特性，即矩角特性族。以三相单三拍的通电方式为例，若将失调角 $\theta$ 的坐标轴统一取在 A 相磁极的轴线上，显然 A 相通电时矩角特性如图 4-11 中曲线 A 所示，稳定平衡点为 $O_A$ 点；B 相通电时，转子转过 1/3 齿距，相当于转过 $2\pi/3$ 电角度，它的稳定平衡点应为 $O_B$ 点，矩角特性如图 4-11 中曲线 B 所示；同理，C 相通电时矩角特性如图 4-11 中曲线 C 所示。这三条曲线就构成了三相单三拍通电方式时的矩角特性族。总之，矩角特性族中的每一条曲线依次错开一个用电角度表示的步距角 $\theta_{\mathrm{se}}$，其计算式为

$$\theta_{se} = Z_r\theta_s = \frac{2\pi}{N} \tag{4-10}$$

同理，可得到三相单、双六拍通电方式时的矩角特性族，如图 4-12 所示。

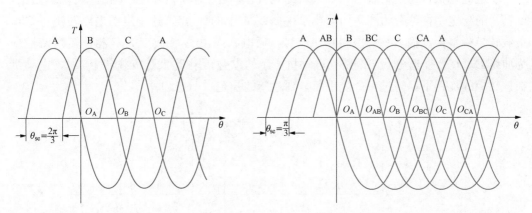

图 4-11　三相单三拍通电时的矩角特性族　　图 4-12　三相单、双六拍通电时的矩角特性族

## 第四节　反应式步进电动机的动态特性

动态特性是指步进电动机在运行过程中的特性。它直接影响系统工作的可靠性和系统的快速反应。

**一、单步运行状态**

单步运行状态是指步进电动机在一相或多相控制绕组通电状态下，仅改变一次通电状态时的运行方式。

（一）动稳定区

当 A 相控制绕组通电时，矩角特性如图 4-13 中的曲线 A 所示。若步进电动机为理想空载，则转子处于稳定平衡点 $O_A$ 处。如果将 A 相通电改变为 B 相通电，那么矩角特性应向前移动一个步距角 $\theta_{se}$ 变为曲线 $B$，$O_B$ 点为新的稳定平衡点。在改变通电状态的初瞬，转子位置来不及改变，还处于 $\theta=0$ 的位置，对应的电磁转矩却由 0 突变为 $T_c$（曲线 $B$ 上的 $c$ 点）。在该转矩的作用下，转子向新的稳定平衡位置移动，直至到达 $O_B$ 点为止。此时它的静稳定区为 $-\pi+\theta_{se}<\theta<\pi+\theta_{se}$，即改变通电状态的瞬间，只要转子在这个区域内，就能趋向新的稳定平衡位置。因此，把

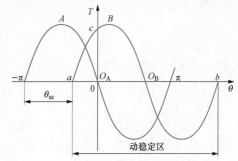

图 4-13　动稳定区

后一个通电相的静稳定区称为前一个通电相的动稳定区。把初始稳定平衡点 $O_A$ 与动稳定区的边界点 $a$ 之间的距离称为稳定裕度。拍数越多，步距角越小，动稳定区就越接近静稳定区，稳定裕度越大，运行的稳定性越好，转子从原来的稳定平衡点到达新的稳定

平衡点的时间越短，能够响应的频率也就越高。

（二）最大负载能力

步进电动机带恒定负载时，负载转矩为 $T_{L1}$，且 $T_{L1} < T_{st}$。若 A 相控制绕组通电，则转子的稳定平衡位置为图 4 - 14（a）中曲线 $A$ 上的 $O'_A$ 点，这一点的电磁转矩正好与负载转矩相平衡。输入一个控制脉冲信号，通电状态由 A 相改变为 B 相，矩角特性变为曲线 $B$。在改变通电状态的瞬间电动机产生的电磁转矩 $T'_a$ 大于负载转矩 $T_{L1}$，电动机在该转矩的作用下，转过一个步距角，到达新的稳定平衡点 $O'_B$。

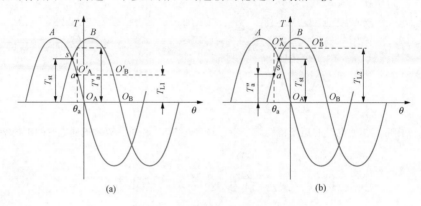

图 4 - 14　最大负载转矩的确定

(a) $T_{st} > T_{L1}$；(b) $T_{st} < T_{L2}$

如果负载转矩增大为 $T_{L2}$，且 $T_{L2} > T_{st}$，如图 4 - 14（b）所示，则初始平衡位置为 $O''_A$ 点。但在改变通电状态的瞬间电动机产生的电磁转矩为 $T''_a$，由于 $T''_a < T_{L2}$，所以转子不能到达新的稳定平衡位置 $O''_B$ 点，而是向失调角 $\theta$ 减小的方向滑动，电动机不能带动负载作步进运行，这时步进电动机实际上是处于失控状态。

由此可见，只有负载转矩小于相邻两个矩角特性交点 s 所对应的电磁转矩 $T_{st}$，才能保证电机正常的步进运行，把 $T_{st}$ 称为最大负载转矩，也称为起动转矩。当然它比最大静转矩 $T_{max}$ 要小。由图 4 - 14 可求得起动转矩为

$$T_{st} = T_{max} \sin\left(\frac{\pi - \theta_{se}}{2}\right) = T_{max} \cos\frac{\theta_{se}}{2} \qquad (4 - 11)$$

将式（4 - 10）代入式（4 - 11）可得

$$T_{st} = T_{max} \cos\frac{\pi}{N} = T_{max} \cos\frac{\pi}{mC} \qquad (4 - 12)$$

由式（4 - 12）可知，当 $T_{max}$ 一定时，增加运行拍数可以增大起动转矩。当通电状态系数 $C = 1$ 时，正常结构的反应式步进电动机最少的相数必须是 3。如果增加电动机的相数，通电状态系数较大时，最大负载转矩也随之增大。

此外，矩角特性的波形对电动机带负载的能力也有较大影响。当矩角特性为平顶波时，$T_{st}$ 值接近于 $T_{max}$ 值，电动机带负载能力较大。因此，步进电动机理想的矩角特性应是矩形波。

$T_{st}$ 是步进电动机作单步运行时的负载转矩极限值。由于负载可能发生变化，电动

机还要具有一定的转速。因而实际应用时，最大负载转矩比 $T_{st}$ 要小，通常 $T_L=(0.3\sim 0.5)T_{max}$。

（三）转子振荡现象

上面分析认为当控制绕组改变通电状态后，转子单调地趋向平衡位置。但实际上由于转子有惯性，它要经过一个振荡过程。通过图 4-13 加以说明。

步进电动机空载，开始时 A 相控制绕组通电，转子处在失调角 $\theta=0$ 的位置。当改变为 B 相绕组通电时，在电磁转矩的作用下，转子将加速趋向新的平衡位置 $O_B$，到达 $O_B$ 时，电磁转矩为零，但速度并不为零。在惯性的作用下，转子将继续转动越过新的平衡位置 $O_B$，此时电磁转矩变为负值，即反方向作用在转子上，因而电动机开始减速。随着失调角 $\theta$ 增大，反向转矩也随之增大，若不考虑电动机的阻尼作用，则转子将一直转到 $\theta=2\theta_{se}$ 的位置，转子转速减为零。之后电动机在反向转矩的作用下，转子向反方向转动，又越过平衡位置 $O_B$，直至 $\theta=0$。这样，转子就以 $O_B$ 为中心，在 $0\sim 2\theta_{se}$ 的区域内来回作不衰减的振荡，称为无阻尼的自由振荡，如图 4-15 所示。

图 4-13 中矩角特性曲线 $B$ 的数学表达式为

$$T=-T_{max}\sin(\theta-\theta_{se}) \qquad (4-13)$$

当电动机的负载转矩为零，且不计阻尼作用，其运动方程式为

$$J\frac{d\Omega}{dt}=-T_{max}\sin(\theta-\theta_{se}) \qquad (4-14)$$

式中：$J$ 为转动部分的转动惯量。

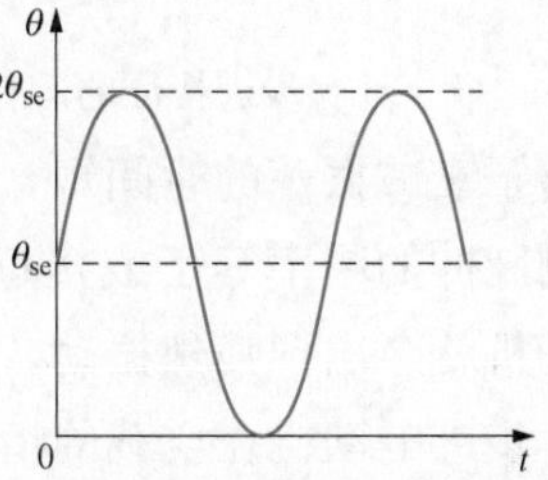

当步距角 $\theta_{se}$ 不太大时，偏转角变动的范围就较小，近似认为

图 4-15　无阻尼时转子自由振荡

$$\sin(\theta-\theta_{se})\approx\theta-\theta_{se}=Z_r\beta-\theta_{se} \qquad (4-15)$$

将式（4-15）代入式（4-14）整理得

$$\frac{J}{Z_r T_{max}}\frac{d\Omega}{dt}=-(\beta-\theta_s) \qquad (4-16)$$

若初始条件 $t=0$ 时，$\beta=0$，$\Omega=0$，则求解式（4-16）可得自由振荡的角频率为

$$\Omega_0=\sqrt{\frac{Z_r T_{max}}{J}} \qquad (4-17)$$

自由振荡频率为

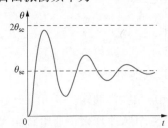

图 4-16　有阻尼时转子的衰减振荡

$$f_0=\frac{1}{2\pi}\sqrt{\frac{Z_r T_{max}}{J}} \qquad (4-18)$$

实际上，由于轴承摩擦、风阻等产生的阻尼作用，转子在平衡位置的振荡过程总是衰减的，如图 4-16 所示，阻尼作用越大，衰减得越快。

二、连续脉冲运行状态

步进电动机在实际应用中，一般均工作于连续脉冲

运行状态。

（一）脉冲频率对工作特性的影响

步进电动机控制脉冲的频率往往会在很大范围内变化。脉冲频率不同，工作情况也截然不同，下面分三个频率区段进行讨论。

1. 频率极低时的连续步进运行

当控制脉冲频率极低时，脉冲间隔的时间很长，并且大于转子衰减振荡的时间。也就是说，在下一个控制脉冲尚未到来时，转子已经处在某稳定平衡位置。故其每一步都和单步运行一样，具有明显的步进特征，如图 4-17 所示，图中 $T$ 表示周期。

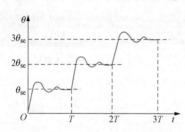

图 4-17　具有步进特征的运行特性

步进电动机在这种情况下运行时，一般来说是处于欠阻尼的情况，振荡是不可避免的。但最大振幅不会超过步距角，因而处在步进运行状态中的步进电动机能够跟随输入脉冲而可靠工作，即不会出现丢步、越步等现象。

2. 频率很低时的低频共振

当控制脉冲的频率比前一种高，脉冲间隔的时间比转子衰减振荡的时间短，这时转子还未稳定在平衡位置，下一个控制脉冲就到来。当控制脉冲的频率等于或接近步进电动机的振荡频率 $f_0$ 的 $1/K$ 时（$K=1$、2、3、……），电动机就会出现强烈振动，甚至失步和无法工作。

步进电动机在空载的情况下，且不考虑阻尼作用，在控制脉冲的频率 $f=f_0$ 时，电动机将完全失去控制作用。下面以三相单三拍为例加以说明，如图 4-18 所示。

假设开始时转子处于 A 相矩角特性的平衡位置 $O_A$ 点，第一个脉冲到来时，通电绕组换为 B 相，此时转子应向 B 相矩角特性的平衡位置 $O_B$ 点转动，并以 $O_B$ 点为中心产生无阻尼自由振荡。当转子振荡了一个周期，恰好回到起始稳定平衡位置时，相当于转子工作点的位置在矩角特性 B 上由 $O_A \to d \to O_B \to e \to O_B \to d$，这时第二个脉冲到来，通电绕组又换为 C 相，工作点由矩角特性曲线 B 上的 $d$ 点转移到矩角特性曲线 C 上的 $f$ 点。这时转子受到的电磁转矩为负值，所以转子

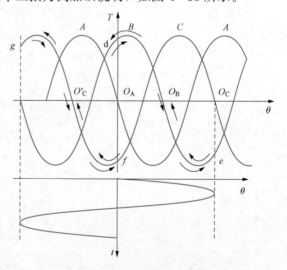

图 4-18　低频共振现象

不向平衡位置 $O_C$ 点转动，而是向 $O'_C$ 点转动，相当于转子在矩角特性曲线 C 上由 $f \to O'_C \to g \to O'_C \to f$，即转子反方向振荡，当转子回到 $f$ 点时，第三个脉冲到来，通电绕组又换为 A 相，转子由 $f$ 点移到 $O_A$ 点，此时的电磁转矩等于零，转子不再转动。以后重复上述过程。这样，无论经过多少个通电循环，转子始终处在原来的平衡位置 $O_A$，此时

步进电动机完全失控，这种现象叫低频共振。可见，在无阻尼低频共振时步进电动机发生了失步。一般情况下，一次失步的步数是运行拍数的整数倍。失步严重时，转子停留在某一位置上或围绕某一位置振荡。

然而，步进电动机在实际运行时，总存在有阻尼作用，尤其在带负载或外加阻尼器时，阻尼的作用较强，转子振荡衰减较快，振荡的幅度也较小。只要振荡的最大幅值处在动稳定区之内，尽管转子有振荡，电动机也能保持不失步。另外，拍数越多，步距角越小，动稳定区就越接近静稳定区，这样也可消除低频失步。

当控制脉冲的频率等于转子振荡频率的 $1/K$ 时，也有产生共振的可能。图 4 - 19 所示的特性表示了转子振荡两个周期时下一个脉冲到来的转子运动规律。可见，在改变通电状态时，它的振荡幅度明显比第一个周期要小得多，这种共振现象往往不太明显，一般也不会造成失步。

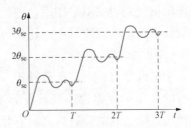

图 4 - 19　具有振荡特征的运行特性

共振频率是客观存在的，它由系统的电磁参数和机械参数所决定。因此，步进电动机实际运行时应避开共振频率。常采用增加阻尼的方法来削弱低频共振。阻尼可分为机械阻尼和电气阻尼。机械阻尼会增加电动机转子的干摩擦阻力或增加黏性阻力；电气阻尼有多相励磁和延迟断开两种方法，它们都是利用一相绕组在两拍间通电所产生的磁场，在转子运动过程中起阻尼作用。还应指出，低频共振现象不只是在一个特定的脉冲频率值下，而是在它附近的一个频率区间内产生，只是在 $f=f_0$ 时，共振现象最为明显。

3. 频率很高时的连续运行

当控制脉冲的频率很高时，脉冲间隔的时间很短，电动机转子尚未到达第一次振荡的幅值，甚至还没有到达新的稳定平衡位置，下一个脉冲就到来。此时电动机的运行已由步进变成了连续平滑的转动，转速也比较稳定，如图 4 - 20 所示。当频率太高时，电动机也会产生失步，甚至还会产生高频振荡。

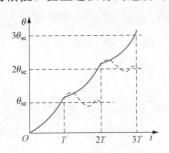

图 4 - 20　连续运行状态

（二）矩频特性

步进电动机作单步运行时的最大允许负载转矩为 $T_{st}$，但当控制脉冲的频率逐渐增加，步进电动机的转速逐渐升高时，步进电动机所能带的负载转矩值将逐步下降。这就是说，步进电动机转动时所产生的电磁转矩是随脉冲频率的升高而减小的。把电磁转矩和脉冲频率的关系称为矩频特性，它是一条随脉冲频率增加电磁转矩下降的曲线，如图 4 - 21 所示。

控制脉冲频率升高，电磁转矩下降的主要原因是控制绕组呈电感性，具有延缓电流变化的作用。通常外加控制脉冲电压都是矩形波，当控制脉冲频率较低时，每相绕组通电和断电的时间较长，绕组中电流的上升和下降均能达到稳定值，其波形接近于矩形波。在通电时间内电流的平均值较大，电动机产生的平均转矩也较大，如图 4 - 22（a）

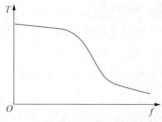

图 4-21 步进电动机的矩频特性

所示。当脉冲频率升高,由于电路的时间常数不变,电流的波形与矩形波差别较大,通电时间内电流的平均值下降,电动机产生的平均转矩降低,如图 4-22 (b) 所示。当脉冲的频率进一步升高,电流的平均值将进一步下降,平均转矩大大减小,如图 4-22 (c) 所示。

此外,随着脉冲频率的上升,转子转速升高,在控制绕组中将产生附加旋转电动势,并形成附加电流,使电动机受到电磁阻尼作用,致使电动机的电磁转矩进一步减小。当脉冲频率上升到一定数值后,电动机便带不动任何负载,轻则失步,重则停转。

（三）连续运行频率

步进电动机在一定负载转矩下,不失步连续运行的最高频率称为连续运行频率。其值越高,电动机可能达到的转速越高。它是步进电动机的一个重要技术指标。连续运行频率不仅随负载转矩的增加而下降,而且更主要的是受控制绕组时间常数的影响。当负载转矩一定时,为了提高连续运行频率,通常采用的方法是:第一,在控制绕组中串入电阻,并相应提高电源电压,这样可以减小电路的时间常数,使控制绕组的电流迅速上升,电流的平均值增大,电动机产生的平均转矩增大;第二,采用高、低压驱动电路,提高脉冲起始部分的电压,改善电流波形的前沿,使控制绕组中的电流快速上升,同样可增大电动机的平均转矩。

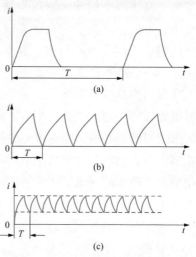

图 4-22 电流与频率的关系
(a) 频率较低；(b) 频率升高；(c) 频率更高

此外,转动惯量对连续运行频率也有一定的影响,随着转动惯量的增加,会引起机械阻尼作用的加强,摩擦力矩也会相应增大,转子就跟不上磁场变化的速度,最后因超出稳定区而失步或产生振荡,从而限制连续运行的频率。

（四）起动频率和起动特性

在一定负载转矩下,步进电动机不失步地正常起动所能加的最高控制脉冲的频率,称为起动频率(也称突跳频率)。它的大小与步进电动机本身的参数、负载转矩、转动惯量及电源条件等因素有关,是衡量步进电动机快速性的重要技术指标。

步进电动机在起动时,转子要从静止状态开始加速,电磁转矩除了克服负载转矩之外,还要克服轴上的惯性转矩 $J\dfrac{\mathrm{d}\Omega}{\mathrm{d}t}$,所以起动时电动机的负担比连续运转时要重。当起动时脉冲频率过高时,转子的运动速度跟不上定子磁场的变化,转子就要落后稳定平衡位置一个角度。当落后的角度使转子的位置在动稳定区之外时,步进电动机就要失步或振荡,电动机就不能起动。因此,对起动频率就要有一定的限制。但电动机一旦起动后,如果再逐渐升高脉冲频率,由于这时转子的角加速度 $\mathrm{d}\Omega/\mathrm{d}t$ 较小,惯性转矩不大,因此电动机仍能升速。显然，连续运行频率要比起动频率高。

当电动机带着一定的负载转矩起动时，作用在转子上的加速转矩为电磁转矩与负载转矩之差。负载转矩越大，加速转矩就越小，电动机就越不容易起动，其起动的脉冲频率就应该越低。在转动惯量 $J$ 为常数时，起动频率 $f_{st}$ 和负载转矩 $T_L$ 之间的关系称为起动矩频特性，即 $f_{st}=f(T_L)$，如图 4-23 所示。

在负载转矩一定时，转动惯量越大，转子速度的增加越慢，起动频率也应越低。起动频率 $f_{st}$ 和转动惯量 $J$ 之间的关系称为起动惯频特性，即 $f_{st}=f(J)$，如图 4-24 所示。

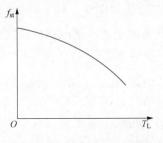

图 4-23　起动矩频特性　　　　图 4-24　起动惯频特性

要提高起动频率，可从以下几方面考虑：①增加电动机的相数、运行的拍数和转子的齿数；②增大最大静转矩；③减小电动机的负载和转动惯量；④减小电路的时间常数；⑤减小电动机内部或外部的阻尼转矩等。

# 第五节　其他型式的步进电动机

## 一、永磁式步进电动机

图 4-25 所示是永磁式步进电动机的一种典型结构。定子为凸极式，装有两相（或多相）绕组；转子为凸极式星形磁钢，其极对数与定子每相绕组的极对数相同。图中，定子为两相集中绕组（A、B），每相有两对极，所以转子也是两对极，即 $p=2$。

当定子绕组按 $A-B-(-A)-(-B)-A$ 的次序轮流通电时，转子将按顺时针方向每次转过 $45°$，即步距角为 $45°$（A 为正脉冲，$-A$ 为负脉冲）。

永磁式步进电动机的步距角为

$$\theta_s = \frac{360°}{Np} \qquad (4-19)$$

式中：$p$ 为转子极对数；$N$ 为电动机运行拍数。

用电弧度表示，则有

$$\theta_{se} = \frac{2\pi}{N} = \frac{\pi}{m} \qquad (4-20)$$

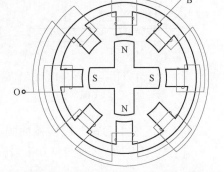

图 4-25　永磁式步进电动机的结构

上述这种通电方式为两相单四拍，要求控制电路既能输出正脉冲，也能输出负脉冲，电源较复杂。若每个定子磁极上绕两套绕向相反的绕组，则电源只发正脉冲即可，简化了电源电路，但电动机的用铜量和尺寸等均要增加。

此外，还有两相双四拍通电方式 [即 AB—B(−A)—(−A)(−B)—(−B)A—AB] 和八拍通电方式。

永磁式步进电动机的特点是：步距角大，起动和运行频率较低；但它所需的控制功率较小，效率高，且在断电情况下具有定位转矩。它主要用于新型自动化仪表。

**二、混合式步进电动机**

混合式步进电动机也称为感应子式步进电动机，这是一种十分流行的步进电动机。它既有反应式步进电动机小步距角的特点，又有永磁式步进电动机高效率、绕组电感比较小的特点，常常作为低速同步电动机运行。

（一）两相混合式步进电动机的结构

图 4-26 所示为两相混合式步进电动机的轴向剖视图。定子的结构与反应式步进电动机基本相同，沿着圆周有若干个凸出的磁极，极面上有小齿，极身上有控制绕组。控制绕组的接线如图 4-27 所示。转子由环形磁钢和两段铁芯组成，环形磁钢在转子中部，轴向充磁，两段铁芯分别装在磁钢的两端。转子铁芯上也有小齿，两段转子铁芯上的小齿相互错开半个齿距。定、转子的齿距和齿宽相同，齿数的配合与单段反应式步进电动机相同。

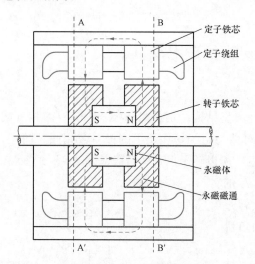
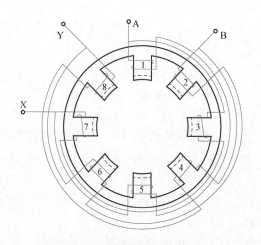

图 4-26　两相混合式步进电动机轴向
剖视图

图 4-27　两相混合式步进电动机
控制绕组接线

图 4-28 所示为铁芯段横截面图。定子上均匀分布有 8 个磁极，每个磁极下有 5 个小齿。转子上均匀分布着 50 个齿。图 4-28（a）所示为 S 极铁芯段的横截面（即图 4-26 中的 A-A′截面）。当定子磁极 1 下是齿对齿时，磁极 5 下也是齿对齿，气隙磁阻最小；磁极 3 和磁极 7 下是齿对槽，磁阻最大。此时，N 极铁芯段的定子磁极 1′和磁极 5′正好是齿对槽，磁极 3′和磁极 7′是齿对齿，如图 4-28（b）所示。

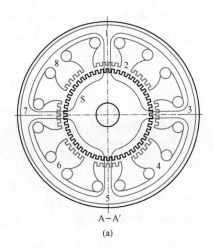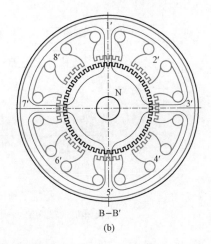

图 4 - 28  铁芯段的横截面图

(a) S极铁芯段截面图；(b) N极铁芯段截面图

**（二）两相混合式步进电动机的工作原理**

混合式步进电动机作用在气隙上的磁动势有两个：一个是由永久磁钢产生的磁动势，另一个是由控制绕组电流产生的磁动势。这两个磁动势有时是相加的，有时是相减的，由控制绕组中电流方向而定。这种步进电动机的特点是混入了永久磁钢的磁动势，故称为混合式步进电动机。

1. 零电流时的工作状态

各相控制绕组中没有电流通过，这时气隙中的磁动势仅由永久磁钢的磁动势决定。如果电动机的结构完全对称，各个定子磁极下的气隙磁动势将完全相等，电动机无电磁转矩。因为永磁磁路是轴向的，从转子 B 端到定子的 B 端，轴向到定子的 A 端、转子的 A 端，经磁钢闭合，如图 4 - 26 所示。在这个磁路上，总的磁导与转子位置无关。一方面由于转子不论处于什么位置，在每一端的不同极下，磁导有的大有的小，但总和不变；另一方面由于两段转子的齿错开了半个齿距，所以即使在一个极的范围内看，当 B 端磁导增大时，A 端磁导必然减小，也使总磁导在不同转子位置时保持不变。

2. 绕组通电时的工作状态

当控制绕组有电流通过时，便产生磁动势，它与永久磁钢产生的磁动势相互作用，产生电磁转矩，使转子产生步进运动。当 A 相绕组通电时，转子的稳定平衡位置如图 4 - 29 （a）所示。若使转子偏离这一位置，如转子向右偏离了一个角度，则定转子齿的相对位置及作用转矩的方向如图 4 - 29 （b）所示。可以看出，在不同端、不同极的作用转矩都是同方向的，都是使转子回到稳定平衡位置的方向。可见，两相混合式步进电动机的稳定平衡位置是：定转子异极性的极面下磁导最大，而同极性的极面下磁导最小的位置。

与 A 相相邻的 B 相磁极下，定转子齿的相对位置错开 $\frac{1}{2m}$ 齿距，所以当由 A 相通电

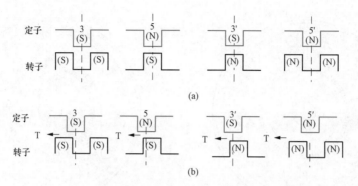

图 4-29  稳定平衡位置及偏离时的作用转矩方向
(a) A 相通电时的转子稳定平衡位置；(b) 转子偏右位置作用转矩方向

改变为 B 相通电时，转子的稳定平衡位置将移动 $\dfrac{1}{2m}$ 齿距，即步距角为

$$\theta_s = \frac{360°}{2mZ_r} \tag{4-21}$$

用电弧度表示，则为

$$\theta_{se} = \frac{2\pi}{2m} = \frac{\pi}{m} \tag{4-22}$$

### （三）通电方式

**1. 单四拍通电方式**

每拍只有一相绕组通电，四拍构成一个循环，两相控制绕组按 A—B—(—A)—(—B)—A 的次序轮流通电。每拍转子转动 1/4 转子齿距，每转的步数 $4Z_r$。若转子齿数为 50，每转为 200 步。

**2. 双四拍通电方式**

每拍有两相绕组同时通电，两相控制绕组按 AB—B(—A)—(—A)(—B)—(—B)A—AB 的次序轮流通电。若转子齿数也为 50，则每转也是 200 步，和单四拍相同，但二者的空间定位不重合。

**3. 单、双八拍通电方式**

前面两种通电方式的循环拍数都等于 4，称为满步通电方式。若通电循环拍数为 8，称为半步通电方式，即按 A—AB—B—B(—A)—(—A)—(—A)(—B)—(—B)—(—B)A—A 的次序轮流通电，每拍转子转动 1/8 转子齿距。若 $Z_r=50$，则每转为 400 步。

**4. 细分通电方式**

若调整两相绕组中电流分配的比例和方向，使相应的合成转矩在空间可处于任意位置上，则循环拍数可为任意值，称为细分通电方式。实质上就是把步距角减小，如前面八拍通电方式已经将单四拍或双四拍细分了一半。采用细分通电方式可使步进电动机的运行更平稳，定位分辨率更高，负载能力也有所增加，并且步进电动机可作低速同步运行。

步进电动机除了以上叙述的几种常用型式外，还有很多形式，如单相式、滚切式、交流感应等，这里就不一一介绍了。

## 第六节　步进电动机的驱动电源

步进电动机需要由专门的驱动电源供电，驱动电源和步进电动机是一个有机的整体，步进电动机的运行性能是电动机及其驱动电源二者配合所反映的综合效果。

驱动电源的形式很多，分类方法也很多。按配套的步进电动机容量大小，可分为功率步进电动机驱动电源和伺服步进电动机驱动电源两大类；按输出脉冲的极性，可分为单极性脉冲电源和正、负双极性脉冲电源两种；按功率放大器的型式，可分为单一电压型、高低压切换型、电流控制高低压切换型、细分电路电源和定电流斩波升频升压等。

无论哪一种电源，它应满足以下基本要求：

（1）驱动电源的相数、通电方式、电压和电流都要与所驱动的步进电动机相匹配；

（2）要满足步进电动机起动频率和连续运行频率的要求；

（3）能最大限度地抑制步进电动机的振荡；

（4）工作可靠，抗干扰能力强；

（5）成本低、效率高，安装维护方便。

### 一、驱动电源的组成

步进电动机的驱动电源由变频信号源、脉冲分配器和脉冲放大器三部分组成，如图 4-30 所示。

变频信号源是一个脉冲信号发生器，脉冲的频率可以由几赫兹到几十千赫兹连续变化。实现这一功能的方式很多，最常见的有多谐振荡器和由单结晶体管构成的张弛振荡器两种。

图 4-30　驱动电源组成框图

脉冲分配器（也称环形分配器）是一个数字逻辑单元，它接收一个单相的脉冲信号，根据运行指令把脉冲信号按一定的逻辑关系分配到每一相脉冲放大器上，使步进电动机按选定的运行方式工作。它可以由双稳态触发器和门电路组成，也可由可编程逻辑器件组成。目前已有专用的集成电路，如三、四相步进电动机脉冲分配器 PMM8713 就是其中一种。为说明脉冲分配器的工作原理，以 JK 触发器和与门组成的三相单三拍脉冲分配器为例，其电路图及脉冲波形图如图 4-31 所示。JK 触发器的真值表见表 4-1。开始工作时，加上预置脉冲信号使触发器置"0"，即 $Q_1=Q_2=0$，于是有 $A=\overline{Q_1}\,\overline{Q_2}=1\cdot 1=1$，表示 A 相输入一个控制脉冲，而 $B=Q_1\overline{Q_2}=0\cdot 1=0$，$C=Q_2=0$，即 B、C 相无控制信号。当在 CP 端输入第一个步进脉冲信号，第一个 JK 触发器的 $J_1=\overline{Q_2}=1$，$K_1=1$，$Q_1(t)=0$，由表 4-1 知，此时为"求补"，所以，$Q_1(t+1)=1$。第二个 JK 触发器的 $J_2=Q_1=0$，$K_2=\overline{Q_1}=1$，$Q_2(t)=0$，由表 4-1 知，此时为置"0"，所以 $Q_2(t+1)=0$，与门给出 $A=\overline{Q_1}(t+1)\cdot \overline{Q_2}(t+1)=0$，$B=Q_1(t+1)\cdot \overline{Q_2}(t+1)=1$，$C=Q_2(t+1)=0$，只有 B 相有控制脉冲。余类推，读者可自行分析。

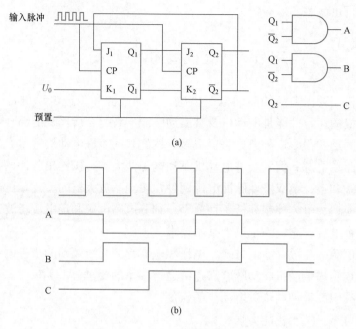

图 4 - 31　三相单三拍脉冲分配器

(a) 电路图；(b) 脉冲波形图

**表 4 - 1**　　　　　　　　　　　　　　　　**JK 触发器真值表**

| J | K | Q($t+1$) | 说明 |
|---|---|---|---|
| 1 | 0 | 1 | 置 "1" |
| 0 | 1 | 0 | 置 "0" |
| 0 | 0 | Q($t$) | 不变 |
| 1 | 1 | $\overline{Q}(t)$ | 求补 |

　　脉冲放大器是进行脉冲功率的放大。因为从脉冲分配器能够输出的电流很小（毫安级），而步进电动机工作时需要的电流较大（一般几安到几十安），因此，需要进行功率放大。脉冲功率放大电路的种类很多，它们对电机性能的影响也各不相同。脉冲放大器一般是步进电动机每相绕组一个单元电路。

### 二、典型驱动方式

（一）单极性驱动

1. 单电压驱动方式

图 4 - 32 所示为单电压驱动电路的原理。当有控制脉冲信号输入时，功率管 VT 导通，控制绕组中有电流流过；否则，功率管 VT 关断，控制绕组中没有电流流过。

　　为了减小控制绕组电路的时间常数，提高步进电动机的动态转矩，改善运行性能，在控制绕组中串联电阻 $R_{\mathrm{fl}}$，同时也起限流作用。电阻两端并联电容 C 的作用是改善注入步进电动机控制绕组中电流脉冲的前沿。在功率管 VT 导通的瞬间，由于电容上的电压不能跃变，电容 C 相当于将电阻 $R_{\mathrm{fl}}$ 短接，使控制绕组中的电流迅速上升，这样就使得电流波形的前沿明显变陡。但是，如果电容 $C$ 选择不当，在低频段会使振荡有所增加，引起低频性能变差。

由于功率管 VT 由导通突然变为关断状态时，在控制绕组中会产生很高的电动势，其极性与电源的极性一致，二者叠加在一起作用到功率管 VT 的集电极上，很容易使功率管击穿。为此，并联一个二极管 VD 及其串联电阻 $R_{f2}$，形成放电回路，限制功率管 VT 集电极上的电压，保护功率管 VT。

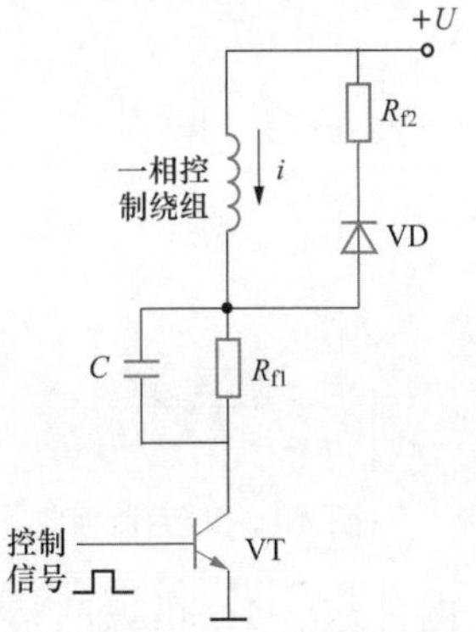

单电压驱动方式的最大特点是线路简单、功率元件少、成本低。它的缺点是由于电阻 $R_{f1}$ 要消耗能量，使得工作效率低，所以这种驱动方式只适用小功率步进电动机的驱动。

图 4 - 32　单电压驱动电路原理

**2. 高低电压驱动方式（双电压驱动方式）**

图 4 - 33 所示为高低压驱动电路原理。当有控制脉冲信号输入时，功率管 VT1、VT2 导通，由于二极管 VD1 承受反向电压处于截止状态，低压电源不起作用，高压电源加在控制绕组上，控制绕组中的电流迅速上升，使电流波形的前沿很陡。当电流上升到额定值或比额定值稍高时，利用定时电路或电流检测电路，使功率管 VT1 关断，VT2 仍然导通，二极管 VD1 也由截止变为导通，控制绕组由低压电源供电，维持其额定稳态电流。当输入控制信号为零时，功率管 VT2 截止，控制绕组中的电流通过二极管 VD2 的续流作用向高压电源放电，绕组中的电流迅速减小。电阻 $R_{f1}$ 的阻值很小，目的是为了调节控制绕组中的电流，使各相电流平衡。这种驱动方式的特点是电源功耗比较小，效率比较高；由于电流波形的前沿得到了很大的改善，所以电动机的矩频特性好，起动和运行频率得到了很大的提高。它的主要缺点是在低频运行时输入能量过大，造成电动机低频振荡加重；同时也增大了电源的容量，由于电源电压的提高，也提高了对功率管性能参数的要求。高低电压驱动方式常用于大功率步进电动机的驱动。

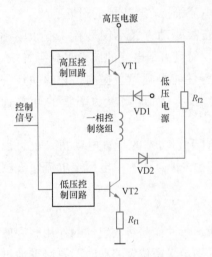

图 4 - 33　高低电压驱动电路原理

**3. 定电流斩波驱动方式**

步进电动机在运行过程中，经常会出现控制绕组中电流波顶下凹的现象，如图 4 - 34 所示。这主要是由于电动机在转动时，磁导的变化在绕组中产生感应电动势以及相间的互感等原因而造成的。这一现象会引起电动机转矩下降，动态性能变差，甚至使电动机失步。为了消除这一现象，通常采用定电流斩波驱动方式，即在高低电压驱动电路的基础上，根据控制绕组中电流的变化情况，反复地接通和断开高压电源，使绕组中的电流始终维持在要求的范围内，如图 4 - 35 所示。

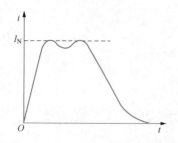

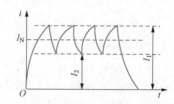

图 4-34 电流波顶下凹现象　　图 4-35 定电流斩波驱动控制绕组的电流波形

图 4-36 是定电流斩波驱动电路原理。当有控制脉冲信号输入时，功率管 VT1、VT2 导通，控制绕组中的电流在高压电源作用下迅速上升。当电流上升到 $I_1$ 时，利用电流检测信号使功率管 VT1 关断，高压电源被切除，低压电源对绕组供电。若由于某

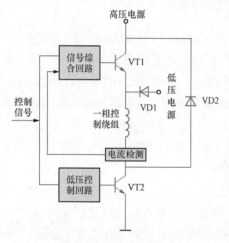

图 4-36 定电流斩波驱动电路原理

种原因使电流下降到 $I_2$ 时，利用电流检测信号使 VT1 再次导通，在高压电源作用下控制绕组中的电流再次上升。这样反复进行，就可使控制绕组中的电流维持在要求值的附近。

定电流斩波驱动方式不仅具有高低压驱动方式的优点，而且由于电流的波形得到了补偿，电动机的运行性能得到显著提高。它的缺点是线路相对较复杂，而且要求功率管的开关速度快。

另外，对于小功率的步进电动机，也可以把功率管 VT2 去掉，成为单电压定电流斩波驱动电路。

**4. 调频调压驱动方式**

从本质上来说，步进电动机控制绕组中的电流对运行性能起着决定性的作用。一般希望在低速时绕组电流上升缓慢一些，使转子向新的稳定平衡位置移动时不要严重地过冲，避免产生明显的振荡；而在高速运行时希望电流波形的前沿较陡，以建立足够的绕组电流，提高带负载能力。然而，前几种驱动电路都不能很好满足这一要求，因此，可采用调频调压驱动方式。

调频调压驱动电路原理如图 4-37 所示。电压调整器用脉宽调制（pulse width modulation，PWM）方式实现调压，输出电压随控制脉冲频率的上升而上升。积分器对脉冲进行积分，其输出电压与锯齿波发生器产生的

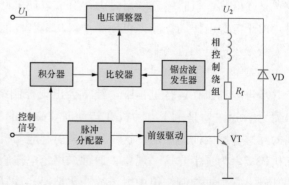

图 4-37 调频调压驱动电路原理

锯齿波在比较器中进行比较，产生脉宽随频率变化的控制脉冲信号，用该信号控制电压调整器，即可控制输出电压 $U_2$ 的大小，达到随输入控制脉冲频率的变化自动调整控制绕组电源电压的目的，从而调节控制绕组中的电流。输入控制脉冲频率低，绕组所加电压低，电流上升较缓；输入控制脉冲频率高，绕组所加电压高，电流上升较快，电流波形如图 4-38 所示。

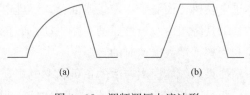

图 4-38  调频调压电流波形
(a) 低频低压；(b) 高频高压

调频调压驱动方式不仅线路比较复杂，而且在实际运行时针对不同参数的电动机，还要相应调整电压 $U_2$ 与输入控制脉冲频率的特性。

5. 细分驱动方式

一般步进电动机受制造工艺的限制，其步距角不能太小，有一个下限。而实际中的某些系统往往要求步进电动机的步距角必须很小，才能完成加工工艺要求。例如，数控机床为了提高加工精度，要求脉冲当量为 0.01mm/脉冲左右，甚至要求达到 0.001mm/脉冲左右，这时一般的驱动方式是无能为力的。因此，常采用细分驱动方式，就是把原来的一步再细分成若干步，使步进电动机的转动近似为匀速运动，并能在任何位置停

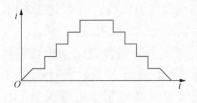

图 4-39  阶梯电流波形

步。为达到这一目的，可将原来的矩形脉冲电流改为阶梯波电流，如图 4-39 所示。这样，在输入电流的每个阶梯，步进电动机转动一步，步距角减小了很多，从而提高了运行的平滑性，改善了低频特性，负载能力也有所增加。

实现阶梯波形电流通常有两种方法。第一种是通过顺序脉冲形成器所形成的各个等幅等宽的脉冲，用几个完全相同的开关放大器分别进行功率放大，最后在电动机的绕组中将这些脉冲电流进行叠加，形成阶梯波电流，如图 4-40（a）所示。这种方法使功放元件成倍增加，但元件的容量成倍降低，且结构简单，容易调整，它适用于中、大功率步进电动机的驱动。第二种是把顺序脉冲形成器所形成的等幅等宽的脉冲，先合成为阶梯波，然后对阶梯波进行放大，如图 4-40（b）所示。这种方法是功率元件少，但元件的容量较大，它适用于微小功率步进电动机的驱动。

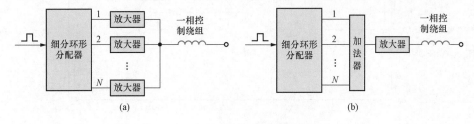

图 4-40  阶梯波形电流合成原理
（a）先放大后合成；（b）先合成后放大

（二）双极性驱动

以上介绍的各种驱动电路只能使控制绕组中的电流向一个方向流动，适用于反应式步进电动机。而对于永磁式或混合式步进电动机，工作时要求定子磁极的极性交变，通常要求其绕组由双极性驱动电路驱动，即绕组电流能正、反方向流动，这样可以提高绕组利用率，增大低速时的转矩。

如果系统能提供合适的正负功率电源，则双极性驱动电路将相当简单，如图 4-41（a）所示。若 VT1 导通能提供正向电流，则 VT2 导通就能提供反向电流。然而大多数系统只有单极性的功率电源，这时就要采用全桥式驱动电路，如图 4-41（b）所示。若 VT2 和 VT3 导通提供正向电流，则 VT1、VT4 导通提供反向电流。

由于双极性驱动电路较为复杂，过去仅用于大功率步进电动机。近年来出现了集成化的双极性驱动芯片，能方便地应用于对效率和体积要求较高的产品中。

下面以 L298 双 H 桥驱动器和 L297 步进电动机恒流斩波驱动器组成的双极性恒流斩波驱动电路为例，介绍集成化驱动电路的应用。

L297 是一种步进电动机斩波驱动控制器，适用于双极性两相步进电动机或单极性四相步进电动机的控制。图 4-42 所示为 L297 电路原理图，它主要包含译码器、斩波器与输出逻辑三部分。

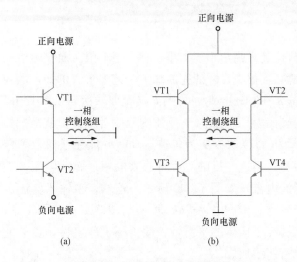

图 4-41 双极性驱动电源原理

（a）系统电源为正、负双极性；（b）系统电源为单极性

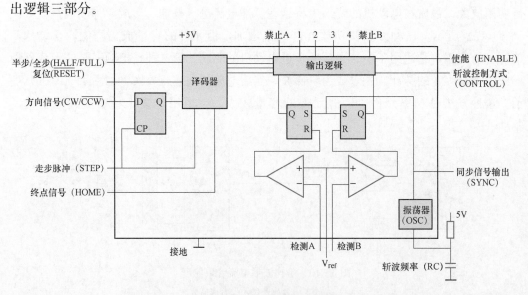

图 4-42 L297 电路原理图

（1）译码器（即脉冲分配器）。它将输入的走步时钟脉冲（CP）、正/反转方向信号（CW/CCW）、半步/全步信号（HALF/FULL）综合以后，产生合乎要求的各相通断信号。

（2）斩波器。由比较器、触发器和振荡器组成。用于检测电流采样值和参考电压值，并对其进行比较，由比较器输出信号来开通触发器，再通过振荡器按一定频率形成斩波信号。

（3）输出逻辑。它综合了译码器信号与斩波信号，产生 A、B、C、D（1、2、3、4）四相信号以及禁止信号。控制（CONTROL）信号用来选择斩波信号的控制方式。当它是低电平时，斩波信号作用于禁止信号；而当它是高电平时，斩波信号作用于 A、B、C、D 信号。使能（ENABLE）信号为低电平时，禁止信号及 A、B、C、D 信号均被强制为低电平。

L298 双 H 桥驱动器，可接收标准 TTL 逻辑电平信号，H 桥可承受 46V 电源电压，相电流可达 2.5A，可驱动电感性负载。它的逻辑电路使用 5V 电源，功放极使用 5~46V 电压。下桥臂晶体管的发射极单独引出，并联在一起，以便接入电流取样电阻，形成电流传感信号。L298 内部结构框图如图 4 - 43 所示。

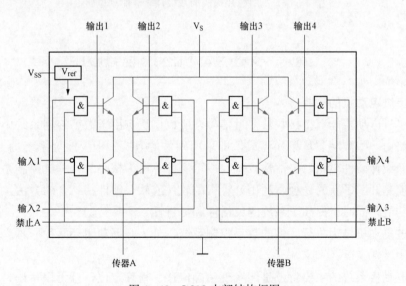

图 4 - 43　L298 内部结构框图

图 4 - 44 所示为由 L297、L298 专用芯片构成的双极性恒流斩波驱动电路。当某一相绕组电流上升，电流采样电阻上的电压超过斩波控制电路 L297 中 $V_{ref}$ 引脚上的限流电平参考电压时，相应的禁止信号变为低电平，使驱动管截止，绕组电流下降。待绕组电流下降到一定值后，禁止信号变为高电平，相应的驱动管又导通，这样就使电流稳定在要求值附近。

与 L298 类似的电路还有 3717、SG3635、IR2130。

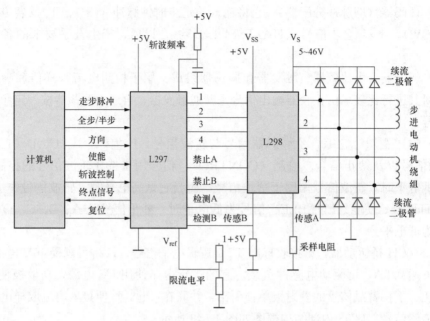

图 4-44　专用芯片构成的双极性斩波驱动电路

# 第七节　步进电动机的控制与应用

**一、步进电动机的控制**

由于步进电动机能直接接收数字量信号，所以广泛应用于数字控制系统中。较简单的控制电路由一些数字逻辑单元组成，即采用硬件的方式。但要改变系统的控制功能，一般要重新设计硬件电路，灵活性较差。以微型计算机为核心的计算机控制系统为步进电动机的控制开辟了新的途径，利用计算机的软件或软、硬件相结合的方法，大大增强了系统的功能，同时也提高了系统的灵活性和可靠性。

以步进电动机作为执行元件的数字控制系统，分为开环和闭环两种形式。

1. 开环控制

步进电动机系统的主要特点是能实现精确位移、精确定位，且无积累误差。这是因为步进电动机的运动受输入脉冲控制，其位移量是断续的，总的位移量严格等于输入的指令脉冲数，或其平均转速严格正比于输入指令脉冲的频率；若能准确控制输入指令脉冲的数量或频率，就能够完成精确的位置或速度控制，无需系统的反馈，形成开环控制系统。

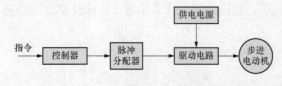

图 4-45　步进电动机开环控制原理框图

步进电动机的开环控制系统，由控制器（包括变频信号源）、脉冲分配器、驱动电路及步进电动机四部分组成，如图 4-45 所示。

开环控制系统的精度，主要取决

于步距角的精度和负载状况。

开环控制常常采用加减速定位控制方式。因为步进电动机的起动频率要比连续运行频率低，所以开环控制的脉冲指令频率，只有低于电动机的最大起动频率，电动机才能成功起动。若电动机的工作频率总是低于最高起动频率，当然不会失步，但没有充分发挥电动机的潜力，工作速度太低，因此常用加减速定位控制。电动机开始以低于最高起动频率的某一频率起动，再逐步提高频率，电动机逐步加速，到达最高运行频率，电动机高速转动。在到达终点前，降频使电动机减速。这样就可以既快又稳地准确定位，过程如图4-46所示。为了实现加减速的最佳控制，往往是分段设计加速转矩和加速时间，采用微机控制来实现。

由于开环控制系统不需要反馈元件，结构比较简单、工作可靠、成本低，因而在数字控制系统中得到广泛的应用。

2. 闭环控制系统

在开环控制系统中，电动机响应控制指令后的实际运行情况，控制系统是无法预测和监视的。在某些运行速度范围宽、负载大小变化频繁的场合，步进电动机很容易失步，使整个系统趋于失控。另外，对于高精度的控制系统，采用开环控制往往满足不了精度的要求。因此，必须在控制回路中增加反馈环节，构成闭环控制系统，如图4-47所示，与开环系统相比多了一个由位置传感器组成的反馈环节。将

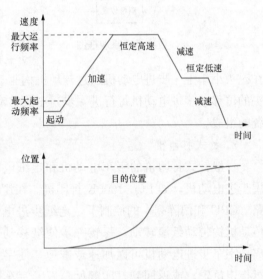

图4-46 加减速定位过程

位置传感器测出的负载实际位置与位置指令值相比较，用比较误差信号进行控制，不仅可防止失步，还能够消除位置误差，提高系统的精度。

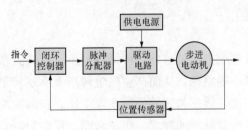

图4-47 步进电动机闭环系统原理框图

闭环控制系统的精度与步进电动机有关，但主要是取决于位置传感器的精度。在数字位置随动系统中，为了提高系统的工作速度和稳定性，还有速度反馈内环。

二、步进电动机的应用

步进电动机的应用十分广泛，如机械加工、绘图机、机器人、计算机外部设备、自动记录仪表等。它主要用于工作难度大、要求速度快、精度高等场合。尤其是电力电子技术和微电子技术的发展为步进电动机的应用开辟了广阔的前景。下面举几个实例简要说明步进电动机的一些典型应用。

1. 数控机床

数控机床是数字程序控制机床的简称。它具有通用性、灵活性及高度自动化的特点，

主要适用于加工零件精度要求高、形状比较复杂的生产。它的工作过程是，首先应按照零件加工的要求和加工的工序，编制加工程序，并将该程序送入微型计算机中，计算机根据程序中的数据和指令进行计算和控制；然后根据所得的结果向各个方向的步进电动机发出相应的控制脉冲信号，使步进电动机带动工作机构按加工要求依次完成各种动作，如转速变化、正反转、起停等。这样就能自动地加工出程序所要求的零件。图 4-48 所示为数控机床原理框图，图中实线所示的系统为开环控制系统，在开环系统的基础上，再加上虚线所示的测量装置，即构成闭环控制系统。

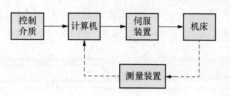

图 4-48　数控机床原理框图

### 2. 磁盘驱动系统

磁盘存储器是一种十分简便的外部信息存储装置。当磁盘插入驱动器后，驱动电动机带动主轴旋转，使盘片在盘套内转动。磁头安装在磁头小车上，步进电动机通过传动机构驱动磁头小车，步进电动机的步距角变换成磁头的位移，步进电动机每行进一步，磁头移动一个磁道。如图 4-49 所示为磁盘驱动系统的组成。

### 3. 针式打印机

一般针式打印机的字车电动机和走纸电动机都采用步进电动机，如 LQ-1600K 打印机。在逻辑控制电路（CPU 和门阵列）的控制下，走纸步进电动机通过传动机构带动纸滚转动，每转一步使纸移动一定的距离。字车步进电动机可以加速或减速，使字车停在任意指定位置，或返回到打印起始位置。字车步进电动

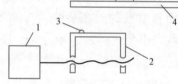

图 4-49　磁盘驱动系统的组成
1—步进电动机；2—磁头小车；
3—磁头；4—磁盘

机的步进速度是由一单元时间内多个驱动脉冲所决定的，改变步进速度可产生不同打印模式中的字距。

## 小　结

步进电动机是将控制脉冲信号变换为角位移或直线位移的一种微特电机。反应式步进电动机的工作原理是磁力线力图通过磁阻最小的路径，从而产生磁阻转矩来驱动转子转动。输出的角位移或线位移量与脉冲数成正比，转速与脉冲的频率成正比，转向取决于控制绕组中的通电顺序。步进电动机能按照控制脉冲的要求，快速起动、反转、制动和无级调速；正常工作时能够不失步，步距精度高，每步停止转动时具有自锁能力。因此，它被广泛应用于数字控制系统中作执行元件。

步进电动机每相绕组中的通电是脉冲式的，每输入一个控制脉冲信号，转子转过的角度称为步距角，步距角的大小由转子齿数和运行拍数决定。由于同一台步进电动机，既可用单拍或双拍通电方式，也可用单、双拍通电方式，所以它可有两个步距角。

步进电动机静转矩与失调角之间的关系称为矩角特性，在 $\theta = \pm 90°$ 时有最大静转

矩，它是步进电动机的主要性能指标之一，一般增加通电相数能提高它的数值。

动态性能直接影响系统工作的可靠性和快速性。步距角越小，运行的稳定性越好。只有负载转矩小于最大负载转矩，电动机才能带负载作步进运行；运行拍数和矩角特性的波形对最大负载转矩有很大影响。由于控制绕组中电感的影响，绕组中的电流不能突变，致使步进电动机的转矩随频率增高而减小。动态时的主要特性和性能指标有：起动矩频特性和运行矩频特性、起动频率和运行频率。尽可能提高电动机转矩，减小电动机和负载的惯量，是改善动态性能的有效途径。

当脉冲频率等于转子振荡频率的 $1/K$ 时，惯性转子会发生振荡甚至失步，所以在使用时应避免在共振频率下运行。为了削弱振荡现象，一般都装有机械阻尼器。

步进电动机除常用的反应式外，还有永磁式和混合式步进电动机，混合式步进电动机近几年发展较快。它们的原理大致和反应式相似，不同的是转子也有磁极，工作时两个磁动势共同作用在磁路上。

步进电动机需要有一个专门电源来驱动，驱动电源对电动机的运行性能有很大的影响。要改善运行性能，必须从电动机和电源两方面着手。按绕组中电流的流向分为单极性和双极性驱动两种，使用时要选择能满足系统要求的电源。

步进电动机系统有开环和闭环控制两种。开环系统因为结构简单、成本低，应用较多；闭环系统通常用于高精度的场合。

## 思考题与习题

4-1　如何控制步进电动机输出的角位移或线位移量？步进电动机有哪些优点？

4-2　怎样确定步进电动机转速的大小？与负载转矩大小有关系吗？怎样改变步进电动机的转向？

4-3　何为反应式步进电动机的步距角？它与哪些因素有关？六相12极步进电动机，若在单六拍、双六拍及单双十二拍通电方式下，步距角各为多少？

4-4　有一台四相反应式步进电动机，其步距角 $1.8°/0.9°$。

(1) 试求转子齿数；

(2) 写出四相八拍方式的一个通电顺序，并画出各相控制电压波形图；

(3) 在 A 相绕组测得电流频率为 400Hz 时，求其每分钟的转速。

4-5　什么是反应式步进电动机的静稳定区和初始稳定平衡位置？最大静转矩与哪些物理量有关？

4-6　步进电动机的负载转矩小于最大静转矩时，电动机能否正常步进运行？为什么？

4-7　反应式步进电动机的起动频率和运行频率为什么不同？连续运行频率和负载转矩有怎样的关系？为什么？

4-8　一台四相反应式步进电动机，若单相通电时矩角特性为正弦波，其幅值为 $T_{max}$。

（1）试求两相同时通电时的最大静转矩；

（2）分别作出单相及两相通电时的矩角特性；

（3）试求四相八拍运行方式时的极限起动转矩。

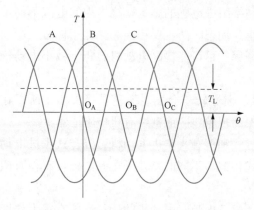

图 4-50　三相单三拍运行矩角特性

4-9　设步进电动机工作在三相单三拍运行方式，其通电顺序为 A—B—C—A，相应的矩角特性如图 4-50 所示。

（1）指出理想空载时 B 相静稳定区和动稳定区；

（2）若步进电动机的负载转矩为 $T_L$，分析由 B 相通电改变为 C 相通电时步进电动机的运动情况，并指出 B 相的静稳定区和动稳定区。

4-10　简要说明影响反应式步进电动机起动频率的主要因素。

4-11　一台三相反应式步进电动机，步距角 $\theta_s = 3°/1.5°$，已知它的最大静转矩为 0.685N·m，系统总的转动惯量为 $1.725 \times 10^{-5}$kg·m²，试求该电动机的自由振荡频率和周期。

4-12　简要说明步进电动机的低频共振现象。

4-13　反应式步进电动机与混合式步进电动机在工作原理上有什么相同和不同之处？

# 第五章

# 自整角机
## （Selsyn）

## 第一节 概 述

自整角机（selsyn 或 synchro）是一种感应式交流微特电机，它能实现转轴的转角和电信号之间的相互变换，在自动控制系统中实现角度的传输、变换和指示，如液面高度、电梯和矿井提升机高度的位置显示，两扇闸门的开度控制，轧钢机轧辊之间的距离与轧辊转速的控制，变压器分接开关的位置指示等。自整角机通常是两台或多台组合使用，主令轴上装的是自整角发送机（synchro transmitter），从动轴上装的是自整角接收机（synchro receiver），一台自整角发送机可以带一台或多台自整角接收机工作。发送机与接收机在机械上互不相连，只有电路的连接。但是，当从动轴与主令轴转角位置不同时，通过自整角接收机和发送机的电磁作用，可使从动轴的转角位置与主令轴相同，从而消除转角差，即自动保持相同转角的变化或同步旋转。所以自整角机是具有自动整步能力的微特电机。

自整角机按其输出量不同，可分为力矩式自整角机和控制式自整角机两类。力矩式自整角机主要用于精度要求不高的指示系统中。当发送机与接收机转子之间存在失调角时，接收机输出与失调角成正弦函数关系的转矩，带动从动轴转动，消除失调角。它能直接达到转角随动的目的，即将机械角度变换为力矩输出，但无力矩放大作用，带负载能力较差，其静态误差范围为 $0.5°\sim2°$。因此，力矩式自整角机只适用于负载很轻（如仪表的指针等）及精度要求不高的开环控制的随动系统中。我国生产的力矩式自整角发送机的型号为 ZLF，自整角接收机的型号为 ZLJ。

控制式自整角机主要应用于由自整角机和伺服机构组成的随动系统中。其接收机的转轴不直接带负载，即没有力矩输出。而当失调角产生后，在接收机上输出一个与失调角成正弦函数关系的电压，该电压经放大器放大后加在伺服电动机的控制绕组上，使伺服电动机转动。伺服电动机一方面带动负载转动，另一方面还带动自整角接收机的转子转动，使失调角减小，直到失调角为零时，接收机输出电压也为零，伺服电动机停转。这时接收机到达和发送机同样的角度位置，同时负载也转过了相应的角度。由于自整角接收机工作在变压器状态，通常也称为自整角变压器（synchro transformer）。我国生产的控制式自整角发送机的型号为 ZKF，自整角变压器的型号为 ZKB。

采用控制式自整角机和伺服机构组成的随动系统，其驱动负载的能力取决于系统中伺服电动机的容量，故能带动较大负载。另外，控制式自整角机作为角度和位置的检测元件，其精密程度比较高，误差范围仅有 $3'\sim14'$。因此，控制式自整角机常用于精密闭环控制的伺服系统中。

自整角机按供电电源的相数，分为三相和单相自整角机，三相主要用于水闸、阀门等大功率负载的场合，即电轴系统。在自动控制系统中广泛使用的是单相自整角机。

自整角机按结构型式不同，可分为无接触式和接触式两大类。无接触式没有电刷和集电环的滑动接触，具有可靠性高、寿命长、不产生无线电干扰等优点，其缺点是结构复杂、电气性能差。接触式自整角机的结构比较简单，性能较好，使用较为广泛。

自整角机还有一些其他的类型，如多极式、直线式、霍尔式等。

# 第二节 力矩式自整角机

### 一、力矩式自整角机的结构

自整角机的结构和一般旋转电机一样，主要由定子和转子两大部分组成。定、转子的铁芯由硅钢片叠压而成；定、转子绕组有单相绕组和三相绕组两种。单相绕组为励磁绕组，可以是分布式也可以是集中式；三相绕组称为整步绕组（或同步绕组），一般均为对称分布式，并接成星形。

力矩式自整角机有凸极式和隐极式两种结构。凸极式结构可以是转子凸极式也可以是定子凸极式。转子凸极式是定子铁芯上放置三相整步绕组，转子凸极铁芯上放置单相励磁绕组，如图 5-1（a）所示；定子凸极式是单相励磁绕组放置在定子凸极铁芯上，三相整步绕组放置在转子铁芯上，如图 5-1（b）所示。这两种结构从工作原理上看是没有区别的，但它们的运行性能有所不同。前者有两组滑环和电刷，摩擦转矩较小，精度较高，可靠性也高，但转子质量不易平衡，会引起附加误差，即使转子处在协调位置，励磁绕组也长期经电刷和滑环通过励磁电流，容易发生电刷和滑环在固定接触处因

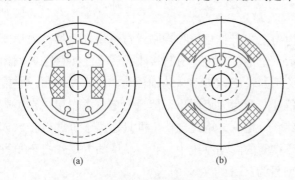

图 5-1 力矩式自整角机凸极式结构图
（a）转子凸极式；（b）定子凸极式

接触电阻损耗引起过热甚至烧坏的情况，所以这种结构适用于容量较小的指示式远距离角度传输系统。后者有三组滑环和电刷，摩擦转矩较大，会影响精度，但转子易平衡，而且滑环和电刷仅当系统存在失调角时，即自整角机转子处于转动状态时才有电流通过，滑环的工作条件较好，这种结构大多用于容量较大的力矩式自整角机中。

力矩式自整角机隐极式结构如图 5-2 所示，通常是将整步绕组放置在定子铁芯上，励磁绕组放置在转子铁芯上，并由两组滑环和电刷引出。

为使气隙中磁场的分布接近正弦波，凸极式磁极做成极靴状。隐极式铁芯常采用斜槽，斜一个齿距，以降低齿谐波的影响。为了减小滑环和电刷间的接触电阻，电刷常用金属片制成，并在滑环的接触面上镀银。为了消除力矩式自整角机在指示工作状态时的转子振荡，一般都要在接收机转子上装设交轴阻尼绕组。

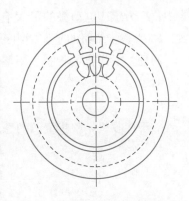

力矩式自整角机大都采用两极的凸极式结构，只有在频率较高而尺寸又较大的力矩式自整角机中才采用隐极式结构。采用两极电动机是为了保证在整个圆周范围内只有唯一的转子对应位置，从而达到准确指示；采用凸极式结构是为了能获得较好的参数配合关系，以提高运行性能。

图 5-2　力矩式自整角机隐极式结构图

## 二、力矩式自整角机的工作原理

图 5-3 所示为力矩式自整角机的工作原理。两台自整角机的结构参数、尺寸等完全一样。其中一台是发送信号的称为发送机，用 T 表示；另一台是接收信号的称为接收机，用 R 表示。它们的励磁绕组接入同一单相交流电源，三相整步绕组按相序对应相接。

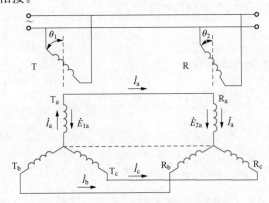

图 5-3　力矩式自整角机的工作原理

为了分析方便，作如下假定：

（1）不计整步绕组的磁动势对励磁绕组磁动势的影响；

（2）认为气隙磁通密度按正弦规律分布；

（3）电机磁路不饱和，是线性的。

这样就可以忽略磁动势和电动势中的高次谐波，并且可以应用叠加原理和矢量运算进行分析。

通常定义 a 相整步绕组和励磁绕组两轴线间的夹角为转子的位置角。图 5-3 中，$\theta_1$ 为发送机转子位置角，$\theta_2$ 为接收机转子位置角，而 $\theta_1 - \theta_2 = \theta$ 称为失调角。

1. 整步绕组的电动势和电流

当自整角机的励磁绕组接入单相交流电源时，气隙中形成按正弦规律分布的脉振磁场，并在各相整步绕组中产生感应电动势。由于是同一脉振磁场所感应，因此每相整步绕组中的感应电动势在时间上是同相的，而大小取决于各相整步绕组的轴线与励磁绕组轴线之间的相对位置。由于整步绕组为三相对称绕组，所以各相整步绕组感应电动势的幅值不同。

对于发送机的 a 相整步绕组，感应电动势的有效值为

$$E_{1a} = 4.44 f W k_w \Phi_m \cos\theta_1 = E\cos\theta_1 \tag{5-1}$$

式中：$E$ 为感应电动势的最大有效值；$f$ 为励磁电源的频率；$W$ 为每相整步绕组的匝数；$k_w$ 为整步绕组的基波绕组系数；$\Phi_m$ 为主磁场每极磁通的幅值。

同理，发送机 b 相和 c 相整步绕组的感应电动势为

$$\left.\begin{aligned} E_{1b} &= E\cos(\theta_1 - 120°) \\ E_{1c} &= E\cos(\theta_1 + 120°) \end{aligned}\right\} \tag{5-2}$$

对于接收机，整步绕组的感应电动势为

$$\left.\begin{aligned} E_{2a} &= E\cos\theta_2 \\ E_{2b} &= E\cos(\theta_2 - 120°) \\ E_{2c} &= E\cos(\theta_2 + 120°) \end{aligned}\right\} \tag{5-3}$$

由图 5-3 可见，各相整步绕组回路中的合成电动势为

$$\left.\begin{aligned} \Delta E_a &= E_{2a} - E_{1a} = E(\cos\theta_2 - \cos\theta_1) = 2E\sin\frac{\theta_1+\theta_2}{2}\sin\frac{\theta_1-\theta_2}{2} \\ &= 2E\sin\frac{\theta_1+\theta_2}{2}\sin\frac{\theta}{2} \\ \Delta E_b &= E_{2b} - E_{1b} = E[\cos(\theta_2 - 120°) - \cos(\theta_1 - 120°)] \\ &= 2E\sin\left(\frac{\theta_1+\theta_2}{2} - 120°\right)\sin\frac{\theta}{2} \\ \Delta E_c &= E_{2c} - E_{1c} = E[\cos(\theta_2 + 120°) - \cos(\theta_1 + 120°)] \\ &= 2E\sin\left(\frac{\theta_1+\theta_2}{2} + 120°\right)\sin\frac{\theta}{2} \end{aligned}\right\} \tag{5-4}$$

设每相整步绕组的等效阻抗为 $Z$，则各相回路电流的有效值为

$$\left.\begin{aligned} I_a &= \frac{\Delta E_a}{2Z} = \frac{E}{Z}\sin\frac{\theta_1+\theta_2}{2}\sin\frac{\theta}{2} = I\sin\frac{\theta_1+\theta_2}{2}\sin\frac{\theta}{2} \\ I_b &= \frac{\Delta E_b}{2Z} = I\sin\left(\frac{\theta_1+\theta_2}{2} - 120°\right)\sin\frac{\theta}{2} \\ I_c &= \frac{\Delta E_c}{2Z} = I\sin\left(\frac{\theta_1+\theta_2}{2} + 120°\right)\sin\frac{\theta}{2} \end{aligned}\right\} \tag{5-5}$$

式中：$I$ 为励磁绕组轴线与定子某相绕组轴线重合时该相电流的有效值，即整步绕组各相电流的最大有效值，$I = E/Z$。

由式（5-5）可知，无论失调角 $\theta$ 为何值，三相整步绕组中电流的总和始终为零，即

$$I_a + I_b + I_c = 0 \tag{5-6}$$

所以发送机和接收机三相整步绕组间可不接中性线。

2. 整步绕组的磁动势分析

当整步绕组中有电流通过时，将产生磁动势。由于整步绕组中的电流彼此在空间上相差 120°，时间上同相位，所以整步绕组的合成磁动势为空间脉振磁动势。若不计高次谐波分量，每相磁动势的基波幅值为

$$F_m = \frac{4}{\pi}\sqrt{2}IWk_w \tag{5-7}$$

发送机每相整步绕组基波磁动势的幅值为

$$
\left.
\begin{aligned}
F_{1a} &= \frac{4}{\pi}\sqrt{2}I_aWk_w = \frac{4}{\pi}\sqrt{2}IWk_w\sin\frac{\theta_1+\theta_2}{2}\sin\frac{\theta}{2} \\
F_{1b} &= \frac{4}{\pi}\sqrt{2}I_bWk_w = \frac{4}{\pi}\sqrt{2}IWk_w\sin\left(\frac{\theta_1+\theta_2}{2}-120°\right)\sin\frac{\theta}{2} \\
F_{1c} &= \frac{4}{\pi}\sqrt{2}I_cWk_w = \frac{4}{\pi}\sqrt{2}IWk_w\sin\left(\frac{\theta_1+\theta_2}{2}+120°\right)\sin\frac{\theta}{2}
\end{aligned}
\right\}
\tag{5-8}
$$

为了便于分析，通常将整步绕组中的三个空间脉振磁动势分解为直轴分量和交轴分量。取主磁场的轴线为直轴，又称为 d 轴；超前它 90° 的为交轴，又称为 q 轴。由各相空间脉振磁动势在直轴和交轴的投影之和，求出磁动势的直轴分量 $F_{1d}$ 和交轴分量 $F_{1q}$，即

$$
\begin{aligned}
F_{1d} &= F_{1ad} + F_{1bd} + F_{1cd} \\
&= F_{1a}\cos\theta_1 + F_{1b}\cos(\theta_1-120°) + F_{1c}\cos(\theta_1+120°) \\
&= \frac{4}{\pi}\sqrt{2}IWk_w\sin\frac{\theta}{2}\Big[\sin\frac{\theta_1+\theta_2}{2}\cos\theta_1 + \sin\left(\frac{\theta_1+\theta_2}{2}-120°\right)\cos(\theta_1-120°) \\
&\quad + \sin\left(\frac{\theta_1+\theta_2}{2}+120°\right)\cos(\theta_1+120°)\Big] \\
&= -\frac{3}{4}\times\frac{4}{\pi}\sqrt{2}IWk_w(1-\cos\theta) \\
&= -\frac{3}{4}F_m(1-\cos\theta) \\
F_{1q} &= F_{1aq} + F_{1bq} + F_{1cq} \\
&= -\big[F_{1a}\sin\theta_1 + F_{1b}\sin(\theta_1-120°) + F_{1c}\sin(\theta_1+120°)\big] \\
&= -\frac{4}{\pi}\sqrt{2}IWk_w\sin\frac{\theta}{2}\Big[\sin\frac{\theta_1+\theta_2}{2}\sin\theta_1 + \sin\left(\frac{\theta_1+\theta_2}{2}-120°\right)\sin(\theta_1-120°) \\
&\quad + \sin\left(\frac{\theta_1+\theta_2}{2}+120°\right)\sin(\theta_1+120°)\Big] \\
&= -\frac{3}{4}F_m\sin\theta
\end{aligned}
\tag{5-9}
$$

发送机磁动势的关系如图 5-4（a）所示。合成磁动势为

$$
F_1 = \sqrt{F_{1d}^2 + F_{1q}^2} = \frac{3}{2}F_m\sin\frac{\theta}{2}
\tag{5-10}
$$

合成磁动势的空间位置，可以用它与交轴之间的夹角来表示，即

$$
\alpha_1 = \arctan\left|\frac{F_{1d}}{F_{1q}}\right| = \arctan\frac{1-\cos\theta}{\sin\theta} = \frac{\theta}{2}
\tag{5-11}
$$

由于接收机和发送机的整步绕组是按相序对应相接，各对应相中通过的电流大小相等、方向相反。因此，相应磁动势的幅值相等、空间方向相反，即

$$
\left.
\begin{aligned}
F_{2a} &= -F_{1a} \\
F_{2b} &= -F_{1b} \\
F_{2c} &= -F_{1c}
\end{aligned}
\right\}
\tag{5-12}
$$

同理可得

$$F_{2d} = -\frac{3}{4}F_m(1-\cos\theta) \left.\vphantom{\begin{matrix}1\\1\end{matrix}}\right\}$$
$$F_{2q} = \frac{3}{4}F_m\sin\theta$$
（5-13）

$$F_2 = \sqrt{F_{2d}^2 + F_{2q}^2} = \frac{3}{2}F_m\sin\frac{\theta}{2} \tag{5-14}$$

$$\alpha_2 = \arctan\frac{|F_{2d}|}{|F_{2q}|} = \frac{\theta}{2} \tag{5-15}$$

接收机磁动势的关系如图5-4（b）所示。

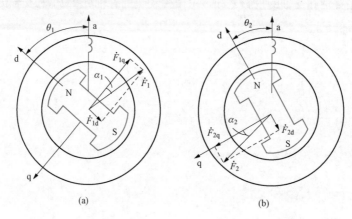

图5-4 力矩式自整角机整步绕组磁动势的空间关系

(a) 发送机；(b) 接收机

综上分析可知：

（1）发送机和接收机中磁动势的直轴分量、交轴分量和合成磁动势的大小，均与位置角$\theta_1$、$\theta_2$无关，仅是失调角$\theta$的函数。

（2）发送机和接收机磁动势的直轴分量均为负值，说明整步绕组的直轴磁动势对励磁主磁动势呈去磁作用。但由于在指示状态时$\theta$很小，$1-\cos\theta$的数值更小，去磁作用可忽略不计。

（3）发送机和接收机磁动势的直轴分量大小相等、方向相同，而磁动势的交轴分量大小相等、方向相反。因此，发送机的合成磁动势在空间滞后于q轴一个角度$\alpha_1$，而接收机的合成磁动势超前于q轴一个角度$\alpha_2$，如图5-4所示。由式（5-11）和式（5-15）可知，$\alpha_1=\alpha_2=\theta/2$。这表明，当发送机的合成磁动势在空间转过一个正的$\alpha$角时，则接收机的合成磁动势将反方向转过同样的角度，以保持$\alpha_1=\alpha_2$。

（4）在失调角很小时，发送机和接收机整步绕组的合成磁动势在空间位置上几乎和交轴重合，因此式（5-5）中整步绕组的阻抗严格地讲应该是交轴阻抗。

3. 整步转矩

当力矩式自整角机系统的失调角产生后，在转子上形成的转矩称为整步转矩（也称静态整步转矩）。凸极式自整角机的整步转矩由两个不同性质的分量所组成，一个是整步绕组中的电流和励磁绕组建立的主磁通相互作用而产生的电磁整步转矩；另一个是由于直轴和交轴磁阻不同而引起的反应整步转矩。隐极式自整角机无反应整步转矩，只有电磁整步转矩。

为了分析方便，将整步绕组中的电流也分解为直轴和交轴两个分量，并认为电流的直轴分量 $\dot{I}_{d}$ 产生直轴磁动势，交轴分量 $\dot{I}_{q}$ 产生交轴磁动势。这相当于是将原来的三相整步绕组，用两个假想绕组（即直轴绕组和交轴绕组）来等效代替，这两个假想绕组在空间静止不动。当失调角改变时，空间合成磁动势的变化是由假想电流 $\dot{I}_{d}$ 和 $\dot{I}_{q}$ 作相应的变化来反映。根据前面磁动势的分析，很容易就可以得到电流的直轴和交轴分量。

对于发送机，有

$$\left.\begin{array}{l} I_{1d}=-\dfrac{3}{4}I(1-\cos\theta)\\[3mm] I_{1q}=-\dfrac{3}{4}I\sin\theta \end{array}\right\} \tag{5-16}$$

对于接收机，有

$$\left.\begin{array}{l} I_{2d}=-\dfrac{3}{4}I(1-\cos\theta)\\[3mm] I_{2q}=\dfrac{3}{4}I\sin\theta \end{array}\right\} \tag{5-17}$$

电磁转矩可由图 5-5 所示的四种情况得到。直轴磁通与直轴电流分量如图 5-5（a）所示，交轴磁通与交轴电流分量如图 5-5（b）所示，它们相互作用均不会产生转矩。直轴磁通与交轴电流分量如图 5-5（c）所示，交轴磁通与直轴电流分量如图 5-5（d）所示，它们相互作用均能产生转矩。因此，自整角机转子上总的电磁整步转矩为

$$T_{1}=K(\dot{\Phi}_{d}\dot{I}_{q}+\dot{\Phi}_{q}\dot{I}_{d}) \tag{5-18}$$

式中：$K$ 为转矩常数。

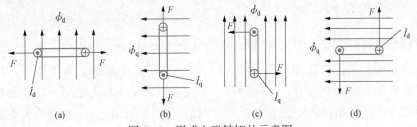

图 5-5 形成电磁转矩的示意图

（a）$\dot{\Phi}_{d}$ 与 $\dot{I}_{d}$ 作用；（b）$\dot{\Phi}_{q}$ 与 $\dot{I}_{q}$ 作用；（c）$\dot{\Phi}_{d}$ 与 $\dot{I}_{q}$ 作用；（d）$\dot{\Phi}_{q}$ 与 $\dot{I}_{d}$ 作用

当失调角 $\theta$ 很小时，根据前述可认为 $F_{d}\approx 0$，即 $I_{d}\approx 0$，则有

$$T_{1}=K\dot{\Phi}_{d}\dot{I}_{q} \tag{5-19}$$

式中：磁通 $\dot{\Phi}_{d}$ 和电流 $\dot{I}_{q}$ 均为交变量，随时间按正弦规律变化，但二者相位不同。

若用 $\psi$ 表示二者之间的时间相位差，则式（5-19）可写成

$$T_{1}=K\Phi_{d}I_{q}\cos\psi \tag{5-20}$$

若不计励磁绕组中的漏阻抗，有

$$\Phi_d \propto \frac{E_f}{f} \propto \frac{U_f}{f} \tag{5-21}$$

式中：$U_f$ 为励磁绕组的外加电压。

由式（5-9）或式（5-13）可知

$$I_q = I\sin\theta \propto \frac{E}{Z_q}\sin\theta \tag{5-22}$$

当某相整步绕组和励磁绕组的轴线重合时，它们的感应电动势之比为有效匝数之比，即

$$\frac{E}{E_f} = \frac{k_w W}{W_f} \tag{5-23}$$

于是有

$$I_q \propto \frac{U_f}{Z_q}\sin\theta \tag{5-24}$$

自整角机整步绕组的感应电动势 $\dot{E}$，它的相位滞后励磁绕组产生的脉振磁通 $\dot{\Phi}_d$，电流 $\dot{I}$ 滞后电动势 $\dot{E}$ 一个阻抗角 $\varphi$（$\varphi$ 为整步绕组交轴阻抗角），交轴电流 $\dot{I}_q$ 与电流 $\dot{I}$ 同相位，如图 5-6 所示。由此可得

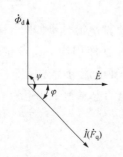

$$|\cos\psi| = \sin\varphi = \frac{X_q}{Z_q} \tag{5-25}$$

将式（5-21）、式（5-24）、式（5-25）代入式（5-20）得

$$T_1 = K_1 \frac{U_f^2}{f} \frac{X_q}{Z_q^2}\sin\theta = T_{1m}\sin\theta \tag{5-26}$$

式中：$T_{1m}$ 为电磁整步转矩的最大值，它与励磁电压的二次方成正比，与励磁电源的频率成反比，且出现在失调角 $\theta = 90°$ 时。

图 5-6　力矩式自整角机相量图

由上述分析可知，当失调角 $\theta$ 很小时，力矩式自整角机的电磁整步转矩主要是由交轴电流 $\dot{I}_q$ 与直轴磁通 $\dot{\Phi}_d$ 相互作用所产生。由于接收机和发送机整步绕组电流的交轴分量为 $\dot{I}_{1q}$ 和 $\dot{I}_{2q}$，它们大小相等、方向相反，所以它们的电磁整步转矩也是大小相等、方向相反。当发送机转子在外力作用下，顺时针方向转过一个角度，则发送机的转子受到逆时针方向的转矩，力图使转子保持原有位置。而接收机中的转子则受到顺时针方向的转矩，转子顺时针方向转动，使失调角逐渐减小，直至到达协调位置。

整步转矩的第二个分量是反应整步转矩。因为力矩式自整角机常采用凸极式结构，对脉振磁场来说，其直轴和交轴磁阻不一样，从而引起反应转矩。根据凸极式同步电动机的矩角特性可知，反应整步转矩为

$$T_2 = T_{2m}\sin 2\theta \tag{5-27}$$

式中：$T_{2m}$ 为反应整步转矩的最大值，通常比 $T_{1m}$ 小得多。

自整角机总的整步转矩为

$$T = T_1 + T_2 = T_{1m}\sin\theta + T_{2m}\sin2\theta \tag{5-28}$$

总之，自整角机的静态整步转矩对隐极式
来讲就是 $T_1$，而对凸极式来讲还要增加 $T_2$。
静态整步转矩与失调角的关系如图 5-7 所示。
显然，自整角机处于协调位置时，静态整步转
矩为零。

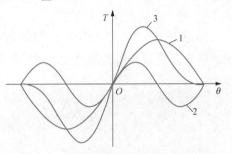

图 5-7　静态整步转矩与失调角的关系
1—隐极式；2—反应整步转矩；3—凸极式

### 三、接收机转子的振荡及减小振荡的措施

主令轴使发送机转子转到一个新的角位置
时，接收机产生整步转矩，使其转子向新的协
调位置转动。到达协调位置时，即失调角 $\theta =
0$，$T = 0$，接收机应该停转。但由于惯性的作用，接收机的转子会超越协调位置，此时
失调角改变符号，整步转矩也改变方向，从而使接收机反转。同样，反转后由于惯性，
转子又会超过协调位置。如此反复，接收机的转子围绕协调位置来回振荡。由于空气的
阻力和轴上的摩擦对振荡有阻尼作用，所以整个振荡过程将是衰减的，但这种阻尼作用
非常小，仅依靠它们会使振荡的时间很长。为此，在力矩式自整角机接收机中要装设阻
尼装置来减小系统运行时的振荡，使接收机在协调位置尽快稳定下来。

接收机的阻尼装置有两种：一种是在转子铁芯中嵌放阻尼绕组，也称为电气阻尼；
另一种是在接收机的转轴上装阻尼盘，又称机械阻尼。机械阻尼装置的基本元件有惯性
轮和摩擦装置，当产生振荡时，惯性轮几乎不动，转轴受到附加摩擦转矩作用，将转子
的动能消耗掉，振荡就会迅速衰减。图 5-8 所示为采用电气阻尼的力矩式自整角接收
机阻尼绕组的结构。

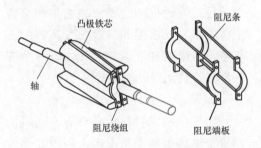

图 5-8　力矩式自整角机阻尼绕组的结构

凸极铁芯
阻尼条
轴
阻尼绕组
阻尼端板

### 四、力矩式自整角机的主要技术指标

由于力矩式自整角机通常用于角度传输
的指示系统中，因此要求它有较高的角度传
输精度。其性能指标有很多，下面只列出其
中主要的几项。

#### 1. 比整步转矩（也称比力矩）

失调角 $\theta = 1°$ 时的整步转矩称为比整步
转矩，即

$$T_\theta = T_{1m}\sin1° + T_{2m}\sin2° \tag{5-29}$$

它的值越大，系统越灵敏。对凸极式自整角机，由反应转矩所引起最大整步转矩的
增加较小，但它对比整步转矩的增加比较明显。分析表明，$T_2$ 的存在使比整步转矩 $T_\theta$
可增大 20%，这也正是凸极式自整角机优越的一面。

由于自整角机的精确度和运行可靠性在很大程度上取决于比整步转矩的大小，所以
它是力矩式自整角机的一个重要性能指标。

#### 2. 阻尼时间

强迫接收机的转子失调 $177° \pm 2°$，从失调位置稳定到协调位置所需的时间称为阻尼

时间。通常要求阻尼时间不应超过 3s，阻尼时间越短，表示接收机的跟随性能越好。

3. 接收机误差（静态误差）

理论上接收机可以稳定在失调角为零的位置，但实际上接收机的转轴上总是存在着阻力转矩，使接收机不能复现发送机的转角，二者的角度差称为接收机误差（也称静态误差）。

# 第三节  控 制 式 自 整 角 机

若接收机轴上带有较大的负载，而且要求有较高的角度传输精度，力矩式自整角机系统是不能满足要求的。此时，必须采用控制式自整角机系统。

## 一、控制式自整角机的结构

控制式自整角机由发送机和接收机组成。控制式自整角发送机的结构型式和力矩式自整角发送机基本一样，转子的结构可以是凸极式也可以是隐极式，因为发送机的精度主要取决于整步绕组，而与转子的结构型式关系不大。单相励磁绕组通常放置在转子上。

控制式自整角接收机不直接驱动机械负载，而是输出电压信号，通过伺服电动机去控制机械负载，因此称它为自整角变压器。它的转子通常采用隐极式结构，并放置有单相高精度的正弦绕组作为输出绕组，以提高电气精度，降低零位电压。

控制式自整角机通常也都采用两极的结构型式。

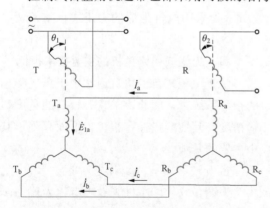

图 5-9  控制式自整角机的工作原理
T—发送机；R—接收机

## 二、控制式自整角机的工作原理

图 5-9 所示为控制式自整角机的工作原理。发送机的励磁绕组由单相交流电源供电，发送机和自整角变压器的三相整步绕组按相序对应相接，自整角变压器输出绕组向外输出电压。

1. 整步绕组的电动势和电流

由于控制式自整角机只有发送机的励磁绕组接单相交流电源，所以只在发送机的整步绕组中产生感应电动势。与力矩式自整角机一样，整步绕组中的电动势在时间上同相位，大小取决于整步绕组和励磁绕组轴线之间的相对位置。

若发送机的位置角为 $\theta_1$，则三相整步绕组的感应电动势为

$$\left.\begin{array}{l} E_{1a} = E\cos\theta_1 \\ E_{1b} = E\cos(\theta_1 - 120°) \\ E_{1c} = E\cos(\theta_1 + 120°) \end{array}\right\} \qquad (5-30)$$

式中：$E$ 为感应电动势的最大有效值。

设整步绕组的每相等效阻抗为 $Z$，则整步绕组各相中的电流为

$$I_a = \frac{E_{1a}}{2Z} = \frac{E}{2Z}\cos\theta_1 = I\cos\theta_1$$

$$I_b = \frac{E_{2b}}{2Z} = I\cos(\theta_1 - 120°) \qquad\qquad (5-31)$$

$$I_c = \frac{E_{2c}}{2Z} = I\cos(\theta_1 + 120°)$$

式中：$I$ 为整步绕组各相电流的最大有效值，$I = \dfrac{E}{2Z}$。

2. 整步绕组的磁动势分析

自整角变压器每相整步绕组基波磁动势的幅值为

$$F_{2a} = \frac{4}{\pi}\sqrt{2}I_a W k_w = \frac{4}{\pi}\sqrt{2}IWk_w\cos\theta_1 = F_m\cos\theta_1$$

$$F_{2b} = \frac{4}{\pi}\sqrt{2}I_b W k_w = F_m\cos(\theta_1 - 120°) \qquad\qquad (5-32)$$

$$F_{2c} = \frac{4}{\pi}\sqrt{2}I_c W k_w = F_m\cos(\theta_1 + 120°)$$

式中：$W$ 为每相整步绕组的匝数；$k_w$ 为整步绕组的基波绕组系数；$F_m$ 为每相磁动势的基波幅值。

若自整角变压器的位置角为 $\theta_2$，则三个空间脉振磁动势分解的直轴分量和交轴分量为

$$\begin{aligned}
F_{2d} &= F_{2a}\cos\theta_2 + F_{2b}\cos(\theta_2 - 120°) + F_{2c}\cos(\theta_2 + 120°) \\
&= F_m\cos\theta_1\cos\theta_2 + F_m\cos(\theta_1 - 120°)\cos(\theta_2 - 120°) \\
&\quad + F_m\cos(\theta_1 + 120°)\cos(\theta_2 + 120°) \\
&= \frac{3}{2}F_m\cos(\theta_1 - \theta_2) \\
&= \frac{3}{2}F_m\cos\theta \\
F_{2q} &= -F_{2a}\sin\theta_2 - F_{2b}\sin(\theta_2 - 120°) - F_{2c}\sin(\theta_2 + 120°) \\
&= -F_m\cos\theta_1\sin\theta_2 - F_m\cos(\theta_1 - 120°)\sin(\theta_2 - 120°) \\
&\quad - F_m\cos(\theta_1 + 120°)\sin(\theta_2 + 120°) \\
&= \frac{3}{2}F_m\sin(\theta_1 - \theta_2) \\
&= \frac{3}{2}F_m\sin\theta
\end{aligned} \qquad\qquad (5-33)$$

自整角变压器整步绕组磁动势的空间关系如图 5-10 所示。合成磁动势为

$$F_2 = \sqrt{F_{2d}^2 + F_{2q}^2} = \frac{3}{2}F_m \qquad (5-34)$$

合成磁动势与直轴之间的夹角为

$$\beta = \arctan\frac{F_{2q}}{F_{2d}} = \arctan\frac{\sin\theta}{\cos\theta} = \theta \quad (5-35)$$

由此可见，自整角变压器三相整步绕组空间合成磁动势的性质也是脉振的，其大小是基波磁动势幅值的 1.5 倍，并与失调角无关。若自整角变压器和发送机

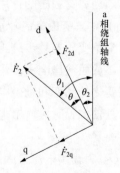

图 5-10　自整角变压器整步绕组磁动势的空间关系

整步绕组的空间位置一致，自整角变压器整步绕组的合成磁动势 $\dot{F}_2$ 的空间位置总是与发送机转子的空间位置相对应。

下面再来分析自整角发送机的磁动势。

根据发送机和自整角变压器的整步绕组的接法，与力矩式自整角机一样，发送机整步绕组各相磁动势为

$$\left.\begin{array}{l} F_{1a} = -F_{2a} = -F_m\cos\theta_1 \\ F_{1b} = -F_{2b} = -F_m\cos(\theta_1 - 120°) \\ F_{1c} = -F_{2c} = -F_m\cos(\theta_1 + 120°) \end{array}\right\} \tag{5-36}$$

同理可得

$$\left.\begin{array}{l} F_{1d} = F_{1a}\cos\theta_1 + F_{1b}\cos(\theta_1 - 120°) + F_{1c}\cos(\theta_1 + 120°) \\ \quad = -F_m\cos^2\theta_1 - F_m\cos^2(\theta_1 - 120°) - F_m\cos^2(\theta_1 + 120°) \\ \quad = -\dfrac{3}{2}F_m \\ F_{1q} = F_{1a}\sin\theta_1 + F_{1b}\sin(\theta_1 - 120°) + F_{1c}\sin(\theta_1 + 120°) \\ \quad = -F_m\sin\theta_1\cos\theta_1 - F_m\sin(\theta_1 - 120°)\cos(\theta_1 - 120°) \\ \quad\quad - F_m\sin(\theta_1 + 120°)\cos(\theta_1 + 120°) \\ \quad = 0 \end{array}\right\} \tag{5-37}$$

合成磁动势为

$$F_1 = F_{1d} = -\frac{3}{2}F_m \tag{5-38}$$

由此可得如下结论：

（1）自整角发送机整步绕组合成磁动势的空间位置在励磁绕组的轴线上，但与励磁磁动势的方向相反；

（2）由于合成磁动势的位置不变，大小是时间的函数，所以合成磁场为脉振磁场；

（3）合成磁动势的大小与转子位置角 $\theta_1$ 无关，是单相基波磁动势幅值的 1.5 倍。

自整角发送机相当于一台带负载的变压器。励磁绕组相当于一次侧，整步绕组相当于二次侧，与之相连接的自整角变压器相当于负载。根据磁动势平衡原理，合成磁动势对励磁磁动势有去磁的作用，从而实现能量的传递。

3. 自整角变压器的输出电压

自整角变压器整步绕组的合成磁动势与输出绕组相匝链，会在输出绕组中产生感应电动势，从而输出电压。当单相励磁电源电压按正弦规律变化时，输出电压也是正弦量，其变化的频率和励磁电压的频率相同，幅值与输出绕组的位置有关。当输出绕组的轴线在直轴位置时，输出电压为

$$U_2 = U_{2m}\cos\theta \tag{5-39}$$

式中：$U_{2m}$ 为输出电压最大有效值，即输出绕组的轴线与合成磁动势的空间位置重合时的感应电动势有效值。

式（5-39）表明：输出电压是失调角的余弦函数，失调角 $\theta = 0$ 时输出电压的有效

值达到最大，这在控制系统中很不方便。通常希望失调角为零时，输出电压也为零；只要出现失调角，就有电压输出，使伺服电动机转动。其次，希望控制电压能反映发送机的转动方向，而式（5-39）中的 $\cos\theta=\cos(-\theta)$，即无论失调角是正还是负，输出电压极性不变。为此，实际使用自整角变压器时，总是预先把转子由协调位置转动 90° 电角度，即取输出电压为零的转子位置作为起始位置。此时的输出电压为

$$U_2 = U_{2m}\cos(\theta - 90°) = U_{2m}\sin\theta \qquad (5-40)$$

输出电压与失调角的变化规律如图 5-11 所示。

综上分析可知，当自整角机系统出现失调角后，自整角变压器输出绕组的输出电压，经放大器放大后，控制伺服电动机驱动负载转动，并同时带动自整角变压器的转子转动。失调角减小，输出电压减小，直到协调位置。若发送机连续转动，依据上述过程，自整角变压器的转子也随负载同步旋转。

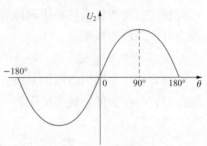

图 5-11 输出电压与失调角的关系

由图 5-11 可看出，当 $\theta=0°$ 和 $\theta=180°$ 时，控制电压都为零。这样似乎对应发送机转子的某一位置角，自整角变压器转子会有两个可能的相应位置，使控制式自整角机系统失去了一致性。实则不然，在接收机转子的两个位置中，只有一个是稳定的。设转子逆时针方向转动的角度为正，则顺时针方向转动的角度为负。若调整伺服电动机，在正向控制电压时正向转动，在反向控制电压时反向转动。当自整角变压器的转子处于 $\theta=0°$ 的位置时，发送机向正方向转动，则控制电压为正，伺服电动机正向转动，带动接收机的转子也正向转动，使失调角减小，直到 $\theta=0°$ 为止。同理，发送机向负方向转动，伺服电动机带动接收机的转子也向负方向转动，直到 $\theta=0°$ 为止。这说明 $\theta=0°$ 是稳定协调位置。假如接收机的转子处于 $\theta=180°$ 的位置上，当发送机向正方向转动，其控制电压为负值，伺服电动机带动接收机转子向负的方向转动，失调角趋向增大，不能回到 $\theta=180°$ 的位置，反之亦然。这说明 $\theta=180°$ 不是稳定的协调位置。

如果相反调整伺服电动机，正的控制电压向负方向转动，负的控制电压向正方向转动，同理可知，只有 $\theta=180°$ 是稳定的协调位置。因此，对于一个确定的自整角机系统，接收机只有一个稳定的协调位置，系统运行具有一致性。

### 三、控制式自整角机的主要技术指标

1. 比电压 $U_\theta$

自整角变压器在协调位置附近，失调角 $\theta=1°$ 时的输出电压称为比电压，单位 V/(°)，则

$$U_\theta = U_m\sin1° = 0.0175U_m \qquad (5-41)$$

比电压是自整角变压器的一项重要性能指标。比电压越大，表示系统的精度和灵敏度越高。目前，国产自整角变压器的比电压数值范围为 $0.3\sim1\text{V}/(°)$。

2. 电气误差 $\Delta\theta$。

理论上自整角变压器和自整角发送机的转子处于协调位置时，其输出电压为零，但实际上由于工艺、结构、材料等方面的原因，输出绕组仍有一定的电压输出。只有自整角变压器的转子在某一位置时，才能使输出电压为零。这种实际转子的转角与理论值的差值称为电气误差，以角分表示，它的大小直接影响系统的精度。控制式自整角机的精度等级就是根据电气误差分类的。

3. 零位电压（剩余电压）$U_0$。

控制式自整角机系统在协调位置时，输出绕组的输出电压叫零位电压。零位电压的存在会降低系统的灵敏度。

4. 输出相位移 $\varphi$

自整角变压器输出电压的基波分量与励磁电压的基波分量之间的时间相位差称为输出相位移，单位为度，数值范围为 $2°\sim20°$。它直接影响交流伺服系统的移相要求。

# 第四节  差动式自整角机

在随动系统中，有时需要由两台发送机来控制同一台接收机，其目的是用来传递两个发送轴的角度和或角度差，这时便采用差动式自整角机系统。

差动式自整角机按系统要求的功能分为力矩式差动发送机、力矩式差动接收机和控制式差动发送机三种。

**一、差动式自整角机的结构**

差动式自整角机无论是哪一种类型，定、转子均采用隐极式结构，并都嵌有两极三相星接分布绕组。定、转子有相同的槽数和绕组型式，它们的匝数和参数也都相等。转子绕组通过三组滑环和电刷与外电路相连接。由于差动式自整角机定、转子绕组均为三相绕组，所以不能装设阻尼绕组，通常在轴上装设机械阻尼器来消除转子的振荡。

**二、差动式自整角机的运行原理**

1. 力矩式差动接收机

力矩式差动接收机串接在两台力矩式发送机之间，可用来反映两台发送机转子转角之和或差。我国生产的力矩式差动自整角接收机的型号为 ZCJ。

图 5-12 所示为力矩式发送机—差动接收机—力矩式发送机的工作原理。两台发送机的励磁绕组接同一单相交流电源，它们的整步绕组分别和差动接收机的定、转子三相绕组按相序对应相接。

若差动接收机的定、转子绕组轴线位置一致，它的定子绕组和转子绕组分别与两台发送机等效构成两对控制式自整角机系统。根据前一节的分析可知，差动接收机定子绕组所产生的合成磁动势 $\dot{F}_1$，其空间位置应与第一台发送机转子的空间位置相对应，即与 $R_A$ 相绕组轴线相差 $\theta_1$。同理，差动式接收机转子绕组所产生的合成磁动势 $\dot{F}_2$，其空间位置应与 $R_a$ 相绕组轴线相差 $\theta_2$。因此，差动式接收机定子合成磁动势和转子合成磁动势空间位置的角差为

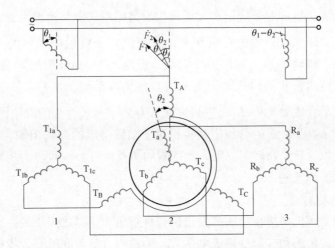

图 5-12 力矩式发送机—差动接收机—力矩式发送机工作原理

1，3—力矩式发送机；2—差动接收机

$$\theta = \theta_1 \pm |\theta_2| \qquad\qquad (5-42)$$

当两台发送机转子的转向彼此相反时，取"＋"号；当转子转向一致时，取"－"号。

由于定、转子的合成磁动势之间存在角差，二者相互作用，便在差动式接收机转子上产生电磁转矩，使转子转过 $\theta$ 角，使定、转子的合成磁动势空间位置一致。因此，差动接收机转子的转角为两台发送机空间位置角的和或差。

2. 力矩式差动发送机

力矩式差动发送机串接在力矩式发送机和接收机之间，将力矩式发送机转子转角与自身转子转角之和或差变换成电信号，传输给接收机。我国生产的力矩式差动自整角发送机的型号为 ZCF。

图 5-13 所示为力矩式发送机—力矩式差动发送机—力矩式接收机的工作原理。力矩式发送机和接收机的励磁绕组接同一单相交流电源，它们的整步绕组分别与力矩式差动发送机的定、转子三相绕组按相序对应相接。

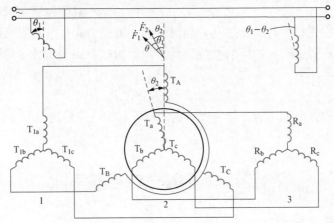

图 5-13 自整角发送机—力矩式差动发送机—自整角接收机工作原理图

1—力矩式发送机；2—力矩式差动发送机；3—力矩式接收机

力矩式差动发送机的定子绕组和发送机构成与控制式自整角机系统相同。由本章第三节分析可知,力矩式自整角发送机在差动发送机定子绕组中产生的合成磁动势 $\dot{F}_1$,其空间位置与发送机转子的空间位置相对应,即应与 $T_A$ 相绕组的轴线相差 $\theta_1$。同样,差动发送机与力矩式接收机构成如同力矩式自整角机系统。当差动发送机转子转过 $\theta_2$ 后,它相对于定子合成磁动势 $\dot{F}_1$ 的空间位置角为 $\theta=\theta_1\pm\theta_2$(±的取法同前)。因此,力矩式自整角接收机整步绕组的合成磁动势相对于励磁绕组的失调角即为 $\theta$,在整步转矩的作用下,接收机的转子将转过 $\theta$ 角,到达新的协调位置。此时,力矩式接收机转子指示出两个输入角的和或差。

### 3. 控制式差动发送机

控制式差动发送机串接在控制式发送机与自整角变压器之间,将控制式发送机转子转角和自身转子转角的和或差变换成电信号,传输给自整角变压器。我国生产的控制式差动自整角发送机的型号为 ZKC。

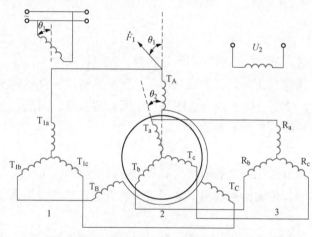

图 5-14 控制式发送机—控制式差动发送机—自整角
变压器工作原理

1—控制式发送机;2—控制式差动发送机;3—自整角变压器

图 5-14 所示为控制式发送机—控制式差动发送机—自整角变压器的工作原理。控制式发送机的励磁绕组由单相电源供电,控制式差动发送机的定、转子绕组分别和控制式发送机和自整角变压器的整步绕组按相序对应相接。

这种接法相当于两级控制式自整角机系统的级联。当控制式发送机的位置角为 $\theta_1$,这时在控制式差动发送机定子绕组中产生的合成磁动势 $\dot{F}_1$,它的空间位置与 $T_A$ 相绕组的轴线相差 $\theta_1$。当差动发送机的转子转过 $\theta_2$,相当于后一级控制式自整角机系统的失调角为 $\theta=\theta_1\pm\theta_2$(±的取法同前)。由于自整角变压器转子的起始位置角为 $90°$ 电角度,所以自整角变压器输出电压为

$$U_2 = U_{2m}\sin\theta = U_{2m}\sin(\theta_1\pm\theta_2) \tag{5-43}$$

即自整角变压器的输出电压为自整角发送机的转子和差动式发送机转子转角的和或差的正弦函数。

## 第五节　其他型式的自整角机

### 一、无接触式自整角机

无接触式自整角机由于没有电刷和滑环间的滑动接触,所以它可靠性高、寿命长、

稳定性好、不会产生无线电干扰等。但它的结构复杂，电气性能指标较差。我国生产的无接触式自整角机有 BD 型发送机、BS 型接收机和 BS－405 自整角变压器。差动式自整角机没有无接触式。

常见的无接触式自整角机的结构型式有两种。在图 5-15 中，用环形变压器代替接触式自整角机的滑环和电刷，得到带有环形变压器的无接触式自整角机。变压器的一次侧在定子上，二次侧在转子上，通过一、二次侧的电磁耦合，使转子单相励磁绕组获得励磁电压，其余部分与接触式结构相同。

图 5-16 所示的是外磁路无接触式自整角机。转子铁芯用硅钢片叠成两部分，中间用非磁性材料隔开，转子的各硅钢片平面均与电机的轴线平行，转子上没有绕组，因此可以不要滑环和电刷。定子由定子铁芯、端导磁环、三相整步绕组和励磁绕组组成，定子铁芯和端导磁环也是由硅钢片叠压而成，各硅

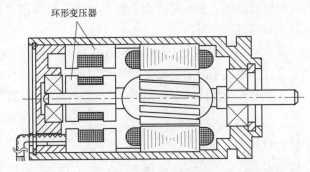

环形变压器

图 5-15　带有环形变压器的无接触式自整角机

钢片平面和普通电机一样垂直于电机的轴线，三相整步绕组嵌放在定子铁芯内圆周冲的槽内，励磁绕组由在定子铁芯和端导磁环之间放置的两个环形线圈串联组成。

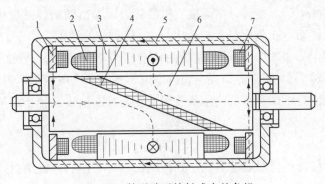

图 5-16　外磁路无接触式自整角机

1—端导磁环；2—整步绕组；3—定子铁芯；
4—非导磁体；5—外磁轭；6—转子；7—励磁绕组

当单相励磁绕组接通交流励磁电源后，磁通的路径沿图 5-16 所示虚线：即转子—端导磁环—外磁轭—端导磁环—转子铁芯—定子铁芯—转子构成回路，磁通经过的路径全部由导磁材料构成。主磁通的轴线位置是由转子的形状决定的，并随转子的转角不同而在空间有不同的位置。因此转子转动时，三相整步绕组所匝链的主磁通也随之发生变化，绕组中的感应电动势也随着转子的转角而改变。这和接触式自整角机的工作原理完全一样。

这种结构的无接触式自整角机，虽然克服了因滑环和电刷所引起的缺点，但主磁路中的气隙较大，励磁电流较大，因而自整角机的体积也相应增大。另外，这种结构的自整角机转子上不能装设阻尼绕组，所以常采用机械阻尼器，以消除接收机转子在运行中的振荡现象。

**二、双通道自整角机**

当成对工作的自整角机系统不能满足工作机构的高精度要求时，通常采用自整角双

通道系统，即"粗—精通道"系统，先由粗通道得到一个大致的值，再由精通道得到它的精确值。这种系统就好比钟表指示系统一样，时针仅表示大致的时间值，而分针却给出较精确的时间值。构成这一高精度的系统通常有两种方式：一种是由齿轮组实现增速，称为机械式自整角双通道系统；另一种是通过改变电机本身的极对数实现增速，称为双通道自整角机。

### 1. 机械式自整角双通道系统

下面仅以力矩式自整角机双通道指示系统为例，介绍其工作原理。至于控制式自整角机双通道系统，基本原理和力矩式自整角机双通道系统基本相同，仅原理电路有所差别，读者可自行分析。

图 5-17 所示为机械式自整角机双通道指示系统。它实质上就是在一组成对工作的力矩式自整角机系统的基础上，再利用齿轮装置啮合另一组成对工作的力矩式自整角机系统，前者称为粗读通道（粗机系统），后者称为精读通道（精机系统）。

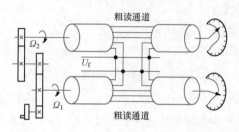

图 5-17　力矩式自整角双通道指示系统

当控制端输入某一角位移量，系统产生失调角时，一方面粗读发送机的转子以 $\Omega_1$ 的角速度旋转，粗读接收机的转子追随发送机的转子同步旋转，并带动粗读指针转动，在刻度盘上指示出与 $\Omega_1$ 相对应的数值；另一方面通过齿轮增速使精读发送机的转子以 $\Omega_2$ 的角速度旋转，精读接收机的转子同样追随精读发送机转子同步旋转，并带动精读指针转动，在刻度盘上指示出与 $\Omega_2$ 相对应的数值。由于 $\Omega_1 < \Omega_2$，所以精读指针比粗读指针转动得快。假设齿轮组的传动比为 20，即 $\Omega_2 = 20\Omega_1$。如果精读指针转一圈，粗读指针转 1/20 圈，亦即先由粗读通道得到某一大概的指示值，再由精读通道读出它的精确值。没有粗读通道的指示值就无法正确判断精读系统指示值的大小。

### 2. 双通道自整角机

增速由齿轮组实现的机械式自整角机双通道系统，其精度比成对工作的自整角机系统高，但由于系统中有齿轮组，其体积和质量都有较大的增加，而且齿轮传动还存在误差，系统的精度受到一定限制。在精度要求更高的场合，可以采用高精度的双通道自整角机。双通道自整角机系统在结构上由少极对数和多极对数两个系统组成；在电气原理上，少极对数系统为粗通道，多极对数系统为精通道。对多极对数系统，转子转动一圈，就相当于在电气角度上旋转了 $p$（极对数）圈，同时在结构上将少极对和多极对系统合一，省去齿轮变速器。双通道自整角机原理如图 5-18 所示。

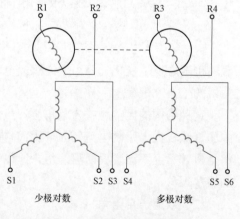

图 5-18　双通道自整角机原理

我国生产的双通道自整角机有型号为 130ZFS001 的双通道自整角发送机,型号为 130ZBS001 的双通道自整角变压器等,它们工作在多极对数通道时,极对数为 30。

对于双通道自整角机,在气隙磁场中既有少极对数磁场,也有多极对数磁场。当然它们相互之间会有一定影响,从而会影响到系统精度。为了消除多极对数磁场对少极对数磁场的影响,少极对数的整步绕组由正弦绕组或同心式分布绕组组成;为了削弱少极对数磁场对多极对数磁场的影响,在设计时使少极对数气隙的磁通密度降低,通常为多极对数的 1/3 左右。

在由双通道自整角机(自整角变压器)、伺服放大器、伺服电动机等构成的随动系统中,要保证粗通道和精通道能够按顺序把信号加到放大器上,即失调角大时粗通道工作,失调角小时精通道工作,系统中需接入双通道的切换控制线路。切换控制线路的形式很多,图 5-19 所示为一种常用的粗—精通道无触点自动切换控制线路。当失调角较大时,自整角接收机输出绕组的输出电压也较大,二极管导通,精通道的输出电压被二极管短路,输出端只有

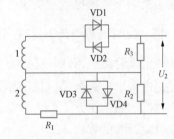

图 5-19 粗—精通道无触点自动
切换控制线路
1—粗通道输出绕组;2—精通道输出绕组

粗通道的输出电压。当失调角较小时,二极管处于截止状态,粗通道被断开,精通道中电阻 $R_2$ 的阻值远大于电阻 $R_1$,输出端只有精通道的输出电压。

## 第六节 多台自整角接收机的并联运行

本章前几节对一台发送机仅带一台接收机的情况进行了分析。在实际应用中,往往需要将同一个转角信号传输到几个不同的地点,即一台发送机要同时连接几台接收机,这就是自整角接收机的并联运行。下面分别对常见的两种并联运行系统加以分析。

### 一、多台力矩式接收机的并联运行

在本章第二节中,假设发送机和接收机每相整步绕组的等效阻抗相等时,得到了电磁整步转矩的计算公式。若发送机和接收机每相整步绕组的等效阻抗不相等,即 $Z_{1q} \neq Z_{2q}$,并略去反应整步转矩不计,则根据电磁整步转矩的公式可得

$$T = K_1 \frac{U_f^2}{f} \frac{2(X_{1q} + X_{2q})}{(R_{1q} + R_{2q})^2 + (X_{1q} + X_{2q})^2} \sin\theta \qquad (5-44)$$

此时,由于发送机和接收机的主磁通、转子电流仍相等,所以它们轴上的转矩仍相等。

当有 $n$ 台同型号的接收机等距离地并联到同一台发送机上时,对发送机而言,$n$ 台接收机可以看成一台参数为 $Z_{2q}/n$ 的假想接收机,此时发送机的整步转矩为

$$T_n = K_1 \frac{U_f^2}{f} \frac{2\left(X_{1q} + \frac{1}{n}X_{2q}\right)}{\left(R_{1q} + \frac{1}{n}R_{2q}\right)^2 + \left(X_{1q} + \frac{1}{n}X_{2q}\right)^2} \sin\theta \qquad (5-45)$$

当发送机和接收机同型号时，$R_{1q}=R_{2q}=R_q$，$X_{1q}=X_{2q}=X_q$，则

$$T_n = K_1 \frac{U_f^2}{f} \frac{2nX_q}{(n+1)(R_q^2+X_q^2)}\sin\theta = \frac{2n}{n+1}T \tag{5-46}$$

每一台接收机整步绕组中的电流是发送机的 $1/n$，所以每一台接收机的整步转矩为

$$T_n' = \frac{2}{n+1}T \tag{5-47}$$

可见，并联工作时每台接收机的整步转矩将随着接收机台数的增加而减小。当 $n$ 台和发送机同型号的接收机并联工作时，每台接收机的整步转矩是单台接收机运行时的 $\frac{2}{n+1}$ 倍。当然比整步转矩也减小同样的比例，比整步转矩的减小，将导致力矩式自整角系统的精度降低。因此，必须要限制并联工作的自整角机接收机的台数。然而，适当选择自整角机也可提高接收机的比整步转矩，提高系统的精度。比如，选择发送机的阻抗为接收机的阻抗 $1/n$（大机座号的发送机），则接收机的比整步转矩仍可保持原来一台接收机运行时的数值。

多台接收机并联工作时，当它们与发送机之间有失调角产生时，发送机的整步绕组和励磁绕组中的电流会明显增大，致使发送机的温升增高。

此外，在实际运行时，即使合理地选择了发送机和接收机的参数，但由于每台接收机的负载不可能完全相同，而且也允许自整角机有一定的容差。这样，在接收机之间的整步绕组中产生电动势差，从而引起环流，产生附加的转矩和偏转角，同时使自整角机发热，温升增高。这种现象会随着并联台数的增加而显著增大，尤其当接收机与发送机的型号不同时更为严重。

### 二、多台自整角变压器的并联运行

当有 $n$ 台同型号的自整角变压器等距离地并联到同一台控制式自整角发送机上时，控制式自整角发送机在额定励磁的条件下，若整步绕组中最大感应电动势的有效值仍为 $E$，则可以计算出整步绕组中电流的最大有效值。设发送机整步绕组的每相等效阻抗为 $Z_1$，自整角变压器整步绕组的每相等效阻抗为 $Z_2$，则对于发送机有

$$I_1 = \frac{E}{Z_1+\dfrac{Z_2}{n}} = \frac{nE}{nZ_1+Z_2} \tag{5-48}$$

对于每台自整角变压器有

$$I_{2n} = \frac{E}{Z_1+\dfrac{1}{n}Z_2}\frac{1}{n} = \frac{E}{nZ_1+Z_2} \tag{5-49}$$

当自整角变压器输出绕组的轴线与整步绕组产生的合成磁动势轴线重合时，输出绕组中感应电动势的有效值最大，称为输出电压的最大有效值，它与合成磁动势成正比，而合成磁动势又与整步绕组中的电流成正比。因此，输出电压的最大有效值与整步绕组中的电流成正比，即

$$U_{2m} = KI_2 \tag{5-50}$$

式中：$K$ 为比例系数。

自整角变压器并联运行时输出电压的最大有效值为

$$U_{2m} = KI_{2n} = \frac{KE}{nZ_1 + Z_2}$$  (5-51)

可见，与成对工作的控制式自整角机系统相比较，自整角变压器整步绕组的电流减小，它所产生的合成磁动势减小，使输出绕组输出电压的最大有效值减小。当然，它的比电压随之也要减小，导致系统的精度和灵敏度降低，角度传输的误差增大。

随着并联工作的自整角变压器的台数增多，发送机整步绕组中的电流相应增大，励磁绕组的电流也随之增加，从而使发送机的损耗增大，温升增高。另外，由于励磁电流的增加，励磁绕组的漏阻抗电压降也增加，使发送机整步绕组中的感应电动势和励磁电压之间的相位移增大，并由此而直接影响到自整角变压器输出电压的相位移。

# 第七节　自整角机应用举例

## 一、位置指示器

在实际中要求指示出某些工作机构的位置或位置差的情况很多，如液面或电梯位置的指示、两扇闸门开度的指示等。

当需要指示位置时，用一般的力矩式自整角机系统即可完成。图5-20所示为液面位置指示器的示意图。浮子随着液面的升降而上下移动，通过绳子、滑轮和平衡锤使自整角发送机转子转动，将液面的位置转换成发送机转子的转角。把接收机和发送机用导线远距离连接起来，根据力矩式自整角机系统的工作原理，接收机转子就带动指针准确地跟随着发送机转子的转角变化而同步偏转，从而实现了远距离的位置指示。

当需要指示出某工作机构的位置差时，可用力矩式差动自整角机系统来完成，如两扇闸门开度的指示。将两台力矩式发送机分别安装在两个被控制的工作机构上，通过导线分别与力矩式差动接收机相连接。如果在接收机的转轴上

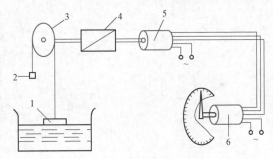

图5-20　液面位置指示器
1—浮子；2—平衡锤；3—滑轮；4—变速箱；
5—自整角发送机；6—自整角接收机

装有指针，则可以指示出闸门开度的大小。当然也可以用力矩式发送机—力矩式差动发送机—力矩式接收机系统来完成，请读者自行分析。

## 二、舰艇上火炮的自动瞄准

利用控制式差动发送机可构成舰艇上火炮的自动瞄准系统。设火炮目标的方位角为正北偏西 $\alpha$ 角，舰艇航向的方位角为正北偏西 $\beta$ 角，如图5-21所示。当要求火炮能够击准目标时，常常将火炮目标的方位角 $\alpha$ 作为控制式发送机的输入角，舰艇航向的方位角 $\beta$ 作为控制式差动发送机的输入角，则自整角变压器的输出电压为

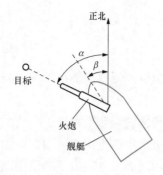

图 5-21 舰艇上火炮的
方位角确定

$$U_2 = U_{2m}\sin(\alpha - \beta) \qquad (5-52)$$

伺服电动机在 $U_2$ 的作用下带动火炮转动。由于自整角变压器的转轴和火炮轴耦合，当火炮相对舰头转过 $\alpha - \beta$ 角度时，自整角变压器也转过同样的角度，则此时输出电压为零，伺服电动机停止转动，火炮所指的位置正好对准目标。此时即可命令火炮开炮。由此可见，尽管舰艇的航向不断变化，但火炮始终能自动对准某一目标。

### 三、轧钢机轧辊控制系统

图 5-22 所示为轧钢机轧辊控制系统的原理，该系统能够既迅速又准确地调整轧辊的间隙。每一轧辊的位置可以通过螺杆来调节，螺杆通过齿轮啮合到一台驱动电动机上，轧辊之间的距离是螺杆转角位置的函数。

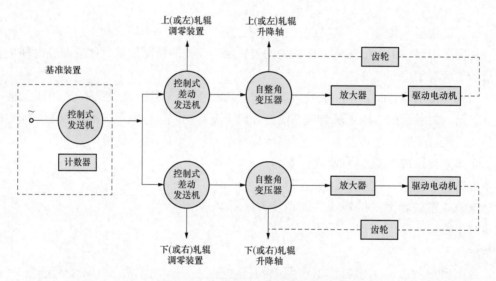

图 5-22 轧钢机轧辊控制系统原理

控制系统中的基准装置，由一台控制式发送机和计数器组成，它给出和显示轧辊应该具有的间隙。调零装置采用差动式发送机，用它来调整由于轧辊磨损以及更换轧辊引起的零位变化。

如果控制式发送机的转子位置角和自整角变压器的转子位置角不一致，则每台自整角变压器输出一个反映失调角大小的电压信号，经放大器放大后，控制驱动电动机，并带动螺杆转动，调节轧辊间隙，达到控制的目的。

### 小 结

自整角机是一种对角位移或角速度的偏差能自动整步的电磁元件。自整角机必须成对或成组使用，主令轴上装的是自整角发送机，从动轴上装的是自整角接收机。按输出量不同，自整角机分为力矩式和控制式两种。力矩式自整角机大多采用两极凸极式结构，接收机和发送机都要励磁，二者转子位置角之差称为失调角。当失调角不为零时，在整步绕组中就有电流，与励磁磁场相互作用产生整步转矩，它包括电磁整步转矩和反应整步转矩两个分量。整步转矩近似与失调角 $\theta$ 的正弦函数成正比，在它的作用下，使接收机转子转到协调位置。为了消除接收机转子振荡，减小阻尼时间，通常采用电气阻尼或机械阻尼。力矩式自整角机常常用于驱动小负载，精度要求不太高的场合。

控制式自整角机常采用隐极式结构，只有发送机励磁。它的输入量是自整角发送机转子的转角，输出量是自整角变压器的输出电压。当输出绕组在励磁绕组轴线的垂直位置时，输出电压与失调角的正弦函数成正比。输出电压经放大器放大后，控制伺服电动机，使伺服电动机带动接收机转子追随发送机转子同步转动，同时可以驱动随动系统中较大的负载。由控制式自整角机组成的闭环控制系统，其中有功率放大环节，所以它的精度比力矩式高。一般在转角随动系统中均采用控制式。

自整角机的主要性能指标是精度。力矩式自整角机的精度表现于角度误差，这种误差取决于比整步转矩。比整步转矩越大，角误差越小。采用凸极式结构，可增大比整步转矩。控制式自整角机的精度表现于自整角变压器的输出比电压。比电压越大，系统的精度越高。

如果系统要求反映出两个输入角的和或差时，则可用差动式自整角机系统。

自整角机按结构型式可分为无接触式和接触式两大类。接触式性能较好，使用广泛；无接触式没有滑环和电刷，但性能指标较低。

多台自整角接收机并联起来使用可以将同一转角信号传输到几个不同的地点，但必须限制并联台数，否则会降低系统精度，增大误差，并使发送机的温升增高。

自整角机在自动控制系统中的应用较广泛，主要是实现角度的传输、变换和指示，如角位置的远距离指示、远距离定位和远距离的控制等。

### 思考题与习题

5-1  自整角机的整步绕组嵌放在转子上和定子上，各有何利弊？

5-2  如果励磁电压降低或频率升高，力矩式自整角接收机产生的最大整步转矩如何变化？为什么？

5-3  简要说明力矩式自整角接收机中整步转矩是怎样产生的？它与哪些因素有关？

5-4  如果在力矩式自整角机系统中将发送机和接收机的整步绕组轮换相接（如a1—b2、b1—c2、c1—a2），试分析这时发送机和接收机转子的协调位置具有什么特点。

5-5  力矩式自整角机比整步转矩的数值大好还是小好？为什么？

5-6  在一定的转速下，为了减小传输误差，保证系统精度，自整角机电源的频率高一些好还是低一些好？为什么？

5-7  力矩式自整角机为什么采用凸极式结构？而自整角变压器采用隐极式结构？

5-8　说明控制式自整角机的工作原理。

5-9　自整角变压器的比电压大好还是小好？为什么？

5-10　如果调整伺服电动机，使它有正的信号电压时，向负方向偏转，有负的信号电压时，向正方向偏转。那么接收机转子处在 $\theta=0°$ 和 $\theta=180°$ 这两个位置上，哪一个位置是稳定的？为什么？

5-11　控制式自整角机系统如图 5-23 所示。

(1) 画出自整角变压器转子的协调位置示意图；

(2) 若输出电压最大值为 100V，写出图示位置时输出电压瞬时值 $U_2$ 的表达式；

(3) 试求失调角 $\theta$。

5-12　一对力矩式自整角机如图 5-24 所示，设 $\alpha_1 > \alpha_2$。

(1) 画出接收机转子所受的整步转矩方向的示意图；

(2) 试求失调角 $\theta$；

(3) 画出接收机协调位置示意图。

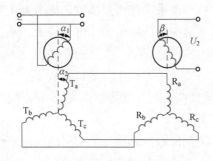 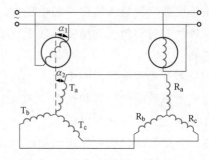

图 5-23　题 5-11 图　　　　　　　　图 5-24　题 5-12 图

5-13　带有差动式发送机的力矩式自整角机系统如图 5-13 所示。设 $\theta_1=45°$，$\theta_2=15°$，画出接收机的协调位置，并试求出失调角 $\theta$。

5-14　为什么自整角接收机并联的台数要受限制？当自整角变压器整步绕组的每相阻抗远远大于控制式发送机整步绕组的阻抗，每台自整角变压器的比电压的变化程度如何？

5-15　无接触式自整角机有什么优点？为什么它不如接触式自整角机使用广泛？

5-16　试说明将自整角变压器输出绕组的轴线预先转过 90° 的必要性。

# 第六章

# 旋 转 变 压 器
## （Resolver）

## 第一节 概　述

旋转变压器（resolver）或称回转变压器，简称旋变，是一种将转子转角变换成与之成某一函数关系的电信号的元件，是自动控制系统中的一类精密控制微电机。当变压器的一次侧外施单相交流电压励磁时，其二次侧的输出电压与转子转角成严格的函数关系。旋转变压器既可以单机运行，也可以像自整角机那样成对或多机组合使用。在早期的模拟计算机中，旋转变压器是主要的解算元件，用于坐标变换、三角运算等；在运动伺服控制系统中，旋转变压器可提供实时的转子位置信号，或者同时提供转子速度信号，以便对系统进行位置控制，较之编码器等其他类型位置传感器，旋转变压器具有耐高温、耐潮湿、抗冲击、抗干扰等优点，因此获得了广泛的应用；旋转变压器也可用于随动系统中远距离测量、传输或再现一个角度。它还可以用作移相器和角度 - 数字转换装置等。

**一、旋转变压器的类型和用途**

（1）旋转变压器按其在控制系统中的不同用途可分为计算用旋转变压器和数据传输用旋转变压器两类。

计算用旋转变压器主要用于三角运算、坐标变换、角度数字转换及作移相器等。按其输出电压与转子转角之间的函数关系，可分为正余弦旋转变压器（sine - cos resolver），线性旋转变压器（linear resolver）和比例式旋转变压器（proportional resolver）三种。原理上，同一台旋转变压器只要将其绕组改用不同的连接方法，都可以实现上述功能。不过，为了保证工作的可靠性和精确度，线性旋转变压器采用了特定的变比和接线方式，使其输出电压能在较大的转角范围内与转角成线性关系。

数据传输用旋转变压器在系统中的作用与控制式自整角机相同，而精度一般要比控制式自整角机高。按其在系统中的具体用途，又可分为旋变发送机、旋变差动发送机和旋变变压器三种。

（2）按极对数多少，可将旋转变压器分为单极对和多极对两种。采用多极对是为了提高系统的精度。无特别说明时，通常是指单极对旋转变压器。

（3）按有无电刷和滑环间的滑动接触来分，旋转变压器可分为接触式和无接触式两种。接触式旋转变压器由于有电刷和滑环，可靠性很难得到保证，因此其应用越来越少。无接触式旋转变压器又有两种，一种为环形变压器式无刷旋转变压器，另一种为磁阻式旋转变压器。无特别说明时，通常是指接触式旋转变压器。

**二、旋转变压器的结构特点**

旋转变压器的结构与绕线式异步电动机相似，定、转子均由冲有齿和槽的电工钢片叠成，为了获得良好的电气对称性，以提高旋转变压器的精度，一般都设计成隐极式，定、转子之间的气隙是均匀的。定子和转子槽中各布置两个轴线相互垂直的交流分布绕组。定子绕组四个出线端直接引至接线板上，转子绕组四个出线端经过四个滑环和电刷引至接线板。

有的旋转变压器（如线性旋转变压器），其转子只需转动有限角度而并非连续旋转，所以可用软导线直接将转子绕组引至固定的接线板上，省去滑环和电刷装置，这种旋转变压器称为有限转角的无接触式旋转变压器。

环形变压器式无刷旋转变压器则是将两套转子绕组中的一套自行短接，另一套通过环形变压器从定子引出，它与无接触式自整角机的结构相似。磁阻式旋转变压器的励磁绕组和输出绕组均放在定子上，转子为由硅钢片叠成的凸极式磁阻转子，没有绕组。这种无接触式旋转变压器的转子转角不受限制，因此也称为无限转角的无接触式旋转变压器。无接触式旋转变压器由于没有电刷与滑环之间的滑动接触，所以工作更为可靠。

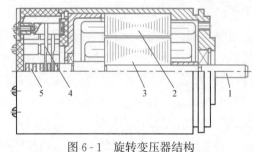

图 6-1　旋转变压器结构

1—转轴；2—定子；3—转子；4—电刷；5—滑环

图 6-1 所示为旋转变压器结构。

# 第二节　正余弦旋转变压器

从原理上讲，旋转变压器和普通变压器完全一样，它的定子绕组相当于普通变压器的一次绕组，转子绕组相当于普通变压器的二次绕组，它们都是利用一次绕组与二次绕组之间的互感进行工作的。不同的是，普通变压器的一、二次绕组是相对静止的，并且它们之间的互感为最大且保持不变；而在旋转变压器中，一、二次绕组间的相对位置是可变的，正是利用它们之间的不同相对位置来改变它们之间的互感，以便在二次（转子）绕组中获得与旋转角 $\alpha$ 成正、余弦函数关系的端电压。

**一、正余弦旋转变压器的空载运行**

如图 6-2 所示，旋转变压器定子上两套绕组的空间位置相互垂直，其中 S1-S1′作为励磁绕组，S2-S2′则为定子交轴绕组，这两套绕组的匝数、形式完全相同。R1-R1′和 R2-R2′分别为转子上的正弦输出绕组和余弦输出绕组，它们的结构也完全相同。空载时，在定子励磁绕组上施加单相交流电压 $\dot{U}_f$，其余绕组均开路。设励磁绕组的轴线方向为直轴，即 d 轴，这时旋转变压器中产生直轴脉振磁通 $\dot{\Phi}_d$，它在励磁绕组中产生

的感应电动势有效值为

$$E_f = 4.44 f W_S \Phi_d \qquad (6-1)$$

式中：$W_S$ 为定子绕组有效匝数；$\Phi_d$ 为直轴脉振磁通的幅值。

若略去励磁绕组的漏阻抗压降，则 $E_f = U_f$。当交流电压恒定时，直轴磁通的幅值 $\Phi_d$ 为常数。由于采用了正弦绕组，直轴磁场在空间呈正弦分布。

同时，直轴磁通将在转子正、余弦输出绕组中产生感应电动势。为了求得正、余弦输出绕组感应电动势的大小，可先将直轴磁通 $\dot{\Phi}_d$ 分解为两个分量：第一个分量为 $\dot{\Phi}_{d1}$，它和正弦输出绕组的轴线一致；第二个分量为 $\dot{\Phi}_{d2}$，它和余弦输出绕组的轴线相一致。设转子正弦绕组的轴线与交轴之间的夹角 $\alpha$ 为转子转角，如图 6-2 所示，则两个磁通分量的幅值分别为

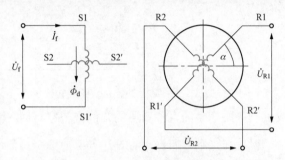

图 6-2 正余弦旋转变压器原理示意图

$$\left.\begin{array}{l} \Phi_{d1} = \Phi_d \sin\alpha \\ \Phi_{d2} = \Phi_d \cos\alpha \end{array}\right\} \qquad (6-2)$$

它们在正、余弦输出绕组中产生的感应电动势有效值分别为

$$\left.\begin{array}{l} E_{R1} = 4.44 f W_R \Phi_{d1} = 4.44 f W_R \Phi_d \sin\alpha = E_R \sin\alpha \\ E_{R2} = 4.44 f W_R \Phi_{d2} = 4.44 f W_R \Phi_d \cos\alpha = E_R \cos\alpha \end{array}\right\} \qquad (6-3)$$

式中：$W_R$ 为转子绕组有效匝数；$E_R$ 为转子输出绕组轴线与定子励磁绕组轴线重合时直轴磁通 $\dot{\Phi}_d$ 在其中感应的电动势。

令旋转变压器的变比为

$$k_u = \frac{E_R}{E_f} = \frac{W_R}{W_S} \qquad (6-4)$$

将式（6-4）代入式（6-3）得

$$\left.\begin{array}{l} E_{R1} = k_u E_f \sin\alpha \\ E_{R2} = k_u E_f \cos\alpha \end{array}\right\} \qquad (6-5)$$

忽略励磁绕组的漏阻抗电压降，空载时转子输出绕组电动势等于电压，于是式（6-5）可写成

$$\left.\begin{array}{l} U_{R10} = k_u U_f \sin\alpha \\ U_{R20} = k_u U_f \cos\alpha \end{array}\right\} \qquad (6-6)$$

由上式可见，当输入电源电压不变时，转子正、余弦绕组的空载输出电压有效值分别与转角 $\alpha$ 成严格的正、余弦函数关系。正弦绕组和余弦绕组因此而得名。

**二、正余弦旋转变压器的负载运行**

当正弦输出绕组接有负载阻抗 $Z_{L1}$ 时，则正弦绕组中将有电流 $\dot{I}_{R1}$ 流通，该电流在正弦绕组中产生脉振磁通 $\dot{\Phi}_{R1}$，如图 6-3 所示。磁通 $\dot{\Phi}_{R1}$ 进一步可分解为直轴分量 $\dot{\Phi}_{R1d}$ 和交

轴分量 $\dot{\Phi}_{R1q}$，即

$$\left.\begin{array}{l} \Phi_{R1d} = \Phi_{R1}\sin\alpha \\ \Phi_{R1q} = \Phi_{R1}\cos\alpha \end{array}\right\} \tag{6-7}$$

根据变压器基本作用原理可知，$\dot{\Phi}_{R1d}$ 对 $\dot{\Phi}_d$ 起去磁作用，由磁动势平衡关系，这时定子励磁绕组的电流将发生变化，以补偿 $\dot{\Phi}_{R1d}$ 的去磁影响。若外施励磁电压恒定，并略去励磁

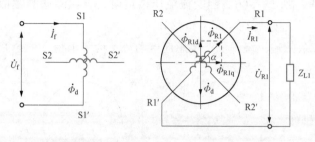

图 6-3 有负载无补偿正余弦旋转变压器

绕组的漏阻抗压降，则直轴合成磁动势所产生的直轴磁通的幅值应与空载时一样。

但是在交轴方向，$\dot{\Phi}_{R1q}$ 的方向与励磁绕组轴线成 $90°$，不可能由励磁绕组中的电流来补偿。$\dot{\Phi}_{R1q}$ 将在转子正弦绕组中感应电动势

$$E_{R1l} = 4.44fW_R\Phi_{R1q}\cos\alpha = 4.44fW_R\Phi_{R1}\cos^2\alpha \tag{6-8}$$

$$\Phi_{R1} = \sqrt{2}I_{R1}W_R\Lambda \tag{6-9}$$

式中：$\Lambda$ 为磁路磁导。

由于正余弦旋转变压器的气隙均匀，故 $\Lambda$ 与转子位置无关，为一常数。将式（6-9）代入式（6-8）可得

$$E_{R1l} = \sqrt{2}\times 4.44fW_R^2\Lambda\cos^2\alpha I_{R1} = X_{\sigma R}\cos^2\alpha I_{R1} \tag{6-10}$$

式中：$X_{\sigma R}$ 为转子绕组的漏电抗，$X_{\sigma R} = 4.44fW_R\times\sqrt{2}W_R\Lambda = 2\pi fW_R^2\Lambda$，为一常数。

也就是说，$\dot{\Phi}_{R1q}$ 在正弦绕组中感应产生的电动势也可看成是 $\dot{I}_{R1}$ 在绕组漏电抗上的电压降。将式（6-10）表示为相量形式，则有

$$\dot{E}_{R1l} = -jX_{\sigma R}\cos^2\alpha \dot{I}_{R1} \tag{6-11}$$

将 $\dot{I}_{R1} = \dfrac{\dot{E}_{R1}}{Z_{L1} + Z_{\sigma R}}$ 代入式（6-11）可得

$$\dot{E}_{R1l} = -jX_{\sigma R}\frac{\dot{E}_{R1}}{Z_{L1} + Z_{\sigma R}}\cos^2\alpha \tag{6-12}$$

式中：$Z_{\sigma R}$ 为转子绕组漏阻抗。

负载时正弦绕组的合成电动势由两部分组成，一部分是直轴磁通感应的变压器电动势 $k_u\dot{E}_f\sin\alpha$，另一部分为 $\dot{\Phi}_{R1q}$ 在正弦绕组中感应产生的电动势，也即是负载电流 $\dot{I}_{R1}$ 在漏电抗上的电压降，即

$$\dot{E}_{R1} = k_u\dot{E}_f\sin\alpha + \dot{E}_{R1l} = k_u\dot{E}_f\sin\alpha - jX_{\sigma R}\frac{\dot{E}_{R1}}{Z_{L1} + Z_{\sigma R}}\cos^2\alpha \tag{6-13}$$

可进一步改写为

$$\dot{E}_{R1} = \frac{k_u \dot{E}_f \sin\alpha}{1 + j\dfrac{X_{\sigma R}}{Z_{L1} + Z_{\sigma R}}\cos^2\alpha} \tag{6-14}$$

式（6-14）即为负载后正弦绕组的输出电动势 $\dot{E}_{R1}$ 与转子转角 $\alpha$ 的关系式。可见，带负载以后，分母中多了一个 $\cos^2\alpha$ 项，引起输出电动势畸变，导致输出电动势与转子转角之间不再是正弦函数关系，如图 6-4 所示。

应用同样的分析方法，可得余弦绕组的输出电动势 $\dot{E}_{R2}$ 与转子转角 $\alpha$ 的关系为

$$\dot{E}_{R2} = \frac{k_u \dot{E}_f \cos\alpha}{1 + j\dfrac{X_{\sigma R}}{Z_{L2} + Z_{\sigma R}}\sin^2\alpha} \tag{6-15}$$

综上所述，正余弦旋转变压器负载后之所以输出特性曲线产生畸变，是由于转子磁动势的交轴分量得不到补偿所引起的。为了消除畸变，不仅转子的直轴磁动势必须补偿，转子的交轴磁动势也必须完全予以补偿。补偿的方法有二次侧补偿和一次侧补偿两种，现分述如下。

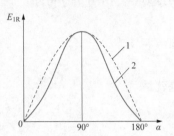

图 6-4　正余弦旋转变压器负载后
正弦绕组输出特性的畸变
1—空载；2—负载

### 三、二次侧补偿的正余弦旋转变压器

为了消除正弦输出绕组中因负载电流所产生的交轴磁通 $\dot{\Phi}_{R1q}$，可采用在余弦输出绕组上接负载阻抗 $Z_{L2}$，这样，在余弦输出绕组就有负载电流 $\dot{I}_{R2}$ 通过并产生磁通 $\dot{\Phi}_{R2}$，只要负载阻抗 $Z_{L2}$ 的大小适当，便可使 $\dot{\Phi}_{R2}$ 的交轴分量 $\dot{\Phi}_{R2q}$ 完全补偿 $\dot{\Phi}_{R1q}$，从而消除正弦绕组输出特性的畸变。这种方法称为二次侧补偿。图 6-5 所示为二次侧补偿的正余弦旋转变压器。

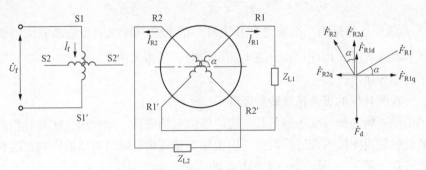

图 6-5　二次侧补偿的正余弦旋转变压器

当转子正、余弦绕组分别接有阻抗 $Z_{L1}$ 和 $Z_{L2}$ 后，电流 $\dot{I}_{R1}$ 和 $\dot{I}_{R2}$ 将产生相应的磁动势 $\dot{F}_{R1}$ 和 $\dot{F}_{R2}$，因为气隙均匀，所以磁动势和磁通仅相差一比例常数。将 $\dot{F}_{R1}$ 和 $\dot{F}_{R2}$ 各自分解为直轴分量和交轴分量，则有

$$F_{R1d} = F_{R1}\sin\alpha = I_{R1}W_R\sin\alpha \left.\begin{matrix} \\ \\ \\ \\ \end{matrix}\right\}$$

$$F_{R1q} = F_{R1}\cos\alpha = I_{R1}W_R\cos\alpha$$

$$F_{R2d} = F_{R2}\cos\alpha = I_{R2}W_R\cos\alpha$$

$$F_{R2q} = F_{R2}\sin\alpha = I_{R2}W_R\sin\alpha$$
$$(6-16)$$

为使正、余弦绕组的输出电动势与转子转角 $\alpha$ 成正、余弦函数关系，必须使交轴合成磁动势为零。由图 6-5 可知，$\dot{F}_{R1q}$ 与 $\dot{F}_{R2q}$ 作用方向相反，所以交轴磁场完全抵消的条件是

$$F_{R1q} = F_{R2q} \qquad\qquad (6-17)$$

或

$$I_{R1}\cos\alpha = I_{R2}\sin\alpha \qquad\qquad (6-18)$$

也就是

$$\frac{k_u E_f \sin\alpha}{Z_{\sigma R} + Z_{L1}}\cos\alpha = \frac{k_u E_f \cos\alpha}{Z_{\sigma R} + Z_{L2}}\sin\alpha \qquad\qquad (6-19)$$

所以有

$$Z_{L1} = Z_{L2} = Z_L \qquad\qquad (6-20)$$

亦是说，二次侧完全补偿（或称对称补偿）的条件是转子正、余绕组的负载阻抗相等。

转子磁场的直轴分量对 $\dot{\Phi}_d$ 起去磁作用，它们之间的关系应满足变压器的磁动势平衡规律。若略去磁化电流，则磁动势平衡关系式为

$$\dot{F}_{R1d} + \dot{F}_{R2d} + \dot{I}_f W_S = 0 \qquad\qquad (6-21)$$

即

$$\frac{k_u \dot{E}_f \sin\alpha}{Z_{\sigma R} + Z_{L1}}W_R\sin\alpha + \frac{k_u \dot{E}_f \cos\alpha}{Z_{\sigma R} + Z_{L2}}W_R\cos\alpha + \dot{I}_f W_S = 0 \qquad (6-22)$$

考虑到式 (6-20)，可得

$$\dot{I}_f = -\frac{k_u^2 \dot{E}_f}{Z_{\sigma R} + Z_L} = -\frac{k_u^2 \dot{U}_f}{Z_{\sigma R} + Z_L} \qquad\qquad (6-23)$$

式 (6-23) 说明，当采用二次侧完全补偿时，正余弦旋转变压器的励磁绕组输入电流 $\dot{I}_f$ 与转子转角 $\alpha$ 无关。因此，当外施电压恒定时，其输入功率 $S = U_f I_f$ 和输入阻抗也都不随转子转角 $\alpha$ 而改变。

### 四、一次侧补偿的正余弦旋转变压器

为了消除正余弦旋转变压器负载电流产生的交轴磁场，除采用二次侧补偿外，也可在定子的交轴绕组中接入合适的阻抗，以消除交轴磁场对输出电压的影响，这种方法称为一次侧补偿。图 6-6 所示为一次侧补偿的正余弦旋转变压器。

图 6-6 中，励磁绕组外施单相交流电压，定子交轴绕组接入阻抗 $Z_q$，转子的正弦输出绕组中仍接有负载阻抗 $Z_{L1}$，余弦输出绕组开路。显然，负载电流 $\dot{I}_{R1}$ 所产生的磁动势直轴分量 $\dot{F}_{R1d} = \dot{F}_{R1}\sin\alpha$ 作用在励磁绕组的轴线上，其去磁作用可由励磁绕组中电流的增加予以补偿。磁动势的交轴分量 $\dot{F}_{R1q}$ 正处于交轴绕组的轴线上，此时交轴绕组对交轴磁动势 $\dot{F}_{R1q}$ 而言就犹如一个经阻抗 $Z_q$ 而闭合的变压器二次绕组，交轴磁场将在

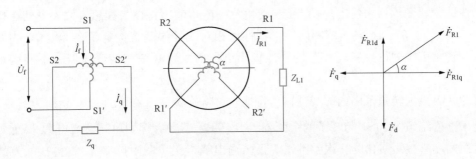

图 6-6 一次侧补偿的正余弦旋转变压器

其中感应电动势 $\dot{E}_q$，并流过电流 $\dot{I}_q$，形成磁动势 $\dot{F}_q = \dot{I}_q W_S$，交轴合成磁通 $\dot{\Phi}_q$ 将由 $\dot{F}_q$ 和 $\dot{F}_{R1q}$ 共同激励。欲使旋转变压器有良好的输出特性，应使作用于交轴的合成磁动势尽可能小，最好使它等于零。可以证明，在定子励磁绕组与交轴绕组完全相同的条件下，当交轴绕组的负载阻抗 $Z_q$ 等于励磁电源的内阻抗 $Z_i$，即

$$Z_q = Z_i \tag{6-24}$$

此时可实现对称补偿。若外加电源的容量很大，其内阻抗可认为是零，则接到交轴绕组的负载阻抗 $Z_q$ 也应为零，即将交轴绕组直接短路。

若忽略直轴磁化电流，则根据磁动势平衡有

$$\dot{I}_{R1} W_R \sin\alpha + \dot{I}_f W_S = 0 \tag{6-25}$$

所以

$$\dot{I}_f = -\frac{\dot{I}_{R1} W_R}{W_S} \sin\alpha \tag{6-26}$$

式（6-26）说明，一次侧补偿正余弦旋转变压器的输入电流 $\dot{I}_f$ 与转子转角 $\alpha$ 有关，因此输入功率以及输入阻抗均随 $\alpha$ 而变。

对比二次侧补偿和一次侧补偿，当采用二次侧补偿时 $Z_{L1}$ 必须等于 $Z_{L2}$ 才能实现完全补偿，对于正弦旋转变压器来说，如负载阻抗 $Z_{L1}$ 是一变值，则要求作为补偿电路的余弦绕组负载阻抗 $Z_{L2}$ 随之作相应变化，这在实际应用时颇为不便。当采用一次侧补偿时，补偿回路的阻抗 $Z_q$ 与负载无关，只要适当选取 $Z_q$ 便可消去交轴磁场的影响，因此在实际应用时较为方便，易于实现。如果对输出电动势的函数关系要求很严，则可同时采用一次侧补偿和二次侧补偿。反之，在某些自动控制系统中，旋转变压器的输出绕组常接有阻抗很大的负载，接近于开路，这时由于负载电流很小，引起畸变的交轴磁场也很小，为了方便，也可以不用任何补偿。

## 第三节　线性旋转变压器

线性旋转变压器（linear resolver）是指输出电压的大小与转子转角 $\alpha$ 成正比关系的旋转变压器。

当转子转角 $\alpha$ 以弧度为单位，且 $\alpha$ 很小时，有 $\sin\alpha \approx \alpha$，因此正余弦旋转变压器也可

作为线性旋转变压器来使用。在±4.5°转角范围内，输出特性与理想线性关系的误差不超过±0.1％；在±14°转角范围内输出特性的相对线性误差就达到1％。显然，当要求在更大转角范围内得到精度较高的线性输出电压时，正余弦旋转变压器就不能满足要求了。

为获得更大转角范围内的线性输出特性，可将旋转变压器按图6-7所示方式连接，将定子励磁绕组S1-S1′与转子的余弦绕组R2-R2′串联后接到单相交流电源 $\dot{U}_f$ 上，交轴绕组两端直接短接作为一次侧补偿，正弦输出绕组接负载阻抗 $Z_{L1}$。这种接线方式的旋转变压器就称为一次侧补偿的线性旋转变压器。

首先观察空载情况，因为定子励磁绕组S1-S1′与转子绕组R2-R2′串联，所以 $\dot{I}_f = \dot{I}_{R2}$，此时的磁场空间矢量如图6-7所示。励磁绕组S1-S1′的磁动势 $\dot{F}_f$ 作用于直轴，转子余弦绕组R2-R2′的磁动势 $\dot{F}_{R2}$ 可以分解为直轴和交轴两个分量，其交轴分量 $\dot{F}_{R2q}$ 为定子交轴绕组所补偿，故磁通 $\dot{\Phi}_q$ 实际上并不存在。直轴分量 $\dot{F}_{R2d}$ 与 $\dot{F}_f$ 共同形成直轴磁通 $\dot{\Phi}_d$，即有

$$\Phi_d = \Lambda(I_f W_S + I_{R2} W_R \cos\alpha) = \Lambda I_f(W_S + W_R \cos\alpha) \tag{6-27}$$

式（6-27）表明，图6-7所示旋转变压器可以想象成一匝数为 $W_S + W_R \cos\alpha$ 的绕组为一次侧，转子正弦绕组R1-R1′为二次侧的等效变压器。该等效变压器一、二次侧绕组的变比为

$$k'_u = \frac{W_R}{W_S + W_R \cos\alpha} = \frac{W_R/W_S}{1 + (W_R/W_S)\cos\alpha} = \frac{k_u}{1 + k_u \cos\alpha} \tag{6-28}$$

根据式（6-6），正弦绕组的输出电压为

$$U_{R1} = k'_u U_f \sin\alpha = k_u U_f \frac{\sin\alpha}{1 + k_u \cos\alpha} \tag{6-29}$$

如果正弦绕组接有负载阻抗 $Z_{L1}$，将有电流 $\dot{I}_{R1}$ 流过，但因有定子交轴绕组补偿交轴磁场，正弦绕组的输出电压不会发生畸变。

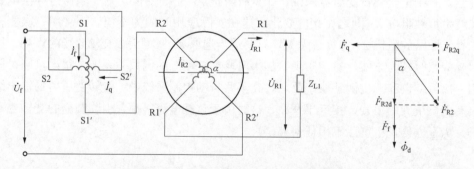

图6-7 一次侧补偿的线性旋转变压器

对于式（6-29），当变比 $k_u = 0.5$ 时，在 $\alpha = \pm37.3°$ 的范围内，输出电压和转子转角 $\alpha$ 的关系与理想直线相比，误差不会超过0.1％。这个结论可以简单证明如下：

将 $\sin\alpha$ 和 $\cos\alpha$ 在 $\alpha = 0$ 处按泰勒级数展开

$$\sin\alpha = \alpha - \frac{\alpha^3}{6} + \frac{\alpha^5}{120} - \frac{\alpha^7}{5040} + \cdots \tag{6-30}$$

$$\cos\alpha = 1 - \frac{\alpha^2}{2} + \frac{\alpha^4}{24} - \frac{\alpha^6}{720} + \cdots \tag{6-31}$$

将上述关系代入式（6-29）则有

$$
\begin{aligned}
U_{R1} &= 0.5U_f \frac{\sin\alpha}{1+0.5\cos\alpha} = 0.5U_f \frac{\alpha - \frac{\alpha^3}{6} + \frac{\alpha^5}{120} - \frac{\alpha^7}{5040} + \cdots}{1 + 0.5\left(1 - \frac{\alpha^2}{2} + \frac{\alpha^4}{24} - \frac{\alpha^6}{720} + \cdots\right)} \\
&= 0.5U_f \frac{\alpha\left(1 - \frac{\alpha^2}{6} + \frac{\alpha^4}{120} - \frac{\alpha^6}{5040} + \cdots\right)}{\frac{3}{2}\left(1 - \frac{\alpha^2}{6} + \frac{\alpha^4}{72} - \frac{\alpha^6}{2160} + \cdots\right)} \\
&= \frac{1}{3}U_f\alpha\left(1 - \frac{\alpha^4}{180} - \frac{\alpha^6}{1512} + \cdots\right)
\end{aligned}
\tag{6-32}
$$

由式（6-32）可知，输出电压 $U_{R1}$ 和转子转角 $\alpha$ 的关系偏离理想直线的误差，主要由 $\alpha$ 的四次方项所决定。若略去 $\alpha$ 的更高次项的影响，则可令

$$\frac{\alpha^4}{180} < 0.001 \tag{6-33}$$

即可求出线性误差不超过 $0.1\%$ 的转子转角 $\alpha$ 的范围，即 $\alpha$ 在 $\pm37.3°$ 以内。若选 $k_u = 0.52$，则在保持同样精度的情况下，转子转角范围 $\alpha$ 可扩大到 $\pm60°$。

　　线性旋转变压器的输出特性如图 6-8（a）所示，在 $\alpha = \pm60°$ 的范围内，输出电压 $U_{R1}$ 与 $\alpha$ 成线性关系，这对于转子转角有正有负的情况是很合适的。如果转子转角无正负之分，则图 6-8（a）中的特性只能应用一半，即 $0°\sim60°$ 的范围。为了充分利用输出特性的线性部分，可在线性旋转变压器的输出电压上叠加一个大小等于 $\alpha=60°$ 时的输出电压的偏置电压，并令 $\alpha=-60°$ 的位置为新的横坐标原点，即 $\alpha'=0°$，则 $U'_{R1}=f(\alpha')$ 将在 $0°\sim120°$ 的范围内保持良好的线性关系，如图 6-8（b）所示。

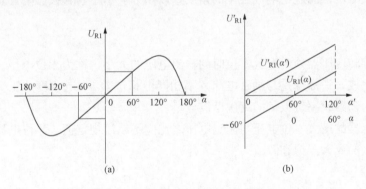

图 6-8　线性旋转变压器的输出特性

（a）正常输出电压；（b）加偏置电压后的输出电压

## 第四节　旋转变压器的误差及其改善措施

### 一、旋转变压器的误差

旋转变压器的输出电压与转子转角的关系称为旋转变压器的输出特性。正余弦旋转变压器的理想输出特性为正余弦曲线，线性旋转变压器在一定的工作转角范围内，理想输出特性为通过原点的直线。但由于设计和加工工艺的不尽完善以及磁性材料的非线性和不均匀等原因，实际的输出特性与理想特性有些出入，总是有误差存在。这些误差主要有以下六个方面。

1. 函数误差

函数误差是评价正余弦旋转变压器的主要性能指标。函数误差就是当旋转变压器一次侧励磁绕组外加额定励磁电压，且交轴绕组短路时，在不同的转子转角下，两个输出绕组的实际输出特性和理想输出特性间的最大差值与最大理论输出电压之比的百分数。任一转子位置之函数误差的表达式为

$$\delta_s(\%) = \left( \frac{U_\alpha}{U_{\alpha=90°}} - \sin\alpha \right) \times 100\% \tag{6-34}$$

式中：$U_\alpha$ 为转子角度为 $\alpha$ 时所测得的输出电压基波同相（与最大输出电压同相）分量；$U_{\alpha=90°}$ 为 $\alpha=90°$ 时的输出电压基波分量，为正弦绕组的最大理论输出电压。这种误差直接影响作为解算元件的计算精度。

2. 零位误差

零位误差是评价正余弦旋转变压器的主要性能指标。旋转变压器励磁绕组加额定励磁电压，且交轴绕组短路，此时理论上正弦输出绕组的输出电压在 $\alpha=0°$ 和 $\alpha=180°$ 时应等于零，余弦输出绕组的输出电压在 $\alpha=90°$ 及 $\alpha=270°$ 时应等于零，对应的转子位置角（即 $0°$、$90°$、$180°$、$270°$）称为理论电气零位。零位误差是指由于某种原因导致的某一相的实际电气零位偏离理论电气零位的角度，以角分表示。它直接影响计算和数据传输系统的精度。

3. 零位电压

正余弦旋转变压器处于电气零位时的输出电压的大小，称为零位电压。零位电压主要由两部分组成，一部分是与励磁电源频率相同但相位差 $90°$ 电角度的正交分量，另一部分是频率为励磁频率奇数倍的高次谐波分量。

旋转变压器的最大零位电压与额定电压之比应不超过规定值。零位电压过高将引起输出绕组外接的放大器饱和。

4. 线性误差

线性误差是评价线性旋转变压器性能的主要指标。它是指旋转变压器在一定的工作转角范围内（一般为 $\pm60°$），实际输出电压与理论输出电压之差对理论最大输出电压之比的百分数，表达式为

$$\delta_l(\%) = \frac{U'_\alpha - U_\alpha}{U_{\alpha=60°}} \times 100\% \tag{6-35}$$

式中：$U'_\alpha$ 是转子角度为 $\alpha$ 时所测得的输出电压基波同相（与最大输出电压同相）分量；$U_\alpha$ 是转子角度为 $\alpha$ 时的理想电压值；$U_{\alpha=60°}$ 为 $\alpha=60°$ 时的理想输出电压。

线性旋转变压器的线性误差范围为 $\pm0.06\%\sim\pm0.22\%$。

5. 电气误差

电气误差是评价数据传输用旋转变压器性能的主要指标。旋转变压器励磁绕组加额定励磁电压，且交轴绕组短路，在不同转子转角 $\alpha$ 时，两个输出绕组的输出电压之比所对应的正切或余切的角度与实际转角之差，即为电气误差，通常以角分表示。

电气误差包括了函数误差、零位误差、变比误差以及阻抗不对称等因素的综合影响，它直接关系到角度传输系统的精度。

6. 输出相位移

当正余弦旋转变压器的励磁绕组外施额定的单相交流电压，且交轴绕组短路，它的输出电压的基波分量与励磁电压的基波分量之间的相位差，称为输出相位移。其数值范围为 $3°\sim12°$。

旋转变压器的精确度等级表示了主要误差值的允许范围，见表 6-1。

表 6-1 旋转变压器的精度等级

| 精度等级 | 0 级 | Ⅰ 级 | Ⅱ 级 | Ⅲ 级 |
|---|---|---|---|---|
| 正余弦函数误差（%） | ±0.05 | ±0.1 | ±0.2 | ±0.3 |
| 零位误差（′） | ±3 | ±8 | ±16 | ±22 |
| 线性误差（%） | ±0.06 | ±0.11 | ±0.22 | |
| 电气误差（′） | ±3 | ±8 | ±12 | ±18 |

**二、误差原因分析与改善措施**

在前面分析旋转变压器的工作原理时，假定任何一个绕组通过电流时，在气隙中产生的磁场在空间都是正弦分布。在此理想条件下，采取适当的接线方式就能使输出电压与转子转角成正余弦函数关系，或者与转子转角成正比关系。实际上，有许多因素影响到输出电压与转子转角之间的函数关系，从而引起输出电压的误差。产生这些误差的原因主要有以下几个方面：

（1）绕组谐波的影响。当绕组中有电流通过时，所产生的磁动势在空间为非正弦分布，引起磁场的绕组谐波。

（2）齿槽的影响。因定子铁芯的内表面和转子铁芯的外表面开有齿和槽，电机气隙实际上不均匀，引起齿谐波。

（3）铁芯磁路饱和的影响。铁芯磁路饱和使电机气隙磁通密度在空间为非正弦分布，由此引起谐波电动势。

（4）材料的影响。如定、转子铁芯材料导磁性能各向异性，在铁芯叠装时又未采取必要的措施，使电机中沿气隙圆周各处的导磁性能不同；电机绕组或铁芯部分绝缘损坏而形成短路匝效应。

（5）制造工艺的影响。各种原因造成的定、转子偏心，引起电机气隙不均匀；铁芯冲片上齿槽的分度不均匀,造成两套绕组的不对称等。

(6) 交轴磁场的影响。在实际使用时,由于接入电机的阻抗不满足完全补偿条件而使电机中存在交轴磁场,造成输出电压误差。

对工艺类误差,可通过在电机加工过程中保证严格的工艺要求,使它降低到容许的限度。对电路上的误差,可以根据系统的要求采取一次侧补偿、二次侧补偿或一次侧和二次侧同时补偿的方法来加以消除。对于绕组谐波,可通过选用适当的绕组型式,如正弦绕组、短矩分布绕组等,以及选择合理的齿槽配合等措施,例如为了保证旋转变压器的精度要求,常使一次绕组消除 5 次和 7 次谐波,二次绕组消除 3 次谐波。对定、转子铁芯齿槽引起的齿谐波,因齿谐波电动势的绕组系数与基波电动势的绕组系数相同,无法通过选择绕组的分布和短矩系数来消除,只能采用斜槽来削弱齿谐波电动势,通常使转子斜过一个齿距。

# 第五节　磁阻式旋转变压器

传统的旋转变压器精度很高,但电刷与滑环的存在,使可靠性、运行速度以及寿命等均受到影响,其应用日益受到限制。环形变压器式无刷型旋转变压器,却又增加了耦合变压器,使得旋转变压器的体积、成本有所增加,结构趋于复杂。与之相比,磁阻式旋转变压器结构简单,而且没有电刷,因此,近年来作为测角元件得到了日益广泛的应用。

磁阻式旋转变压器的电气原理如图 6-9 所示,当励磁绕组通入一定频率的交流电压时,输出绕组的电压会与转子的转角成正余弦函数关系,或成某一特定比例关系,或在一定转角范围内与转角成线性关系。按输出电压和转子转角间的函数关系划分,磁阻式旋转变压器可分三大类。

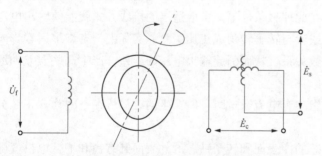

(1) 正余弦磁阻式旋转变压器:其输出电压与转子位置角成正弦或余弦函数关系。

(2) 线性磁阻式旋转变压器:其输出电压与转子位置角成线性函数关系。

(3) 比例式磁阻式旋转变压器:其输出电压与转子位置

图 6-9　磁阻式旋转变压器电气原理

角成比例关系。

图 6-10 所示是一个极对数 $p=6$ 的磁阻式旋转变压器的结构示意图。与传统旋转变压器类似,它也是由定子和转子两部分组成。定子为半闭口槽结构以容纳励磁和输出绕组,励磁绕组和输出绕组放在同一套定子槽内,固定不动。励磁绕组一般采用单相等匝集中绕组,逐齿反向串接,形成 $Z/2$ 对磁极($Z$ 为定子齿数)。输出绕组一般也为等匝集中绕组,由 1、3、5 等奇数齿上的线圈反向串联构成正弦输出绕组,2、4、6 等偶

数齿上的线圈反向串联构成余弦输出绕组。转子为没有任何绕组的凸极铁芯，转子磁极形状需特殊设计，使气隙磁场近似于正弦分布。

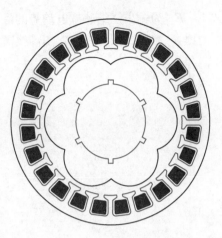

磁阻式旋转变压器的基本工作原理是利用转子的凸极效应，使得励磁绕组和两相输出绕组之间的耦合关系随转子的位置而变化，从而在两相输出绕组中感应出具有转子位置信息的变压器电动势。当转子相对于定子转动时，二者之间的气隙磁导发生相应的变化，转子每转过一个转子齿距，气隙磁导则变化一个周期，转过一个圆周时，气隙磁导变化的周期数与转子凸极数 $p$ 相等，因此，转子凸极数相当于磁阻式旋转变压器的极对数。气隙磁导的变化，导致励磁绕组与输出绕组之间互感的变化，输出绕组感应的电动势亦发生变化。

图 6-10　磁阻式旋转变压器结构示意图

设一个齿下气隙磁导随转子位置的变化只包含恒定分量及基波分量，即

$$\Lambda_i = \Lambda_0 + \Lambda_1 \cos p\alpha \tag{6-36}$$

式中：$i$ 为定子齿编号；$\Lambda_0$ 为磁导的恒定分量；$\Lambda_1$ 为基波磁导幅值；$\alpha$ 为转子机械位置角。

对于励磁绕组，绕组感抗与所有齿下的磁导的总和有关，因每个齿上的线圈反向串联，且定子齿数为偶数，故气隙合成磁导的基波分量为零，总的合成磁导为恒定值，故励磁绕组电抗不变，所以输入的励磁电流不随转子位置而改变，总的磁动势不变，所有齿下磁通之和不变。一个定子齿下的励磁磁通为

$$\Phi_i = \Phi_0 + \Phi_1 \cos\left[p\alpha + (i-1)\frac{2p\pi}{Z}\right] \tag{6-37}$$

式中：$Z$ 为定子齿数；$\Phi_0$ 为一个定子齿磁通的恒定分量；$\Phi_1$ 为一个定子齿磁通基波幅值。

根据正余弦绕组的连接规律，正余弦绕组匝链的磁链为

$$\left.\begin{aligned}\Psi_s &= \sum_{i=1,3,5,\cdots} W(-1)^{\frac{i-1}{2}}\Phi_i \\ \Psi_c &= \sum_{i=2,4,6,\cdots} W(-1)^{\frac{i}{2}}\Phi_i\end{aligned}\right\} \tag{6-38}$$

式中：$\Psi_s$ 和 $\Psi_c$ 分别为正弦绕组和余弦绕组匝链的磁链；$W$ 为输出绕组每齿匝数。

将式（6-37）代入式（6-38），并经化简后可得

$$\left.\begin{aligned}\Psi_s &= ZW\Phi_1 \sin p\alpha \\ \Psi_c &= ZW\Phi_1 \cos p\alpha\end{aligned}\right\} \tag{6-39}$$

它们在正余弦绕组中感应的电动势有效值分别为

$$\left.\begin{aligned}E_s &= 4.44 f\Psi_s = 4.44 fZW\Phi_1 \sin p\alpha = E_m \sin p\alpha \\ E_c &= 4.44 f\Psi_c = 4.44 fZW\Phi_1 \cos p\alpha = E_m \cos p\alpha\end{aligned}\right\} \tag{6-40}$$

式中：$E_m$ 为输出绕组感应电动势的最大有效值。

图 6-11 所示为正余弦输出绕组电动势有效值随转子位置角的变化波形。

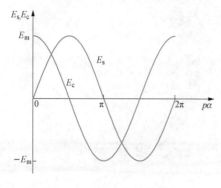

图 6-11 输出电动势波形

假设转子做匀速运动，则励磁电压和输出绕组感应电动势波形如图 6-12 所示，可见，正余弦绕组的输出电动势包络线正好是正余弦函数。对此电压信号进行解码计算，即可获得转子位置信息，励磁电压的频率越高，则解码精度也越高。

需要指出的是，以上分析是在理想条件下进行的，实际磁阻式旋转变压器的转子凸极形状很难设计为理想状态，气隙磁导除恒定分量和基波分量外，往往含有高次谐波分量。因此，磁阻式旋转变压器特有的结构决定了其

设励磁电压为

$$u_f = \sqrt{2}U_f\sin2\pi ft \qquad (6-41)$$

式中：$f$ 为励磁电压频率；$U_f$ 为励磁电压有效值。

依据式（6-40），可得正余弦绕组的感应电动势为

$$\left. \begin{array}{l} e_s = \sqrt{2}E_s\sin2\pi ft = \sqrt{2}E_m\sin p\alpha\sin2\pi ft \\ e_c = \sqrt{2}E_c\sin2\pi ft = \sqrt{2}E_m\cos p\alpha\sin2\pi ft \end{array} \right\}$$

$$(6-42)$$

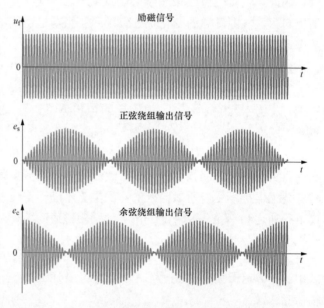

图 6-12 磁阻式旋转变压器电压波形

具有不同于普通旋转变压器的一些特有误差。总的来讲，误差主要来源于实际磁极形状与理想值的偏差，定子开槽的分度误差等。

## 第六节  双通道测角系统与多极旋转变压器

与自整角机类似，用一对旋转变压器可以构成一个测量两个转轴转角差的电路，这两台旋转变压器之间没有机械连接，所以可以放在相距较远的地方，这种线路常见于火炮自动控制等自动跟踪系统中。这种由旋转变压器构成的单通道测角系统的测量精度比自整角机测角系统高，一般可达到 $1'\sim5'$，但在一些精度要求更高的系统中仍不能满足需要。例如火炮跟踪系统对跟踪精度要求很高，不允许超过几角分，因为"差之毫厘，谬以千里"，火炮的转角如与指挥雷达要求的转角间存在稍大的误差，火炮就不能命中

目标，从而失去作用。单从旋转变压器本身去提高精度是难以满足实际要求的，于是出现了双通道测角系统，原理如图 6-13 所示。其中，RT1 和 RT2 为二极旋转变压器，构成粗读通道；RT3 和 RT4 为多极旋转变压器，构成精读通道。RT1 和 RT3 为发送机，它们的转子同轴连接；RT2 和 RT4 为控制变压器，它们的转子也同轴连接。作为发送机的旋转变压器的转子正弦绕组接交流电源 $\dot{U}_f$ 作为变压器的一次绕组，转子另一个绕组直接短接作补偿用。同一通道的两台旋转变压器的定子绕组相应地连在一起。控制变压器的转子正弦绕组作为测角线路的输出绕组，输出电压经放大器加到伺服电动机的控制绕组上。当控制变压器的转子转角 $\alpha_2$ 不等于发送机转子转角 $\alpha_1$ 时，控制变压器输出绕组的输出电压将与失调角（$\theta=\alpha_1-\alpha_2$）成正弦函数关系，伺服电动机在该输出电压的作用下将带动控制变压器转子一起旋转，直至失调角为零，即 $\alpha_1=\alpha_2$。采用该双通道系统以后，其精度可达到 $20''$，甚至 $3''\sim7''$。

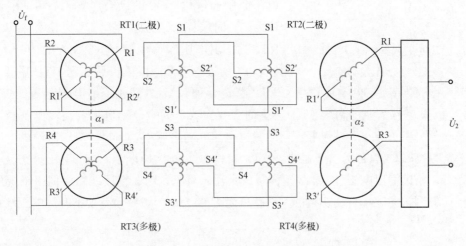

图 6-13　双通道旋转变压器原理图

多极旋转变压器的工作原理与二极旋转变压器相同，不同的只是定、转子绕组通过电流时会建立多极的气隙磁场，使旋转变压器输出电压值随转子转角变化的周期不同。因此，在测角系统中，二极旋转变压器的输出电压随失调角正弦变化的周期是 $360°$，具有 $p$ 对极的多极旋转变压器的周期则为 $360°/p$。即失调角变化 $360°$ 时，多极旋转变压器的输出电压就变化了 $p$ 个周期，如图 6-14 所示。

多极旋转变压器能够提高测角精度的原理可以用图 6-15 所示曲线来说明，曲线 1 表示角度测量时二极旋转变压器的输出电压波形，曲线 2 表示多极旋转变压器的输出电压波形。设在 $\alpha_0$ 角时，由于存在摩擦转矩以及交流伺服电动机有死区，

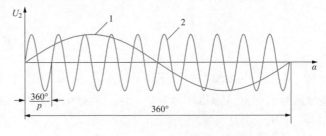

图 6-14　一对旋转变压器作差角测量时的输出电压波形
1—二极旋转变压器；2—多极旋转变压器

145

二极旋转变压器的输出电压 $U_0$ 经放大后已不能驱动交流伺服电动机。但如果改用多极旋转变压器，在同样的 $\alpha_0$ 时，由于电角度为二极时的 $p$ 倍，输出电压比 $U_0$ 大得多，处于图 6-15 中的 $A$ 点，该点电压经放大后可以使交流伺服电动机转动，直到 $B$ 点。此时系统的失调角已由 $\alpha_0$ 减小到 $\alpha_0'$。由图 6-15 可见，$\alpha_0'$ 比 $\alpha_0$ 小得多，故系统的精度大大提高。

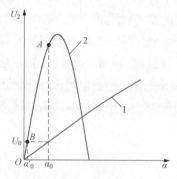

图 6-15　两极旋转变压器与多极旋转
变压器的误差比较

1—两极旋转变压器；2—多极旋转变压器

上述粗测通道和精测通道输出电压对伺服系统控制的切换，是由粗、精读转换电路自动完成的。图 6-16 为一种粗、精读转换电路。VT1 组成射极跟随器，桥式整流电路将射极跟随器输出的交流信号变为直流信号；VT2、VT3 组成射极耦合双稳态触发器。粗、精读控制变压器 RT2 和 RT4 的输出电压分别经继电器 K 的动合触点 K1 和动断触点 K2 接至伺服系统的放大器。当失调角较大时，RT2 的输出电压和偏压 $U_b$ 合成较大的信号电压，经 VT1 射极电阻及滤波整流后加到 VT2 基极，使 VT2 翻转导通，VT3 截止，继电器导通，K1 闭合，K2 断开，粗读输出电压经 K1 送至伺服放大器，伺服电动机带着旋转变压器转子一起转动，失调角减小，精读变压器的输出电压亦随之减小。当粗读变压器输出电压减小到一定程度时，VT2 又趋于截止，VT3 饱和，继电器 K 断电，粗读输出电压被 K1 触点断开，精读输出电压经 K2 送至伺服放大器。可见，粗、精读线路对伺服系统的控制是根据失调角的大小自动切换的。调整电阻 $R$ 的大小，可以改变切换时的电压水平。

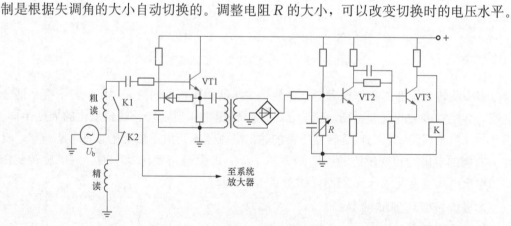

图 6-16　粗、精读转换电路

用于电气变速随动系统中的双通道旋转变压器一般是由二极旋转变压器（粗机）和多极旋转变压器（精机）组合成一体，这种组合式结构对用户安装和使用都比较方便。图 6-17 所示为几种常见的粗精机组合结构型式。从磁路组合情况可将它们分为分磁路式和共磁路式两种。分磁路式是指粗、精机各有自己的铁芯，磁路彼此独立。共磁路式是指粗精机绕组放在同一个铁芯槽内，粗机和精机共用一个磁路。分磁路式的主要优点是粗、精机磁路互不干扰，有利于保证精机的精度，而且粗、精机的基准电气零位可调。共磁路式的优点是结构简单，零部件少，加工工艺性好。

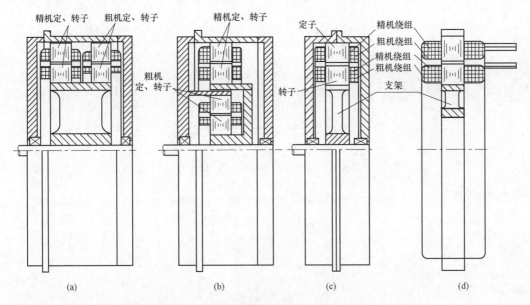

图 6 - 17　多极旋转变压器的基本结构型式

(a) 轴向组合分磁路式；(b) 径向组合分磁路式；(c) 共磁路组装式；(d) 共磁路分装式

多极旋转变压器除了上述粗精机组合式结构外，也有单独精机结构。

用于高精度角度传输系统中的多极旋转变压器一般为 30、40、50、60、72 极，用于解算装置的多极旋转变压器一般为 16、32、64、128 极。

# 第七节　感应移相器

感应移相器（inductive phase - shifter）是在旋转变压器基础上演变出来的一种交流控制电机，它的输出电压的幅值恒定，而相位角与转子转角成线性函数关系，因此常作为移相元件用于测角或测距及随动系统中。感应移相器的结构与正余弦旋转变压器相同，因此，它实际上是旋转变压器的一种特殊工作方式。

**一、感应移相器的工作原理**

将正余弦旋转变压器按图 6 - 18 连接，即在定子励磁绕组上外施额定励磁电压 $\dot{U}_{\mathrm{f}}$，交轴绕组短接，转子的正弦绕组与电容 $C$ 串联，转子的余弦绕组与电阻 $R$ 串联，再将转子的两个绕组支路并联起来，只要电容 $C$ 和电阻 $R$ 以及旋转变压器本身的参数满足一定的关系，便构成了感应移相器。

空载时，忽略旋转变压器定、转子绕组的漏阻抗电压降，由正弦输出绕组支路可得

$$\dot{U}_{20} = k_{\mathrm{u}}\dot{U}_{\mathrm{f}}\sin\alpha - (-\dot{I}_{\mathrm{R}})\frac{1}{\mathrm{j}\omega C} \tag{6 - 43}$$

由余弦输出绕组支路可得

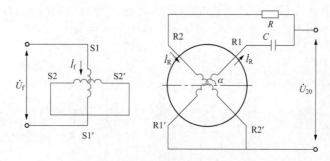

图 6-18 感应移相器工作原理图

$$\dot{U}_{20} = k_u \dot{U}_f \cos\alpha - \dot{I}_R R \tag{6-44}$$

由上述二式可得

$$\dot{I}_R = \frac{k_u \dot{U}_f (\cos\alpha - \sin\alpha)}{R + \dfrac{1}{j\omega C}} \tag{6-45}$$

若使移相回路的参数满足下列条件

$$R = \frac{1}{\omega C} \tag{6-46}$$

则有

$$\dot{I}_R = \frac{k_u \dot{U}_f}{R}(\cos\alpha - \sin\alpha)\frac{1}{1-j} \tag{6-47}$$

将（6-47）式代入（6-44）式得

$$\dot{U}_{20} = k_u \dot{U}_f \cos\alpha - \frac{k_u \dot{U}_f}{R}(\cos\alpha - \sin\alpha)\frac{1}{1-j}R \tag{6-48}$$

$$= \frac{k_u \dot{U}_f (\sin\alpha - j\cos\alpha)}{1-j} = \frac{k_u \dot{U}_f (\cos\alpha + j\sin\alpha)(-j)}{\sqrt{2}e^{-45°}} \tag{6-49}$$

$$= \frac{k_u \dot{U}_f}{\sqrt{2}}e^{j(\alpha-45°)}$$

由式（6-49）可以看出，移相器输出电压大小固定不变，为正余弦旋转变压器最大输出电压的 $\dfrac{1}{\sqrt{2}}$，而相位与转子转角 $\alpha$ 成线性关系。

式（6-49）的关系是在空载并忽略定、转子绕组漏抗阻的条件下得出的。实际上，正余弦旋转变压器的定、转子绕组总是有电阻和漏抗的，工作时也总是要带一定的负载。此时，欲使式（6-49）的关系仍然成立，必须满足以下条件

$$\left.\begin{array}{c} R_{Rs} = X_{Rs} \\[4pt] R + R_{Rs} = \dfrac{1}{\omega C} - X_{Rs} \end{array}\right\} \tag{6-50}$$

式中：$R_{Rs}$ 和 $X_{Rs}$ 分别为转子绕组输出阻抗的电阻分量和电抗分量。

事实上，要使 $R_{Rs} = X_{Rs}$ 是相当困难的。在高频移相器中，往往是 $X_{Rs} > R_{Rs}$，此时，

为了保证移相器有足够的精度，可以在串接电容的转子绕组支路中再串接一个适当阻值的补偿电阻 $R_{cp}$，使

$$R_{cp} = X_{Rs} - R_{Rs} \qquad (6\text{-}51)$$

这时，移相器的接线如图 6-19 所示。

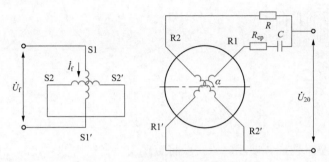

图 6-19　加有补偿电阻的感应移相器

### 二、感应移相器应用举例

感应移相器在自动控制系统中作为移相元件，既可应用于需要调节电源相位的装置，还可以用在角度测量和脉冲测距。下面举例说明移相器的应用。

图 6-20 所示为由一对移相器组成的同步随动系统，当发送机和接收机的转子转角处于失调位置（即 $\alpha_1 \neq \alpha_2$）时，作为发送机和接收机的两个移相器的输出电压的相位不一致，经相位比较器求出相位差，相位比较器的输出电压的大小正比于失调角（$\alpha_1 - \alpha_2$），该电压经放大

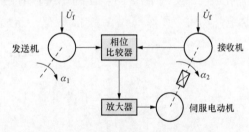

图 6-20　感应移相器组成的同步随动系统

器送至伺服电动机的控制绕组，使伺服电动机转动。伺服电动机通过减速齿轮带动接收机的转子转动，直至接收机的转子位置与发送机的转子位置一致为止。此时，发送机与接收机协调，两机输出电压的相位一致，相位比较器输出电压为零，伺服电动机停止转动。

# 第八节　感 应 同 步 器

感应同步器（inductive synchronizer）又称为感应整步机，是一种高精度控制微电机，广泛应用于数控机床和高精度随动系统中作为位置检测元件。它有直线式和圆盘式（又叫旋转式）两种结构型式，如图 6-21 所示。前者用于测量直线位移，后者用于测量转角位移。

### 一、直线式感应同步器

直线式感应同步器的定尺和滑尺均是在厚度约为 10mm 的金属基板上敷设约 0.1mm 厚的绝缘层，再粘压一层约 0.06mm 厚的铜箔，采用与制造印制电路板相同的

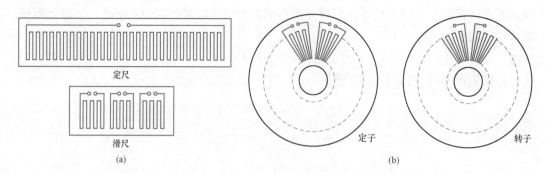

图 6-21　感应同步器

(a) 直线式；(b) 旋转式

工艺制成的印制绕组构成。使用时，一般将定尺安装在机床的固定部分，而滑尺安装在机床的运动部分，它们之间保持约 0.25mm 的气隙，以保证定尺和滑尺可作相对运动。为防止切削冷却液进入气隙中，通常需给同步感应器加防护罩。

如图 6-22 所示，直线式感应同步器的定尺绕组为单相均匀连续绕组，它由许多具有一定宽度的导片串联组成。滑尺绕组为两相绕组，分别为正弦绕组和余弦绕组，图中分别用 s、c 表示。感应同步器的绕组具有两个特点：①每个绕组都是互相不重叠的单层绕组；②每个元件又是由二根具有一定宽度的导片所组成，因此每个元件匝数等于 1。

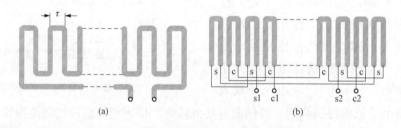

图 6-22　直线式感应同步器定、滑尺的印刷绕组

（a）定尺单相绕组；（b）滑尺两相绕组

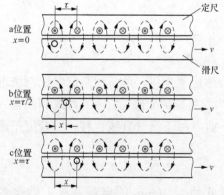

图 6-23　直线式感应同步器的工作原理

直线式感应同步器的工作原理如图 6-23 所示。在垂直于定、滑尺导片的方向上作一剖面图，图中⊗和⊙分别表示电流流入和流出纸面，并按右手螺旋定则作出每个导片电流所产生的磁力线，如图 6-23 中的虚线所示。

当定尺绕组上加单相交流励磁电压，就会在气隙中产生磁场，每个导片相当于一个极，图 6-23 中有 6 个导片，将产生 6 个极。由于励磁电流为正弦交流电流，所以气隙磁场为磁极轴线位置不变，而气隙各点磁密随时间作正

弦变化的脉动磁场，该磁场在滑尺的导片中感应变压器电动势。该电动势在时间上亦作正弦变化，即

$$e = \sqrt{2}E\sin\omega t \qquad (6-52)$$

式中：$E$ 为电动势的有效值，它取决于定尺与滑尺之间的电磁耦合程度，即与定尺、滑尺的相对位置密切相关。

设滑尺上某一导片（图6-23中滑尺上的"○"）在 $a$ 位置时，导片匝链的磁通最大，感应电动势必然最大；在 $b$ 位置时，导片左右两侧的定尺载流导体所产生的磁场与它没有匝链，所以感应电动势为零；在 $c$ 位置时，该导片又匝链最大磁通，但与 $a$ 位置时的磁通方向相反，因此感应电动势有负的最大值。由 $a$ 位置移动到 $c$ 位置，滑尺移动了一个极距，感应电动势有效值变化了半个周期。以此类推，若用 $x$ 表示滑尺的位移，则滑尺移动两个极距 $\tau$，即 $x = 2\tau$，电动势的有效值将变化一个周期，用公式表示即为

$$E = E_{1m}\cos\left(\frac{180°}{\tau}x\right) \qquad (6-53)$$

式中：$E_{1m}$ 为一个导片在 $x = 0$, $2\tau$, $4\tau$, …位置时感应电动势的有效值，即一个导片感应电动势的最大有效值。

电动势有效值与位移的关系如图6-24所示。

滑尺上的余弦绕组是由许多个导片串联组成的，设导片数为 $N_c$，则余弦绕组的总电动势有效值为

$$E_c = N_c E = N_c E_{1m}\cos\left(\frac{180°}{\tau}x\right) = E_m\cos\left(\frac{180°}{\tau}x\right)$$
$$(6-54)$$

式中：$E_m$ 为余弦绕组电动势的最大有效值。

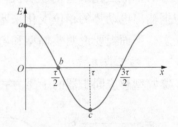

图6-24　滑尺导体电动势有效值与
位移的关系

由于正弦绕组与余弦绕组的轴线在空间相隔 $\tau/2$，即相当于错开 $90°$电角度，故正弦绕组的电动势可表示为

$$E_s = E_m\cos\left(\frac{180°}{\tau}x + 90°\right) = -E_m\sin\left(\frac{180°}{\tau}x\right) \qquad (6-55)$$

由式（6-54）和式（6-55）可见，感应同步器滑尺上正、余弦绕组的输出电动势有效值分别是滑尺位移量 $x$ 的正弦和余弦函数。因此，测得绕组的电动势，便间接测得滑尺的位移量。

## 二、旋转式感应同步器

旋转式感应同步器定、转子绕组如图6-21（b）所示。与直线式感应同步器类似，其定、转子绕组也做成印制绕组，其中，定子绕组是由正、余弦绕组构成的两相绕组，每相绕组又分成若干组，正、余弦绕组的每一组是间隔排列并串联连接，因此，相邻两个组在空间相差 $90°$电角度。而转子绕组则是由许多辐射状的导片串联而成的单相绕组。应注意到，旋转式感应同步器的转子对应于直线式感应同步器的定尺，而其定子对应于

直线式感应同步器的滑尺。

旋转式感应同步器的工作原理与直线式感应同步器和多极旋转变压器相似，转子单相绕组经电刷和滑环施加励磁电压，在气隙中形成多极脉振磁场，极对数 $p$ 就等于导片数的一半，并且经过合理设计，使气隙磁密沿圆周作 $p$ 个周期的正弦分布，该磁场将在定子正、余弦绕组中感应产生变压器电动势。设定子余弦绕组与转子励磁绕组轴线间的夹角为 $\alpha$ 电角度（为机械角度的 $p$ 倍），则定子正、余弦绕组的输出电动势的有效值应该是对应电角度的正、余弦函数，即

$$\left.\begin{array}{l} E_{\mathrm{s}} = E_{\mathrm{m}} \sin\alpha \\ E_{\mathrm{c}} = E_{\mathrm{m}} \cos\alpha \end{array}\right\} \tag{6-56}$$

设外加励磁电压为正弦交流电压，则定子正、余弦绕组输出电动势的瞬时值为

$$\left.\begin{array}{l} e_{\mathrm{s}} = \sqrt{2} E_{\mathrm{s}} \sin\omega t = \sqrt{2} E_{\mathrm{m}} \sin\alpha \sin\omega t \\ e_{\mathrm{c}} = \sqrt{2} E_{\mathrm{c}} \sin\omega t = \sqrt{2} E_{\mathrm{m}} \cos\alpha \sin\omega t \end{array}\right\} \tag{6-57}$$

### 三、输出信号处理方式

感应同步器的输出信号是一个能反映定子和转子相对位移的交变电动势，因此通过对输出信号的处理，就可以得到定、转子之间的位移量。根据对输出信号的不同处理方法，可以把感应同步器的检测系统分为鉴幅工作方式和鉴相工作方式。前者是根据输出电动势的幅值变化来鉴别输入机械位移（角位移或直线位移），习惯也称鉴幅型；后者是根据输出电动势的相位变化来鉴别输入机械位移，习惯也称鉴相型。其中以鉴幅型用得最多。下面扼要说明鉴幅型和鉴相型感应同步器的工作原理。

1. 鉴幅工作方式

鉴幅型感应同步器的励磁方式分为单相励磁和两相励磁。单相励磁就是在转子单相绕组上加励磁电压，在定子两相绕组中分别获得两个电动势；两相励磁方式就是在定子正、余弦绕组上分别加频率和相位均相同但幅值不同的励磁电压，由转子单相绕组获得输出电动势，如图 6-25 所示。两个励磁电压分别为某个已知角 $\alpha_1$ 的正弦和余弦函数，即

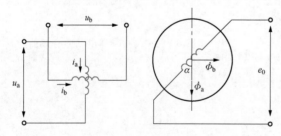

图 6-25　两相励磁鉴幅型感应同步器工作原理

$$\left.\begin{array}{l} u_{\mathrm{a}} = U_{\mathrm{f}} \sin\alpha_1 \sin\omega t \\ u_{\mathrm{b}} = U_{\mathrm{f}} \cos\alpha_1 \sin\omega t \end{array}\right\} \tag{6-58}$$

式中：$U_{\mathrm{f}}$ 为励磁电压。

当 $u_{\mathrm{a}}$ 单独励磁时所产生的磁通 $\Phi_{\mathrm{a}}$ 在转子单相绕组中感应的电动势为

$$e_{0\mathrm{a}} = k_{\mathrm{u}} U_{\mathrm{f}} \sin\alpha_1 \cos\alpha \sin\omega t \tag{6-59}$$

当 $u_{\mathrm{b}}$ 单独励磁时，磁通 $\Phi_{\mathrm{b}}$ 在转子单相绕组中感应的电动势为

$$e_{0\mathrm{b}} = k_{\mathrm{u}} U_{\mathrm{f}} \cos\alpha_1 \cos(\alpha + 90°) \sin\omega t = -k_{\mathrm{u}} U_{\mathrm{f}} \cos\alpha_1 \sin\alpha \sin\omega t \tag{6-60}$$

所以，转子单相绕组中总的感应电动势为

$$e_0 = e_{0a} + e_{0b} = k_u U_f \sin(\alpha_1 - \alpha) \sin\omega t \tag{6-61}$$

式中：$\alpha_1$ 为指令位移角，即要求转子相对定子的电气转角；$\alpha$ 为转子相对定子的实际电气转角。

式（6-61）说明，输出电动势的幅值将感应同步器定、转子之间的相对位移角 $\alpha$ 与指令位移角 $\alpha_1$ 联系了起来。如果将感应同步器的输出电压经放大后控制伺服电动机的转动，那么，只有当 $\alpha = \alpha_1$ 时，感应同步器的输出电压为零，伺服电动机才停止转动，这样，工作台就能够严格按照指令转动或移动。由于这种系统是用鉴别感应同步器输出电压幅值是否为零来进行控制的，所以称为鉴幅工作方式。

2. 鉴相工作方式

鉴相型感应同步器也分为单相励磁和两相励磁两种方式。现以两相励磁方式为例来说明鉴相型感应同步器的工作原理。接线与图 6-25 相同，在定子正、余弦绕组上施加幅值和频率相同但相位差 90° 的励磁电压，从转子单相绕组输出电动势。设所加励磁电压为

$$\left.\begin{aligned}u_a &= U_f \sin\omega t \\ u_b &= U_f \cos\omega t\end{aligned}\right\} \tag{6-62}$$

由前面的分析可知，当 $u_a$ 和 $u_b$ 单独励磁时，其输出电动势分别为

$$e_{0a} = k_u U_f \cos\alpha \sin\omega t \tag{6-63}$$

$$e_{0b} = -k_u U_f \sin\alpha \cos\omega t \tag{6-64}$$

两相同时励磁时，输出电动势为

$$e_0 = e_{0a} + e_{0b} = k_u U_f(\sin\omega t \cos\alpha - \cos\omega t \sin\alpha) = k_u U_f \sin(\omega t - \alpha) \tag{6-65}$$

由此可见，输出电动势幅值不变，而相位恰好为定、转子之间的相对位移量 $\alpha$。只要通过一定的电路鉴别出输出电压的相位，就可以知道转轴转过的角度，这就是鉴相工作方式的理论依据。对于直线式感应同步器，$\alpha$ 为对应滑尺位移 $x$ 的电角度，即 $\alpha = (180°/\tau)x$。

# 第九节　数字式旋转变压器

随着现代科学技术的飞速发展，航空航天、机器人、电动车、精密机械加工以及各种电子设备、精密仪器、光学系统等日益小型化、精密化，电机驱动控制系统作为其中必不可少的组成部分，在很大程度上决定了这些设备整体性能的优劣以及体积和质量的大小。因而，人们对驱动控制系统提出了越来越高的要求，由传统电机与控制方法构成的驱动控制系统已难以满足其需要。随着计算机技术、微电子技术、电力电子技术、现代控制技术等的发展，特别是数字信号处理技术的成熟，驱动控制系统数字化已经成为国内外研究和开发的热点之一，已出现了全数字化步进电机驱动系统、全数字化异步电机矢量控制驱动系统、全数字化异步电机直接转矩控制系统、全数字化同步电机驱动系统，以及正在开发完善的无刷直流电机驱动系统和开关磁阻电机驱动系统。数字化驱动系统最突出的优点是，可以对速度或位置进行精确控制，而且体积小，质量轻，抗干扰

能力强，可以在十分复杂、恶劣的环境中工作。

在高性能数字驱动系统中，几乎无一例外地需要实时检测电机转子与定子的相对位置和转子速度，以实现转矩、速度及位置的闭环控制。常用的检测方法是使用光电编码器或旋转变压器。后者由于具有坚固耐用、抗冲击性好、抗干扰能力强等优点，经常用于对抗震要求较高的场合。但由于旋转变压器的输出是含位置信息的模拟信号，故必须将其输出的模拟位置信息转换为数字信号，才可输入到数字信号处理器（DSP）或单片机等控制芯片。这类专用的转换芯片已有多种，如 AD2S83、AD2S90 等。旋转变压器、数字转换器配合使用，便构成了数字式旋转变压器，能够满足高性能、长寿命、高可靠性的要求。

下面以较常用的 AD2S83 为例，来说明转换芯片构成方法和特点，以及与 DSP 的接口设计等。

**一、AD2S83 芯片性能概述**

AD2S83 芯片引脚功能见表 6-2。它具有下列特点：

（1）提供有 10 位、12 位、14 位和 16 位的分辨率，并允许用户通过外围器件的不同连接选用适合的分辨率。

（2）通过三态输出引脚输出并行二进制数，因而很容易与 DSP 或单片机等控制芯片接口。

（3）采用比率跟踪转换方式，使之能连续输出数据而没有转换延迟，并具有较强的抗干扰能力和远距离传输能力。

（4）用户可通过外围阻容元件的选择来改变带宽、最大跟踪速度等动态性能。

（5）具有很高的跟踪速度，10 位分辨率时，最大跟踪速度达 1040r/s。

（6）能产生与转速成正比的模拟信号，输出范围为 ±8V，通常线性度可达 ±0.1%，回差小于 ±0.3%，可代替传统的测速发电机，提供高精度的速度信号。

（7）具有过零标志信号（RIPPLE COLCK）和旋转方向信号（DIRECTION）。

（8）正常工作的参考频率为 0～20kHz。

**二、AD2S83 芯片外围电路的典型配置**

图 6-26 所示为采用 12 位分辨率时 AD2S83 芯片外围电路的典型配置。输出数据的分辨率由控制引脚 SC1 和 SC2 的逻辑状态决定。图中各电阻和电容的值是在参考频率为 5kHz，带宽为 520Hz，最大跟踪速度为 260r/s 情况下算出的。在实际应用时，需根据具体情况选取合适的值，计算方法可参见有关文献。

在连接电路时需注意：①旋转变压器信号的正、余弦地均接在第 6 引脚上，该引脚与第 5 引脚在芯片内部是相连的，且第 5 引脚和第 31 引脚须尽可能在靠近芯片的地方连接起来；②引脚 SC1、SC2、$\overline{\text{DATA LOAD}}$、$\overline{\text{COMPLEMENT}}$ 在芯片内部经 100kΩ 电阻接在 +12V 电源上，故当需要这些引脚为高电平时，使其悬空即可，不需要额外施加 TTL 电平。

154

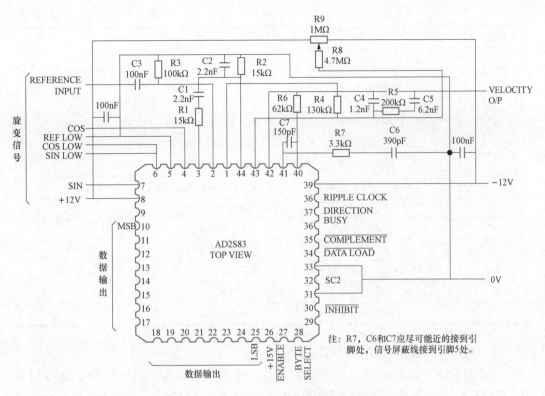

图 6-26　AD2S83 芯片外围电路的典型配置

**表 6-2**　　　　　　　　　　**AD2S83 芯片引脚功能**

| 引脚号 | 名称 | 功能 |
|---|---|---|
| 1 | DEMOD  O/P | 解调器输出 |
| 2 | REFERENCE  I/P | 参考信号输入 |
| 3 | AC ERROR  O/P | 比率乘法器输出 |
| 4 | COS | 余弦信号输入 |
| 5 | ANALOG GND | 电源地 |
| 6 | SIGNAL GND | 旋转信号地 |
| 7 | SIN | 正弦信号输入 |
| 8 | +V$_S$ | 正电源 |
| 10～25 | DB1～DB16 | 并行数据输出 |
| 26 | +V$_L$ | 逻辑电源 |
| 27 | ENABLE | 逻辑高—数据输出脚呈高阻状态<br>逻辑低—数据脚输出有效数据 |
| 28 | BYTE SELECT | 逻辑高—最高有效位送 DB1～DB8<br>逻辑低—最低有效位送 DB1～DB8 |
| 30 | INHIBIT | 逻辑低禁止向输出锁存器送数据 |
| 31 | DIGITAL GND | 数字地 |

| 引脚号 | 名称 | 功能 |
|---|---|---|
| 32，33 | SC2、SC1 | 选择转换器分辨率 |
| 34 | $\overline{\text{DATA LOAD}}$ | 逻辑低—DB1～DB16 为输入<br>逻辑高—DB1～DB16 为输出 |
| 35 | $\overline{\text{COMPLEMENT}}$ | 低电平有效 |
| 36 | BUSY | 转换忙信号，高电平时数据无效 |
| 37 | DIRECTION | 表示输入信号旋转方向的逻辑值 |
| 38 | RIPPLE CLOCK | 正脉冲表示输出数据从全"1"变到全"0"或相反 |
| 39 | $-V_S$ | 负电源 |
| 40 | VCO  I/P | 压控振荡器输入 |
| 41 | VCO  O/P | 压控振荡器输出 |
| 42 | INTEGRATOR  O/P | 积分器输出 |
| 43 | INTEGRATOR  I/P | 积分器输入 |
| 44 | DEMOD  I/P | 解调器输入 |

### 三、AD2S83 芯片与 DSP 的接口设计

下面以 DSP TMS320F240 作为主控芯片，来说明 AD2S83 芯片与 DSP 的接口设计。TMS320F240 是专用于电机数字控制的高速数字信号处理器，能够提供电机数字控制单片解决方案所必需的外围设备。用 AD2S83 芯片将旋转变压器输出的模拟信号转换成并行的数字位置信号，然后由 DSP 将数字位置信号读入并进行处理。

若将 AD2S83 的数据总线直接与 DSP 的数据总线接口，不论 AD2S83 内部处于什么状态，当 DSP 需要读入位置信号时，必须通过其 I/O 口向 AD2S83 的 $\overline{\text{INHIBIT}}$ 引脚施加低电平，从而阻止 AD2S83 内部锁存器刷新，在等待 490ns 后，才可读取有效数据。这对于指令周期只有 50ns 的 DSP 来说，要等待近 10 个指令周期，显然不符合实时控制的要求。因此，需在 AD2S83 与 DSP 之间设计一个接口电路。

图 6 - 27 所示为 AD2S83 与 DSP 的接口电路原理图。此处将 $\overline{\text{INHIBIT}}$ 引脚始终置为高电平（+5V），同时将 $\overline{\text{ENABLE}}$ 引脚接地，使三态输出引脚始终处于打开状态。由于输出数据为 12 位，故将 BYTE SELECT 引脚接高电平（+5V），此时，DB1～DB8 为高有效位，DB9～DB12 为低有效位，DB13～DB16 始终为低电平（0），16 进制数 000～FFF 对应机械角度 0°～360°。将 $\overline{\text{DATA LOAD}}$ 引脚置为逻辑高（悬空即可），使 12 位数据总线为输出总线。为了使 DSP 能随时读取到位置信号，在 12 位输出总线与 DSP 的数据总线之间加入两片三态锁存器 SN74F573，其输出与输入的逻辑关系见表 6 - 3。将 BUSY 信号经过一个非门后作为 SN74F573 的锁存允许信号（LE），并将输出允许输入端（OE）置低。这样，当 DSP 需要读取位置信号时，就可通过 SN74F573 直接读取。工作原理如下：当 AD2S83 接入旋转变压器信号时，不需要任何指令便自动启动转换。当 BUSY 为低电平时，表示转换已经结束，当前数据总线上数据有效，此时，SN74F573 的 LE 为高电平，数据被送到锁存器中；当 BUSY 为高电平时，表示转换正

在进行中，当前数据总线上的数据无效，此时，因 LE 为低电平，SN74F573 处于关闭状态，内部锁存着上一次的数据。由此可见，DSP 在任何时候都可从锁存器中读到有效数据，不需要任何等待，大大提高了控制系统的实时性。

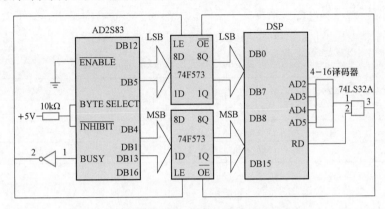

图 6-27 AD2S83 与 DSP 的接口电路原理图

表 6-3                                        74F573 输入与输出逻辑关系

| 输入 | | | 输出 |
|---|---|---|---|
| $\overline{OE}$ | LE | D | Q |
| L | H | H | H |
| L | H | L | L |
| L | L | X | $Q_0$ |
| H | X | X | Z |

需要指出的是，图 6-27 只是多种可行接口电路中的一种，也不一定是最佳方案，意在说明 AD2S83 与 DSP 接口电路的原理。读者可根据实际情况，采用不同芯片（如 74F573、74AC245 等）设计出不同的接口电路。

## 第十节 旋转变压器产品的选择与使用

### 一、产品的选择

1. 系统的选择

旋转变压器是一种精度很高、结构和工艺要求十分严格和精细的控制微电机。随着科学技术的不断发展，精确度更高的新型控制微电机虽然相继出现，但是由于旋转变压器价格比较便宜，使用也较方便，所以应用十分广泛。

正余弦旋转变压器主要用在三角运算、坐标变换、移相器、角度数据传输和角度数据转换等方面。线性旋转变压器主要用于机械角度与电信号之间的线性变换。数据传输用旋转变压器则用来组成同步连接系统，进行远距离的数据传输和角位测量。旋转变压器的精确度比自整角机高，一般自整角机的远距离角度传输系统的绝对误差至少为 $10'\sim$

30′，若用两极的正余弦旋转变压器作为发送机和接收机，传输误差可下降到 1′～5′，故一般多用在对精确度要求较高的系统中。

就结构类型而言，传统有刷式旋转变压器的精度高，但结构复杂、可靠性差，环形变压器式旋转变压器可靠性好、精度高、但体积大，成本较高；而磁阻式旋转变压器结构简单、可靠性高，但精度低。不同结构类型旋转变压器的主要性能和特点对比见表6-4。

**表6-4**　　　　　　　不同结构类型的旋转变压器性能、特点比较

| 结构类型 | 精度 | 工艺性 | 相位移 | 可靠性 | 结构 | 成本 |
|---|---|---|---|---|---|---|
| 有刷式 | 高 | 差 | 小 | 低 | 复杂 | 高 |
| 环形变压器式 | 高 | 一般 | 比较大 | 高 | 一般 | 一般 |
| 磁阻式 | 低 | 好 | 大 | 最高 | 简单 | 低 |

2. 主要技术参数的选择

（1）额定电压。额定电压指励磁绕组应加的电压值，有 12、26、36V 等几种。

（2）额定频率。额定频率指励磁电压的频率，有 50Hz 和 400Hz 两种。应根据自己的需要选择，一般工频的使用起来比较方便，但性能会差一些，而 400Hz 的性能较好，但成本较高，故应选择性能价格比适合的产品。但磁阻式旋转变压器的励磁电压频率通常较高，常在 2～10kHz。

（3）变比。变比指在规定的励磁一方的励磁绕组上加上额定频率的额定电压时，与励磁绕组轴线一致的处于零位的非励磁一方绕组的开路输出电压与励磁电压的比值，有 0.15、0.56、0.65、0.78、1 和 2 等几种。

（4）开路输入阻抗，或称空载输入阻抗。开路输入阻抗指输出绕组开路时从励磁绕组看的等效阻抗值。标准开路输入阻抗有 200、400、600、1000、2000、3000、4000、6000Ω 和 10 000Ω 等。

**二、使用注意事项**

（1）旋转变压器要求在接近空载的状态下工作。因此，负载阻抗应远大于旋转变压器的输出阻抗。两者的比值越大，输出电压的畸变就越小。

（2）使用时首先要准确地调整零位，否则会增加误差，降低精度。

（3）励磁一方只用一相绕组时，另一相绕组应该短路或接一个与励磁电源内阻相等的阻抗。

（4）励磁一方两相绕组同时励磁时，即只能采用二次侧补偿方式时，两相输出绕组的负载阻抗应尽可能相等。

# 第十一节　旋转变压器应用举例

旋转变压器的应用范围十分广泛，既可用于高精度角度传输系统，也可用于数控设备中作为检测装置，还可在计算机中作为解算元件。下面举例说明旋转变压器的应用。

**一、在远距离高精度角度传输系统中的应用**

第五章所述的自整角机远距离角度传输系统的绝对误差通常为 $10'\sim30'$，若用两极的正余弦旋转变压器作为发送机和接收机组成角度传输系统，传输误差可下降到 $1'\sim5'$。

图 6-28 表示用两极正余弦旋转变压器作为发送机和接收机的角度传输系统。与主令轴（例如火炮指挥仪的输出轴）耦合的旋转变压器叫旋变发送机，与接收机轴（如自动火炮装置）耦合的旋转变压器叫旋变接收机或旋变变压器。为了减小由于电刷接触不良而造成的不可靠性，通常将定、转子绕组互换使用，即发送机的转子绕组 R1-R1′ 加交流励磁电压，绕组 R2-R2′ 直接短路，作补偿绕组用。发送机和接收机的定子绕组 S1-S1′ 和 S2-S2′ 作为整步绕组，它们的对应相互相连接。接收机的转子绕组 R2-R2′ 作输出绕组，输出与失调角 $\theta$ 成正弦函数关系的电压，该电压经放大器放大后，控制伺服电动机转动，伺服电动机又通过减速装置带动被控对象（如火炮）和接收机转子朝着减小失调角 $\theta$ 的方向旋转，直至 $\theta=0$，即被控制对象和发送机的主令轴同步旋转。如果该系统用于火炮装置，可完成指挥仪对火炮装置的自动控制。

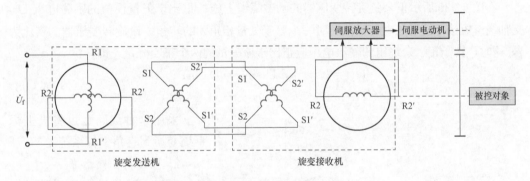

图 6-28　旋转变压器角度传输系统

**二、在数控机床测量装置中的应用**

在数控机床中，常需要检测机床的位移值，数控系统据此建立反馈，使伺服系统控制机床向减小偏差的方向移动，旋转变压器便可用作机床位移值的测量装置。如图 6-29 所示是工作于相位方式的旋转变压器测量装置原理接线图。用函数发生器产生两个同频、同幅值但相位相差 $\dfrac{\pi}{2}$ 的交流电压，分别作用于两个定子绕组上，即

$$\left.\begin{array}{l} u_a = U_f\sin(\omega t + \theta_0) \\ u_b = U_f\cos(\omega t + \theta_0) \end{array}\right\} \tag{6-66}$$

式中：$\theta_0$ 为指令角。

则转子绕组上感应的电动势为

$$\begin{aligned} e &= k_u u_a\sin\theta + k_u u_b\cos\theta \\ &= k_u U_f\sin(\omega t + \theta_0)\sin\theta + k_u U_f\cos(\omega t + \theta_0)\cos\theta \\ &= k_u U_f\cos[\omega t + (\theta_0 - \theta)] \end{aligned} \tag{6-67}$$

由于旋转变压器转子转轴是与被测轴连接在一起的，且式（6-67）中 $k_u$、$U_f$、$\omega$ 均为常数，因此转子绕组输出电压的相位角 $(\theta_0 - \theta)$ 就反映了转轴转角 $\theta$ 对指令 $\theta_0$（基

准相位角）的跟随程度。当 $\theta_0-\theta=0$ 时，表明实际位置与指令位置相同，无跟随误差；若 $\theta_0-\theta\neq0$，则二者不一致，存在跟随误差。利用其相位差作为伺服驱动系统的控制信号，控制执行元件向减小相位差的方向移动。

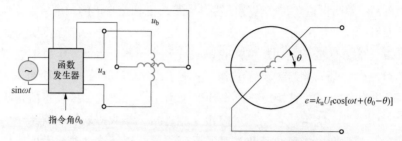

图 6-29　旋转变压器测量装置原理接线图（相位工作方式）

### 三、在解算装置中的应用

1. 矢量分解

在图 6-30 所示正余弦旋转变压器的励磁绕组上施加正比于矢量模值的励磁电压 $\dot{U}_\mathrm{f}$，交轴绕组短接，转子从电气零位转过一个等于矢量相角 $\alpha$ 的转角，设旋转变压器的变比为 1，这时，转子正、余绕组的输出电压应正比于该矢量的两个正交分量，即

$$\left.\begin{aligned}U_\mathrm{y}=U_{\mathrm{R}1}=k_\mathrm{u}U_\mathrm{f}\sin\alpha=U_\mathrm{f}\sin\alpha\\U_\mathrm{x}=U_{\mathrm{R}2}=k_\mathrm{u}U_\mathrm{f}\cos\alpha=U_\mathrm{f}\cos\alpha\end{aligned}\right\}\qquad(6\text{-}68)$$

采用这种线路也可将极坐标系统变换到直角坐标系统。

2. 反三角函数运算

在正余弦旋转变压器励磁绕组上外加正比于直角三角形斜边大小的励磁电压 $\dot{U}_\mathrm{f}$，交轴绕组短接，如图 6-31 所示。设变压器变比为 1，则转子两个绕组的输出电压分别为

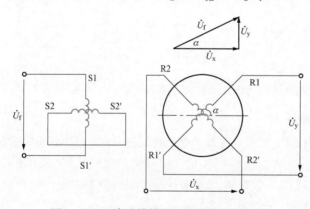

图 6-30　正余弦旋转变压器进行矢量分解

$$\left.\begin{aligned}U_{\mathrm{R}1}=U_\mathrm{f}\sin\alpha\\U_{\mathrm{R}2}=U_\mathrm{f}\cos\alpha\end{aligned}\right\}\qquad(6\text{-}69)$$

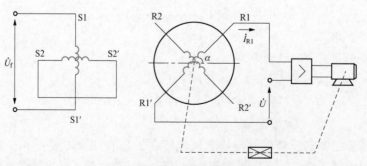

图 6-31　求解反正弦函数时的接线图

若在旋转变压器正弦输出绕组中反相串入正比于直角三角形一个直角边大小的电压 $\dot{U}$，然后经放大器放大后施加到交流伺服电动机的控制绕组上，伺服电动机通过减速器与旋转变压器转轴之间机械耦合。放大器输入电压为 $\dot{U}_{R1} - \dot{U}$，在该电压作用下伺服电动机带动旋转变压器的转子一起偏转，直至 $\dot{U}_{R1} - \dot{U} = 0$ 时，放大器的输出电压为零，伺服电动机停止转动，此时有

$$U = U_{R1} = U_f \sin\alpha \tag{6-70}$$

即

$$\alpha = \arcsin\frac{U}{U_f} \tag{6-71}$$

可见，利用这种方法可以求取反正弦函数。

在图 6-31 中，若将电压 $\dot{U}$ 串入转子余弦输出绕组，并将 $\dot{U}_{R2}$ 与 $\dot{U}$ 的合成电压放大后加到交流伺服电动机的控制绕组，就可求得反余弦函数。

**四、比例式旋转变压器**

比例式旋转变压器主要用于阻抗匹配和电压调节。若在旋转变压器的定子绕组 S1-S1′ 上施加励磁电压 $\dot{U}_f$，定子绕组 S2-S2′ 直接短路进行一次侧补偿，转子绕组 R1-R1′ 开路，则转子绕组 R2-R2′ 的输出电压为

$$U_{R2} = k_u U_f \cos\alpha \tag{6-72}$$

将上式改写为

$$\frac{U_{R2}}{U_f} = k_u \cos\alpha \tag{6-73}$$

当转子位置角 $\alpha$ 在 0°～360° 之间变化时，$\cos\alpha$ 在 +1.0～-1.0 之间变化。因 $k_u$ 为常数，故 $U_{R2}/U_f$ 将在 $\pm k_u$ 的范围内变化。当将转子位置角调节到某一值并固定不变时，则 $U_{R2}/U_f$ 的比值为一定值，也就是输出电压与输入电压成比例，这就是比例式旋转变压器的工作原理。在自动控制系统中，若前级装置的输出电压与后级装置的输入电压不匹配，可以在其间放置一个比例式旋转变压器，将前级装置的输出电压作为该旋转变压器的输入，调节比例式旋转变压器的转子转角到适当值，即可使比例式旋转变压器的输出电压与后级装置的输入电压匹配。

比例式旋转变压器在转轴上装有调整齿轮和调整后可以固定转子的机构，使用时，可将转子转到需要的角度后加以固定。

### 小 结

旋转变压器是一类精密控制微电机，在自动控制系统中主要用来测量或传输转角信号，也可作为解算元件用于坐标变换和三角函数运算等。根据输出信号与转角之间的函数关系，旋转变压器可分为正余弦旋转变压器、线性旋转变压器等类型。在结构上，旋转变压器与绕线式异步电动机相似，定、转子均为隐极结构，并分别放置两相正交绕组。

旋转变压器接负载时输出电压会发生畸变，原因是负载时出现了交轴磁动势，破坏了输出电压随转角作正余弦函数变化的规律，因此必须进行补偿。一次侧补偿时，将一次侧交轴绕组接一个与电源内阻抗相等的阻抗或直接短路；二次侧补偿时在二次侧与输出绕组正交的绕组上接一个与负载阻抗相等的阻抗。一次侧补偿的优点是交轴绕组的阻抗与负载阻抗无关；二次侧补偿的优点是转子电流所产生的直轴磁场与转子转角无关，因此一次侧电流以及旋转变压器的输入阻抗均与转子转角无关。为了能兼顾上述两个优点，可采用一次侧和二次侧同时补偿。

线性旋转变压器是将正余弦旋转变压器定、转子绕组通过适当的连接而得到的，在一定的角度范围内其输出电压与转角之间保持线性关系。

用一对旋转变压器进行远距离角度传输时，其工作原理、误差分析方法以及特性指标的定义均与自整角机控制式运行时相同，但旋转变压器的精度要比自整机高，它适用于高精度的同步系统。若要进一步提高测角精度，可采用双通道测角系统和多极旋转变压器。

磁阻式旋转变压器的转子为没有任何绕组的凸极铁芯，具有结构简单可靠、成本低等优点，在角位置测量等领域获得了广泛应用。但磁阻式旋转变压器的转子凸极很难达到理想形状，因此，与传统有刷式旋转变压器相比，其误差较大，精度较低。

将旋转变压器与数字转换芯片（如 AD2S83）配合可构成数字式旋转变压器，直接输出数字转角信号。

## 思考题与习题

6-1  正余弦旋转变压器在负载时输出电压为什么会发生畸变？消除输出特性曲线畸变的方法有哪些？

6-2  正余弦旋转变压器二次侧完全补偿的条件是什么？一次侧完全补偿的条件又是什么？试比较二次侧补偿和一次侧补偿各有哪些特点。

6-3  如图 6-32 所示，在定子绕组 S1-S1′ 的两端施加单相交流电压 $\dot{U}_f$，定子交轴绕组和转子正、余绕组均开路。如使 $\alpha$ 由 0° 逆时针逐渐增大到 90°，试问图中的三个电压表 PV1、PV2 和 PV3 的读数分别会发生什么变化（指出变化趋势）？如在定子绕组 S1-S1′ 的两端施加直流电压，且直流电压的大小接近于铭牌上规定的交流电压的有效值，此时情况又将如何？

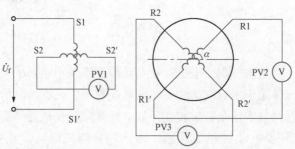

图 6-32  6-3 题图

6-4 线性旋转变压器输出电压与转子转角 $\alpha$ 的关系式是什么？若要求输出电压的线性误差小于 $0.1\%$，转角 $\alpha$ 的角度范围是多少（设变比 $k_u = 0.52$）？

6-5 简要说明旋转变压器产生误差的原因和改进方法。

6-6 感应移相器在实际使用时为什么要在电容支路中加补偿电阻 $R_{cp}$？

6-7 试设计用正余弦旋转变压器来求解反三角函数 $a = \arccos \dfrac{b}{c}$ 的线路图。

6-8 感应同步器的绕组是如何设置的？感应同步器有哪几种工作方式？

6-9 在 AD2S83 与 DSP 之间为什么要加接口电路？

6-10 多极旋转变压器提高测角精度的原理是什么？

6-11 简述磁阻式旋转变压器的工作原理和主要特点。

# 第 七 章

# 永磁无刷直流电动机
## （Permanent Magnet Brushless DC Motor）

## 第一节　概　　述

直流电动机起动和调速性能好，堵转转矩大，广泛应用于各种调速和伺服系统中。但是，直流电动机具有电刷和换向器组成的机械换向装置，其间的滑动接触，严重地影响电动机的精度和可靠性，缩短了电动机的寿命，需要经常维护，所产生的火花会引起无线电干扰；且电刷换向器装置又使直流电机结构变得复杂，工作噪声大。因此，长期以来人们都在寻找无接触式换向的直流电动机结构。微电子技术、电力电子技术和电机控制技术的快速发展，高性能永磁材料的应用，使这种愿望得以实现。本章介绍的永磁无刷直流电动机（permanent magnet brushless DC motor），是集永磁电动机、微处理器、功率变换器、检测元件、控制软件和硬件于一体的新型机电一体化产品，它采用功率电子开关［如电力晶体管（GTR）、金属氧化物半导体场效应晶体管（MOSFET）、绝缘栅双极晶体管（IGBT）］和位置传感器代替电刷和换向器，既保留了直流电动机良好的运行性能，又具有交流电动机结构简单、维护方便和运行可靠等特点，在航空航天、数控装置、机器人、计算机外围设备、汽车电器、电动车辆和家用电器的驱动中获得了越来越广泛的应用。

## 第二节　永磁无刷直流电动机的基本结构和工作原理

永磁无刷直流电动机主要由永磁电动机本体、转子位置传感器和功率电子开关（逆变器）三部分组成，图 7-1 所示为其原理框图。直流电源通过电子换向电路向电动机定子绕组供电，由位置传感器检测电动机转子位置并发出电信号去控制功率电子开关的导通或关断，使电动机转动。

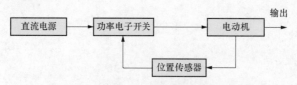

图 7-1　永磁无刷直流电动机的原理框图

**一、基本结构**

永磁无刷直流电动机的结构简图如图 7-2 所示，各主要组成部分的结构分述如下。

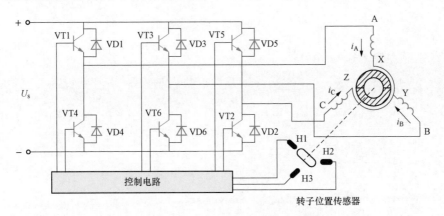

图 7-2　永磁无刷直流电动机的结构简图

1. 电动机本体

电动机本体是一台反装式的普通永磁直流电动机，电枢放在定子上，永磁磁极放在转子上，结构与永磁式同步电动机相似。定子铁芯中安放对称的多相绕组，通常是三相绕组，绕组可以是分布式或集中式，接成星形或封闭形，各相绕组分别与电子开关中的相应功率管连接。永磁转子多用铁氧体（ferrite）或钕铁硼（NdFeB）等永磁材料制成，不带笼型绕组等任何起动绕组，主要有表面贴装式和内嵌式结构，如图 7-3 所示。

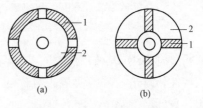

图 7-3　永磁转子结构型式
（a）表面贴装式；（b）内嵌式
1—磁钢；2—铁芯

2. 逆变器

逆变器主电路有桥式和非桥式两种，如图 7-4 所示。图 7-4（a）和图 7-4（b）是非桥式开关电路，其他是桥式开关电路。在电枢绕组与逆变器的多种连接方式中，以三相星形六状态［见图 7-4（c）］和三相星形三状态［见图 7-4（a）］使用最广泛。

3. 转子位置传感器

转子位置传感器是无刷直流电动机的重要组成部分，用来检测转子磁场相对于定子绕组的位置，以决定功率电子开关器件的导通顺序。常见的转子位置传感器有磁敏式、电磁式和光电式三种。

（1）磁敏式位置传感器。磁敏式位置传感器利用电流的磁效应进行工作，所组成的位置检测器由与转子同极数的永磁检测转子和多只空间均布的磁敏元件构成。常用的磁敏元件为霍尔元件或霍尔集成电路，它们在磁场作用下产生霍尔电动势，经整形、放大后得到所需的电压信号，即位置信号。图 7-5 所示为霍尔集成电路。图 7-5（a）所示是其外形图，它和小型的片式晶体管相似。霍尔集成电路有线性和开关型，无刷直流电动机中一般使用开关型。开关型集成电路由霍尔元件、差分放大器、施密特触发器和功

165

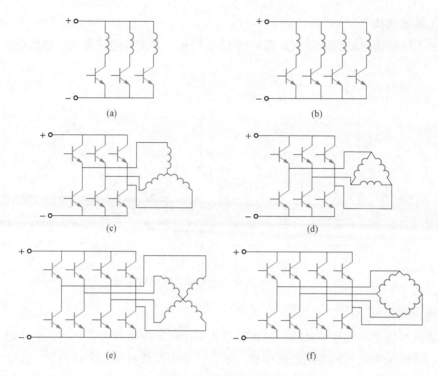

图 7 - 4　逆变器主电路

(a) 三相星形三状态；(b) 四相星形四状态；(c) 三相星形六状态；

(d) 三相封闭六状态；(e) 两相正交四状态；(f) 四相封闭四状态

率输出电路组成，如图 7 - 5（b）所示。图 7 - 5（c）所示是霍尔集成电路的输出特性，该特性相对于零磁场轴是非对称的，霍尔元件输出电压的极性随磁场方向的变化而变化。当外加磁感应强度高于 $B_{OP}$ 时，输出电平由高变低，传感器处于开状态。当外加磁感应强度低于 $B_{RP}$ 时，输出电平由低变高，传感器处于关状态。从图 7 - 5（c）可以看出，工作特性有一定的死区 $B_H$，在该区域内输出电压维持原有值不变，这有利于开关动作的可靠性。不同型号的传感器，$B_{OP}$、$B_{RP}$ 和 $B_H$ 不同，如型号为 UGN - 3020 的开关型霍尔传感器，$B_{OP} = 0.022 \sim 0.035\text{T}$，$B_{RP} = 0.005 \sim 0.016\ 5\text{T}$，$B_H = 0.002 \sim 0.005\ 5\text{T}$。一般，配套的磁钢磁感应强度应大于 0.15T。

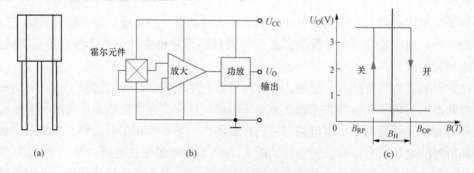

图 7 - 5　霍尔集成电路

(a) 外形；(b) 电路原理；(c) 开关型输出特性

　　霍尔位置传感器结构简单、体积小，但对环境和工作温度有一定限制。霍尔位置传感器是永磁无刷直流电动机中使用较多的一种。

　　（2）电磁式位置传感器。电磁式位置传感器利用电磁效应来测量转子位置，其结构如图7-6所示。传感器由定子和转子两部分组成。定子由磁芯、高频励磁绕组和输出绕组组成。定、转子磁芯均由高频导磁材料（如软铁氧体）制成。运行时，输入绕组中通入高频励磁电流，当转子扇形磁芯处在输出绕组下面时，输入和输出绕组通过定、转子磁芯耦合，输出绕组中感应出高频信号，经滤波整形处理后，用于控制逆变器开关管。这种传感器机械强度较高，可经受较大的震动冲击，它的输出信号较大，一般不需要放大便可驱动开关管，但输出电压是交流，需先整流；缺点是过于笨重复杂。

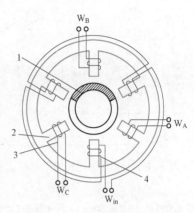

图7-6　电磁式位置传感器
1—转子磁芯；2—定子磁芯；
3—输出绕组；4—高频输入绕组

　　（3）光电式位置传感器。光电式位置传感器由固定在定子上的几个光电耦合开关和固定在转子轴上的遮光盘所组成，如图7-7所示。若干个光电耦合开关沿圆周均匀分布，每个光电耦合开关由相互对着的红外发光二极管VD1和光敏三极管VT1组成。遮光盘P处于发光二极管和光敏三极管中间，盘上开有一定角度的窗口。红外发光二极管通电后发出红外光，遮光盘随电动机转子一起旋转，红外光间断地照在光敏三极管上，使其不断地导通和截止，它输出的信号反映了电动机转子的位置，经VT2放大后驱动逆变器开关管。这种传感器轻便可靠，安装精度高，抗干扰能力强，调整方便，获得了广泛的应用。

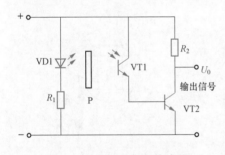

图7-7　光电式位置传感器

　　另外，随着微处理器技术的发展和高性能单片机的应用，近几年无位置传感器无刷直流电动机调速系统得到了迅速发展。结构上，无位置传感器无刷直流电动机与有位置传感器无刷直流电动机的主要差别是，前者不使用转子位置传感器，而使用硬件和软件来间接获取转子位置信号，从而增大了系统的可靠性。

**二、工作原理**

　　下面针对一相导通三相星形三状态和两相导通三相星形六状态永磁无刷直流电动机，分析它们的工作原理。

　　1. 一相导通三相星形三状态

　　图7-8所示为一台一相导通三相星形三状态永磁无刷直流电动机（$p=1$）的结构，三只光电位置传感器H1、H2、H3在空间对称均布，互差120°，遮光圆盘与电动机转子同轴安装，调整圆盘缺口与转子磁极的相对位置使缺口边沿位置与转子磁极的空间位

置相对应。

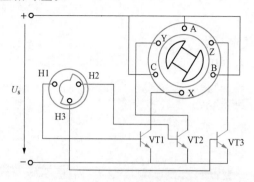

图 7-8　一相导通三相星形三状态永磁无刷
直流电动机的结构

　　设缺口位置使光电传感器 H1 受光而输出高电平，功率开关管 VT1 导通，电流流入 A 相绕组，形成位于 A 相绕组轴线上的电枢磁动势 $F_A$。$F_A$ 顺时针方向超前于转子磁动势 $F_f$150°电角度，如图 7-9（a）所示。电枢磁动势 $F_A$ 与转子磁动势 $F_f$ 相互作用产生转矩，拖动转子顺时针方向旋转。电流流通路径为：电源正极—A 相绕组—VT1 管—电源负极。当转子转过 120°电角度至图 7-9（b）所示位置时，与转子同轴

安装的圆盘转到使光电传感器 H2 受光、H1 遮光，功率开关管 VT1 关断，VT2 导通，A 相绕组断开，电流流入 B 相绕组，电流换相。电枢磁动势变为 $F_B$，$F_B$ 在顺时针方向继续领先转子磁动势 $F_f$150°电角度，两者相互作用，又驱动转子顺时针方向旋转。电流流通路径为：电源正极—B 相绕组—VT2 管—电源负极。当转子磁极转到图 7-9（c）所示位置时，电枢电流从 B 相换流到 C 相，产生的电磁转矩继续使电动机转子旋转，直至重新回到图 7-9（a）所示的起始位置，完成一个循环。

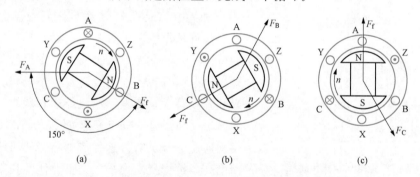

图 7-9　三相三状态无刷直流电动机绕组通电顺序和磁动势位置图
（a）A 相导通；（b）B 相导通；（c）C 相导通

　　从上面的分析可知，由于同轴安装的转子位置传感器的作用，定子三相绕组在位置传感器信号的控制下依次供电，转子每转过 120°，功率管就换流一次，换流顺序为 VT1—VT2—VT3…这样，定子绕组产生的电枢磁场和旋转的转子磁场在空间始终能保持近似垂直（相位差为 30°～150°电角度，平均为 90°电角度）关系，为产生最大电磁转矩创造了条件。

　　转子每转过 120°电角度（1/3 周期），逆变器开关管换流一次，定子磁场状态就改变一次。可见，电动机有 3 个磁状态，每一个状态对应不同相的开关管导通，每个功率开关元件导通 120°电角度（1/3 周期），逆变器为 120°导通型；另外，每一个状态导通的开关管与不同相绕组相连，每一个状态导通一相，每相绕组中流过电流的时间相当于转子转过 120°电角度的时间。

168

同时也可以看出，换相过程中的电枢磁场不是匀速旋转磁场而是跳跃式的步进磁场，由这种磁场产生的电磁转矩是一个脉动转矩，使电动机工作时产生转速抖动和噪声。解决该问题的方法之一是增加转子一周内的磁状态数，如采用两相导通三相六状态工作模式。

2. 两相导通三相星形六状态

对于上述三相永磁无刷直流电动机，配上图 7-4（c）所示的逆变器可实现两相导通三相星形六状态运行，其原理接线如图 7-2 所示。

当转子永磁体转到图 7-10（a）所示位置时，转子位置传感器发出磁极位置信号，经过控制电路逻辑变换后驱动逆变器，使功率开关管 VT1、VT6 导通（见图 7-2），A 进 B 出，绕组 A、B 通电，电枢电流在空间形成磁动势 $F_A$，如图 7-10（a）所示。此时定、转子磁场相互作用拖动转子顺时针方向转动。电流流通路径为：电源正极—VT1—A 相绕组—B 相绕组—VT6—电源负极。当转子转过 60°电角度，到达图 7-10（b）所示位置时，位置传感器输出的信号，经逻辑变换后使开关管 VT6 截止，VT2 导通，此时 VT1 仍导通。绕组 A、C 通电，A 进 C 出，电枢电流产生的空间合成磁场如图 7-10（b）所示，定、转子磁场相互作用使转子继续顺时针方向转动。电流流通路径为：电源正极—VT1—A 相绕组—C 相绕组—VT2—电源负极。以此类推，每当转子沿顺时针方向转过 60°电角度时，功率开关管就进行一次换流。随着电动机转子的连续转动，功率开关管的导通顺序依次为 VT2、VT3，VT3、VT4，VT4、VT5，VT5、VT6，VT6、VT1…使转子磁场始终受到定子合成磁场的作用而沿顺时针方向连续转动。

从图 7-10（a）和图 7-10（b）所示的 60°电角度范围内，转子磁场顺时针连续转动，而定子磁场在空间保持图 7-10（a）中 $F_A$ 的位置不动，只有当转子磁场转过 60°电角度到达图 7-10（b）中 $F_f$ 的位置时，定子合成磁场才从图 7-10（a）中位置顺时针跃变至 7-10（b）中的位置。定子合成磁动势在空间也是一种跳跃式旋转磁场，其步进角为 60°电角度，即 1/6 周期。

转子每转过 60°电角度（1/6 周期），逆变器开关管换流一次，定子磁场状态就改变一次。可见，与一相导通三相三状态不同，两相导通三相六状态控制方式时电动机有 6 个磁状态，每一个状态各有不同相的上、下桥臂开关管导通，每个功率开关元件导通 120°电角度（1/3 周期），逆变器为 120°导通型；另外，每一个状态导通的两个开关管与不同相绕组相连，每一个状态导通两相，每相绕组中流

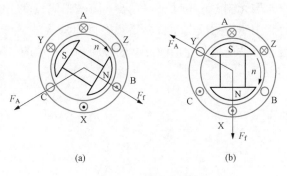

图 7-10　两相导通三相星形六状态无刷
直流电动机工作原理示意图
（a）A、B 相导通；（b）A、C 相导通

过电流的时间相当于转子转过 120°电角度的时间。两相导通三相星形六状态永磁无刷直

流电动机的三相绕组与开关管导通顺序的关系示于表 7 - 1。

表 7 - 1　　　　　　两相导通三相星形六状态三相绕组和开关管导通顺序

| 电角度 | 0° | 60° | 120° | 180° | 240° | 300° | 360° |
|---|---|---|---|---|---|---|---|
| 导通顺序 | A | | | B | | C | |
| | B | | C | | A | | B |
| VT1 | ←———导通———→ | | | | | | |
| VT2 | | ←———导通———→ | | | | | |
| VT3 | | | ←———导通———→ | | | | |
| VT4 | | | | ←———导通———→ | | | |
| VT5 | | | | | ←———导通———→ | | |
| VT6 | ←导通→ | | | | | | ←导通→ |

# 第三节　永磁无刷直流电动机的运行特性

## 一、基本方程

永磁无刷直流电动机的基本物理量有反电动势、电枢电流、电磁转矩和转速等。这些物理量的表达式与电动机的气隙磁场分布、绕组型式有着密切的关系。气隙磁场的波形可以分为方波、梯形波或正弦波,由磁路结构、永磁体的形状和充磁方式决定。在永磁无刷直流电动机中,大量使用方波形状的气隙磁场,其理想波形如图 7 - 11 所示。当定子绕组采用集中整距绕组,方波磁场在定子绕组中感应的电动势为梯形波。这种具有方波气隙磁感应强度分布、梯形波反电动势的无刷直流电动机称为方波电动机。方波电动机在控制时常采用方波电流驱动,即与 120°导通型三相逆变器相匹配,由逆变器向方波电动机提供三相对称的、宽度为 120°电角度的方波电流。对于两相导通三相星形六状态永磁无刷直流电动机,方波气隙磁感应强度在空间的宽度应大于 120°电角度,在定子绕组中感应的反电动势的平顶宽度也应大于 120°电角度,方波电流的宽度为 120°电角度。方波电流与梯形波反电动势同相位,如图 7 - 12 所示。

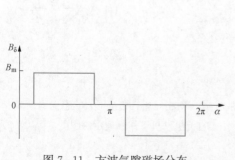

图 7 - 11　方波气隙磁场分布

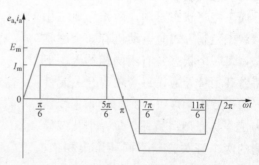

图 7 - 12　梯形波反电动势与方波电流

下面以两相导通三相六状态无刷直流电动机为例，分析方波电动机的反电动势、电枢电流、电磁转矩和转速表达式。为了便于分析，特作如下假设：

（1）忽略电枢绕组的电感，电枢电流可以突变；

（2）不考虑开关管导通和关断动作的过渡过程，认为每一相电流是瞬时产生和关断的。

1. 电枢绕组感应电动势

设电枢每相绕组串联匝数为 $W$，每相感应电动势为

$$E_{ph} = 2We \tag{7-1}$$

$$e = B_\delta lv \tag{7-2}$$

式中：$e$ 为单根导体在气隙磁场中的感应电动势；$B_\delta$ 为气隙磁感应强度；$l$ 为导体的轴向有效长度；$v$ 为导体相对于磁场的线速度。

由于

$$v = \frac{\pi D}{60}n = 2p\tau \frac{n}{60} \tag{7-3}$$

方波气隙磁感应强度对应的每极磁通为

$$\Phi_\delta = B_\delta \alpha_i \tau l \tag{7-4}$$

式中：$n$、$D$、$\tau$ 和 $p$ 分别为电动机转速、电枢内径、极距和极对数；$\alpha_i$ 为计算极弧系数。

将式（7-2）～式（7-4）代入式（7-1）得每相绕组感应电动势为

$$E_{ph} = \frac{p}{15\alpha_i}W\Phi_\delta n \tag{7-5}$$

则线电动势为

$$E = 2E_{ph} = \frac{2p}{15\alpha_i}W\Phi_\delta n = C_e\Phi_\delta n \tag{7-6}$$

式中：$C_e$ 为电动势常数。

2. 电枢电流

每个导通时间内有电压平衡方程式为

$$U - 2\Delta U = E + 2I_a r_a \tag{7-7}$$

式中：$U$、$\Delta U$、$I_a$ 和 $r_a$ 分别为电源电压、一个功率开关管管压降、每相绕组电流和每相绕组电阻。

由式（7-7）得

$$I_a = \frac{U - 2\Delta U - E}{2r_a} \tag{7-8}$$

3. 电磁转矩

电动机的电磁转矩为

$$T_e = \frac{2E_{ph}I_a}{\Omega} = \frac{EI_a}{\Omega} \tag{7-9}$$

式中：$\Omega$ 为电动机的机械角速度。

则有

$$T_e = \frac{4p}{\pi\alpha_i}W\Phi_\delta I_a = C_T\Phi_\delta I_a \qquad (7\text{-}10)$$

$$C_T = \frac{4p}{\pi\alpha_i}W$$

4. 转速

将式（7-6）代入式（7-7）得

$$n = \frac{U - 2\Delta U - 2I_a r_a}{C_e\Phi_\delta} \qquad (7\text{-}11)$$

空载转速为

$$n_0 = \frac{U - 2\Delta U}{C_e\Phi_\delta} = 7.5\alpha_i\frac{U - 2\Delta U}{pW\Phi_{\delta 0}} \qquad (7\text{-}12)$$

5. 电动势系数与转矩系数

电动势系数为

$$k_e = \frac{E}{n} = C_e\Phi_\delta = \frac{2p}{15\alpha_i}W\Phi_\delta \qquad (7\text{-}13)$$

转矩系数为

$$k_T = \frac{T_e}{I_a} = C_T\Phi_\delta = \frac{4p}{\pi\alpha_i}W\Phi_\delta \qquad (7\text{-}14)$$

同理可得一相导通三相星形三状态无刷直流电动机的基本表达式。

当气隙磁感应强度为正弦分布时，绕组感应电动势也按正弦规律分布，两相导通三相星形六状态和一相导通三相星形三状态正弦波无刷直流电动机的基本公式与方波电动机的公式对照列于表7-2。

表7-2　　　　　方波无刷直流电动机与正弦波无刷直流电动机公式对照表

| 状态 | 物理量 | 方波无刷直流电动机 | 正弦波无刷直流电动机 |
|---|---|---|---|
| 三相星形六状态 | 相电动势幅值 $E_m$ | $\frac{p}{15\alpha_i}W\Phi_\delta n$ | $0.1045pWk_w\Phi_\delta n$ |
| | 平均电枢电流 $I_{av}$ | $\frac{U - 2\Delta U - 2E_m}{2r_a}$ | $\frac{U - 2\Delta U}{2r_a} - 0.827\frac{E_m}{r_a}$ |
| | 平均电磁转矩 $T_{av}$ | $\frac{4p}{\pi\alpha_i}W\Phi_\delta I_{av}$ | $0.607\frac{Wp\Phi_\delta}{\alpha_i r_a}[(U - 2\Delta U) - 1.655E_m]$ |
| | 空载转速 $n_0$ | $7.5\alpha_i\frac{U - 2\Delta U}{pW\Phi_{\delta 0}}$ | $5.785\frac{U - 2\Delta U}{pWk_w\Phi_{\delta 0}}$ |
| 三相星形三状态 | 相电动势幅值 $E_m$ | $\frac{p}{15\alpha_i}W\Phi_\delta n$ | $0.1045pWk_w\Phi_\delta n$ |
| | 平均电枢电流 $I_{av}$ | $\frac{U - \Delta U - E_m}{r_a}$ | $\frac{U - \Delta U}{r_a} - 0.827\frac{E_m}{r_a}$ |
| | 平均电磁转矩 $T_{av}$ | $\frac{2p}{\pi\alpha_i}W\Phi_\delta I_{av}$ | $0.304\frac{Wp\Phi_\delta}{\alpha_i r_a}[\sqrt{3}(U - \Delta U) - 1.48E_m]$ |
| | 空载转速 $n_0$ | $15\alpha_i\frac{U - \Delta U}{pW\Phi_{\delta 0}}$ | $11.55\frac{U - \Delta U}{pWk_w\Phi_{\delta 0}}$ |

**二、运行特性**

**1. 机械特性**

由式（7 - 11）可得永磁无刷直流电动机的机械特性为

$$n = \frac{U - 2\Delta U}{C_e \Phi_\delta} - \frac{2r_a}{C_e C_T \Phi_\delta^2} T_e \qquad (7 - 15)$$

可见，无刷直流电动机的机械特性与有刷直流电动机的机械特性表达式相同。图 7 - 13 所示的机械特性曲线产生弯曲现象，是由于当转矩较大，开关管管压降 $\Delta U_T$ 随着电流增大而增加较快，加在绕组上的电压有所减小，使特性曲线偏离直线而向下弯曲。

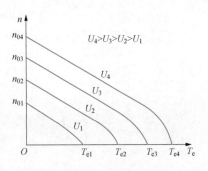

图 7 - 13　机械特性曲线

**2. 调节特性**

根据式（7 - 8）、式（7 - 10）和式（7 - 11）可分别求得调节特性的始动电压 $U_0$ 和斜率 $K$，即

$$U_0 = \frac{2r_a T_e}{C_T \Phi_\delta} + 2\Delta U \qquad (7 - 16)$$

$$K = \frac{1}{C_e \Phi_\delta} \qquad (7 - 17)$$

得到调节特性曲线如图 7 - 14 所示。

从机械特性和调节特性可见，永磁无刷直流电动机具有与有刷直流电动机一样良好的控制性能，可以

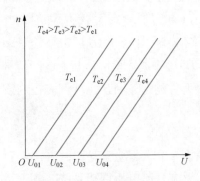

图 7 - 14　调节特性曲线

通过改变电压实现无级调速。

# 第四节　永磁无刷直流电动机的控制方法

永磁无刷直流电动机的控制方法，按有无转子位置传感器，可分为有位置传感器控制和无位置传感器控制。

永磁无刷直流电动机具有有刷直流电动机那样良好的调速性能，却没有电刷和换向器，这主要是它用转子位置传感器替代了电刷，用电子换向电路（逆变器）替代了机械式换向器。因此，电子控制系统是无刷直流电动机不可缺少的组成部分，否则这种电动机不能运行。

**一、有位置传感器控制**

图 7 - 15 所示是永磁无刷直流电动机的控制系统框图。由图 7 - 15 可见，电动机本体、转子位置传感器和电子换向电路是最基本的组成部分。转子位置传感器产生的转子位置信号，被送至转子位置译码电路，经放大和逻辑变换形成正确的换向顺序信号，去触发导通相应功率开关元件，使之按一定顺序接通或关断绕组，确保电枢产生的步进磁场和转子永磁磁场保持平均的垂直关系，以产生最大转矩。换向信号逻辑变换电路则可在控制指令的干预下，根据当前运行状态和对正转、反转，电动、制动，高速、低速等

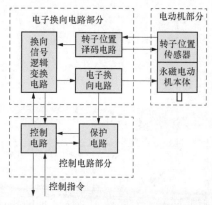

图 7-15 永磁无刷直流电动机控制
系统框图

要求实现换相（触发）信号分配，导通相应的功率电子开关器件，产生相应大小和方向的转矩，实现电动机的运行控制。保护电路用于实现电流控制、过电流保护、欠电压保护和过热保护等。

下面介绍采用 8051 单片机控制的永磁无刷直流电动机控制系统，原理如图 7-16 所示。在该系统中，电动机定子三相绕组星形连接，桥式主电路为两两通电方式。8051 单片机 P2 口置成输入口，送入位置检测信号 H1、H2、H3；P1 口置成输出口，其 P1.0、P1.1、P1.2 口经反向驱动门 74LS06 控制 P 沟道 MOSFET VT1、VT3、VT5 栅极；P1.3、P1.4、P1.5 经或非门 74LS33 与 P0.1 相或后控制 N 沟道 MOSFET VT4、VT6、VT2。此外，P0.0 口输出发电制动高电平信号，导通 VT0 后可使转子动能变换成的电能消耗在制动电阻 $R_T$ 上。电流采样电阻 $R_f$ 用于电流检测，其上电压信号 $U_f$ 送电压比较器 LM 与设定值 $U_0$ 相比较，控制下桥臂元件的通、断，实现恒流控制或过电流保护。下面介绍这种单片机控制系统实现的功能。

1. 转速控制

无刷直流电动机的转速控制原理与普通直流电动机一样，通过脉宽调制（PWM）方法改变电压大小实现速度调节。对于图 7-16 所示的无刷直流电机调速系统，各下桥臂元件除接收 P1 口的触发信号外，还通过 74LS33 或非门引入 P0.1 的 PWM 控制，当 P0.1 输出高电平时，主电路因 VT4、VT6、VT2 被封死而断电；当 P0.1 输出低电平时，主电路六只开关管受 P1 口控制而正常通、断。只要对 P0.1 实行 PWM 控制就能调节供给电枢绕组电压的大小，调节电动机的转速。

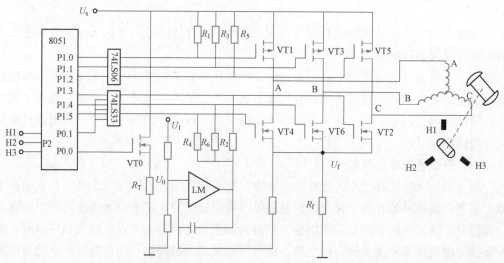

图 7-16 单片机控制永磁无刷直流电动机原理图

在某些控制电路中，PWM 信号可由直流电平信号（调制波）与高频三角载波相交的模拟电路方法或直流 PWM 专用芯片获得，此时微机只需输出与速度相应的直流电平调制信号即可。

2. 正、反转控制

对于有刷直流电动机，只要改变励磁磁场的极性或电枢电流的方向，就可实现电动机反转。对于无刷直流电动机，实现电动机反转的原理与有刷直流电动机一样，但由于所用功率开关管的单向导电性，不能简单地靠改变电源电压的极性使电动机反转，而是通过改变绕组的通电顺序来实现。

对于图 7‑17 所示的三相三状态无刷直流电动机，欲使电动机顺时针方向转动，则应由 A 相导通切换到 B 相导通，然后 C 相，通电顺序为 A—B—C；反之，欲使电动机逆时针方向转动，则应由 B 相导通切换到 A 相导通，然后 C 相导通，通电顺序为 B—A—C。

显然，若有两套位置传感器，一套控制正转，另一套控制反转，通过逻辑电路很容易实现位置传感器输出信号的切换，但是这种做法是不经济的。下面介绍如何利用原有的位置传感器的输出信号来控制电动机的反转。

图 7‑18 所示为光电式位置传感器在反转时遮光板与通电相的关系。在图 7‑18（a）中，遮光板遮住光敏接受元件 H2、H3，而使 H1 透光。这时，如果按原来正转控制电路应该使 A 相通电，但反转时应使 B 相通电；转子反转 120°后，遮光板遮住 H1、H2，使 H3 透光，如图 7‑18（b）所示，正转时应使 C 相通电，但反转时应给 A 相通电；转子再转过 120°电角度，如图 7‑18（c）所示，H2 开始透光，这时必须给 C 相通电才能继续反转。所以，利用同一套位置传感器，正、反转时光敏接收元件与通电相的控制关系见表 7‑3。

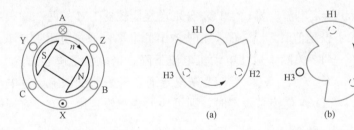 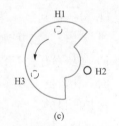

图 7‑17　A 相绕组通电瞬时　　　　图 7‑18　反转时遮光板位置与通电相的关系
　　　　转子位置　　　　　　　　　（a）B 相通电；（b）A 相通电；（c）C 相通电

表 7‑3　　　　　　　　　正、反转时光敏接受元件与通电相的控制关系

| 正转 | | 反转 | |
|---|---|---|---|
| 光敏接受元件 | 通电相 | 光敏接受元件 | 通电相 |
| H1 | A 相 | H1 | B 相 |
| H2 | B 相 | H3 | A 相 |
| H3 | C 相 | H2 | C 相 |

为了实现利用同一套位置传感器进行正、反转控制，通过设计一个逻辑电路来实现，并将传感器的控制信号转换成表7-3所列的控制关系。

对于微机控制的无刷直流电动机调速系统（见图7-16），若使用两相导通星形三相六状态方式，转子每转过60°电角度换一种状态，导通状态的转换通过软件来完成。软件控制导通状态转换非常简单，即根据位置传感器的输出信号H1、H2、H3，不断地取相应的控制字送P1口来实现。因此，如果采用霍尔式位置传感器，就可编写出控制无刷直流电动机正、反转时P1口所输出的控制字，制成表格供调用。表7-4给出了两相导通方式无刷直流电动机正、反转时霍尔式位置传感器信号与功率开关导通的逻辑关系。

**表7-4** 两相导通方式霍尔式位置传感器信号与功率开关导通的逻辑关系

| 正转 | | | | 反转 | | | |
|---|---|---|---|---|---|---|---|
| H1 | H2 | H3 | 导通管 | H1 | H2 | H3 | 导通管 |
| 1 | 0 | 1 | VT1、VT2 | 1 | 0 | 1 | VT4、VT5 |
| 1 | 0 | 0 | VT2、VT3 | 0 | 0 | 1 | VT3、VT4 |
| 1 | 1 | 0 | VT3、VT4 | 0 | 1 | 1 | VT2、VT3 |
| 0 | 1 | 0 | VT4、VT5 | 0 | 1 | 0 | VT1、VT2 |
| 0 | 1 | 1 | VT5、VT6 | 1 | 1 | 0 | VT6、VT1 |
| 0 | 0 | 1 | VT6、VT1 | 1 | 0 | 0 | VT5、VT6 |

**3. 电流控制**

在图7-16中为了实现对电流的闭环控制，通过采样电阻$R_f$对流经不同上、下桥臂功率管和电动机绕组的相电流进行采样，即其上电压$U_f$正比于电动机相电流大小。对$U_1$分压得到$U_0$，其值对应于给定电流。将$U_f$和$U_0$分别送至比较器LM的两个输入端进行比较。当电动机电流大于设定值时，$U_f > U_0$，LM输出低电平，通过电阻$R_4$、$R_6$、$R_2$将功率开关VT4、VT6、VT2关断，迫使电动机电流下降。当电流下降至$U_f < U_0$时，比较器LM输出高电平，使VT4、VT6、VT2恢复导通，于是起到限流、过电流保护的目的。当$U_0$由P0口经D/A变换来设定时，则可根据要求设定限流值，实现电流保护与控制。

**4. 再生（发电）制动**

相对于电动运行状态，改变电磁转矩的方向，无刷直流电动机就进入再生（发电）制动状态。这时将同相上、下桥臂元件的触发信号互换，在保持通电相序不变条件下使绕组电流反向，电机就从电动运行进入发电运行状态。为消耗再生制动由机械能转化而来的电能，直流环节设置了耗能电阻$R_T$，系统在制动指令控制下导通功率开关VT0，接入$R_T$，如图7-16所示。

**二、无位置传感器控制**

无位置传感器控制方式一般指的是电动机上没有位置传感器，即不在无刷直流电动机的定子上直接安装位置传感器来检测转子位置。但是在电动机的控制运行过程中，转子位置换相信号是必需的。所以，永磁无刷直流电动机无位置传感器控制的关键是设计一个转子位置信号检测电路，从硬件和软件两个方面来间接获取可靠的转子位置信号。检测得到转子位置信号后电动机的控制方法，与有位置传感器控制法相同。目前，大多是利用定子电压、电流等容易获取的物理量进行转子位置的估算，以获取转子位置信号，较为成熟的方法有反电动势过零检测法、锁相环技术法、定子三次谐波法和电感法等，其中，反电动势过零检测法具有线路简单、成本低、性能可靠等优点，是目前应用较多的一种无刷直流电动机无位置传感器控制方法。

1. 反电动势法无位置传感器无刷直流电动机控制原理

根据电机学原理，在无刷直流电动机中，转子旋转磁场会在定子绕组中产生感应电动势，由于该电动势方向与绕组电流方向相反，所以称其为反电动势；另外，由前面分析知道，当定子绕组采用集中整距绕组时，方波磁场在定子绕组中感应的电动势为梯形波。反电动势法主要面向的就是这种具有方波气隙磁密分布、梯形波反电动势的无刷直流电动机。

如图 7-19（a）所示，在 $t_0$ 时刻转子 d 轴滞后 B 相绕组轴线 $\pi/6$ 电弧度。为使转子顺时针转动，触发逆变器功率管 VT1 和 VT2（参见图 7-2），电流经 VT1 管，从 A 相绕组流入，C 相绕组流出，再由 VT2 管回到电源。B 相绕组不通电，没有电流通过，称为悬空相。这时，定子合成磁场方向为图 7-19（a）中所示的 $F_A$ 方向，$F_A$ 和转子磁场相互作用产生转矩，推动转子继续朝顺时针方向转动。当转子转过 $\pi/6$ 电弧度后，在 $t_1$ 时刻，转子 d 轴正好与 B 相绕组轴线相重合，此时 B 相绕组的反电动势 $e_B$ 为零，如图 7-19（b）所示。理想情况下，反电动势过零点出现在每次换相后 $\pi/6$ 电弧度的时刻。反过来说从反电动势过零时刻开始，延迟 $\pi/6$ 电弧度时间后就是下一次换相时刻。图 7-20 所示为反电动势波形和逆变器功率管触发顺序的组合关系，图中不考虑由于功率管开关动作的过渡过程所造成的反电动势信号上升下降中的延迟。

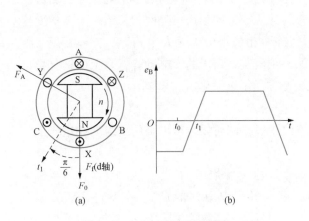

图 7-19　反电动势法原理图

（a）定转子磁动势相对位置；（b）梯形波反电动势

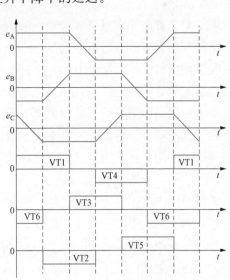

图 7-20　反电动势波形与逆变器功率管
触发顺序的组合关系

2. 反电动势法的实现方法

由反电动势法的原理可知,只要知道反电动势的过零点就可以知道转子的位置信息。但在实际应用中,绕组中的反电动势是难以直接获得的,因此需要采用其他方法来获取反电动势波形,找出过零点。目前,对应于反电动势过零检测法有两种等效方法,分别为相电压法和端电压法。

(1) 相电压法。由两相导通三相星形六状态永磁无刷直流电动机工作原理的分析可知,无刷直流电动机任意一相绕组的输出端都有三种状态:①高电压态,绕组接到电源正端,有电流流入;②低电压态,绕组接到电源负端,有电流流出;③高阻态,此时绕组处于不导电状态。电动机运行中,在任意时刻逆变器中总有一相的功率器件是全部关断的,也就是说,对应该相的电动机绕组输出端处于高阻态,通常把该相绕组称为悬空绕组。在悬空时间内,该绕组的相电压等于其感应电动势,该感应电动势与气隙磁场相对应。当不考虑电枢反应磁场的影响时,气隙磁场主要由转子磁钢激励,这样可以近似地认为绕组中的感应电动势等于反电动势。通过前面的分析可以知道,绕组反电动势的过零点就发生在该相绕组悬空的时间段内,所以通过检测绕组的相电压就可以间接检测到反电动势过零点。

另外,也可以用电压平衡方程来说明用相电压等效反电动势的可行性。在假定磁路不饱和、不计涡流损耗、三相绕组完全对称的情况下,以 A 相为例,无刷直流电动机运行时相电压的电压平衡方程表达式为

$$u_{phA} = i_A r_A + Lpi_A + Mpi_B + Mpi_C + e_A \qquad (7\text{-}18)$$

式中:$u_{phA}$ 为 A 相绕组相电压;$i_A$、$i_B$、$i_C$ 分别为 A、B、C 相电流;$r_A$ 为 A 相绕组电阻;$L$ 为每相绕组自感;$M$ 为每两相绕组间的互感;$e_A$ 为 A 相绕组的电动势;$p = \dfrac{\mathrm{d}}{\mathrm{d}t}$ 为微分算子。

对于方波无刷直流电动机,由于转子磁阻不随转子位置的变化而变化,因而定子绕组的自感和互感为常数。式 (7-18) 中,右边第一项为定子绕组的电阻压降,当该相绕组悬空的时候,绕组中没有电流,所以这项值为零。第二项为绕组中电流变化引起的自感电动势,绕组悬空时,该项值也为零。第三、第四项为另外两相绕组中电流的变化在该相绕组中引起的互感电动势,因为另外两相绕组中电流大小相等、方向相反,因此,这两项互感电动势的值相互抵消。第五项就是绕组中的反电动势。从上面的分析可以知道,当该相绕组悬空的时候,电压平衡方程可以简化为

$$u_{phA} = e_A \qquad (7\text{-}19)$$

即绕组的相电压等于反电动势。由此,在绕组悬空的时候,可以采用绕组的相电压来替代反电动势检测电动机转子位置。

所谓相电压,对于三相星形连接绕组来说是指相绕组两端的电压,也就是绕组端部到中心点之间的电压。以 A 相绕组为例,就是图 7-21 所示的 $u_{phA}$。在 VT5、VT6 两个功率管导通期间,A 相绕组不通电悬空,这时候 A 相绕组的相电压 $u_{phA}$ 就可以看作是该绕组的反电动势 $e_A$。所以,只要检测到相电压 $u_{phA}$ 的过零点,就等于知道了反电动势 $e_A$

的过零点，从而确定逆变器的换相时序。习惯上把这种方法称为相电压法，该方法适用于有中心点引出线的永磁无刷直流电动机。

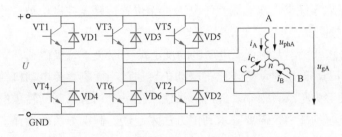

图 7 - 21　相电压法、端电压法原理图

（2）端电压法。大部分无刷直流电动机都没有中心点引出线，因此引入了端电压法的概念。对于三相星形连接的绕组来说，端电压是指绕组端部至电源地之间的电压，这里用 $u_{gA}$ 来表示。从端电压的定义不难看出，端电压就是在相电压的基础上加上中心点对地的电压。用 $u_{gn}$ 表示中心点对地电压，可以得出

$$u_{gA} = u_{phA} + u_{gn} = e_A + u_{gn} \qquad (7 - 20)$$

根据三相绕组的对称性，由式（7 - 18）可以推导出三相绕组端电压平衡方程的矩阵表达式

$$\begin{bmatrix} u_{gA} \\ u_{gB} \\ u_{gC} \end{bmatrix} = \begin{bmatrix} r_a & 0 & 0 \\ 0 & r_a & 0 \\ 0 & 0 & r_a \end{bmatrix} \cdot \begin{bmatrix} i_A \\ i_B \\ i_C \end{bmatrix} + \begin{bmatrix} L & M & M \\ M & L & M \\ M & M & L \end{bmatrix} p \begin{bmatrix} i_A \\ i_B \\ i_C \end{bmatrix} + \begin{bmatrix} e_A \\ e_B \\ e_C \end{bmatrix} + \begin{bmatrix} u_{gn} \\ u_{gn} \\ u_{gn} \end{bmatrix} \qquad (7 - 21)$$

式中：$u_{gA}$、$u_{gB}$、$u_{gC}$ 分别为 A、B、C 三相绕组的端电压。

任一时刻只有两相绕组导通，导通的两相绕组中电流大小相等、方向相反，第三相绕组悬空，电流为零，将矩阵中三个方程相加可得

$$u_{gA} + u_{gB} + u_{gC} = e_A + e_B + e_C + 3u_{gn} \qquad (7 - 22)$$

假定该时刻 A 相绕组悬空，B、C 两相绕组导通，则 B、C 两相绕组的反电动势大小相等、方向相反，将式（7 - 20）代入式（7 - 22）可得

$$u_{gn} = \frac{u_{gB} + u_{gC}}{2} \qquad (7 - 23)$$

绕组导通时，假设电流从 C 相流入，B 相流出，则 C 相绕组和 B 相绕组的端电压之和等于电源电压 U，则

$$u_{gn} = \frac{U}{2} \qquad (7 - 24)$$

将式（7 - 24）代入式（7 - 20）可得

$$e_A = u_{gA} - u_{gn} = u_{gA} - \frac{U}{2} \qquad (7 - 25)$$

所以，只要能够检测到 $u_{gA} - \dfrac{U}{2}$ 的过零点就可以知道转子在该时刻的位置。根据电动机的三相对称关系，可确定 B、C 相的过零点时刻，据此控制逆变器功率管的导通与关

---

断,实现电动机的换相,这就是端电压法的原理。

从上面的分析可知,端电压法和相电压法本质是一样的。它们具有硬件投资少、结构简单、工作可靠等优点,在无刷直流电动机无位置传感器控制中被广泛采用。

3. 无位置传感器无刷直流电动机的起动

由式(7-6)可知,无刷直流电动机的反电动势取决于每极磁通和转速的乘积。如保持每极磁通不变,则反电动势正比于电动机转速。当无刷直流电动机转子静止或低速运行时,反电动势为零或者很小。此时,无法根据反电动势来判断转子的位置,也就是说电动机没有自起动能力,需要寻求其他方法来起动。起动方法的选择直接影响到电动机的运行效果,如果起动方法选择不当,可能导致电动机失步,或者反转。无位置传感器无刷直流电动机常用的起动方法是他控同步起动方式,也叫三段式起动法。该方法将无刷直流电动机的起动过程分为三个阶段,即转子预定位、外同步加速和外同步到自同步切换。这样既可以使电动机转向可控,又可以在电动机达到一定转速后再进行切换,确保了起动的可靠性。

(1)转子预定位。转子的初始位置决定逆变器首先导通哪两个功率管,使电动机起动。预定位时,由控制器决定转子的初始位置,即给电动机其中两相绕组通电,产生一个合成磁场。在该磁场作用下,转子向合成磁场的轴线方向旋转,直到转子磁极与该合成磁场轴线重合。如图7-22所示,假设对A相和C相绕组通电,电流从A相绕组流入、C相绕组流出,产生合成磁场 $F_A$,使转子磁极转到合成磁场轴线的位置。

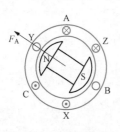

图7-22 转子预定位示意图

通电之前,转子的位置是随机的。开始通电瞬间,转子磁场和定向磁场间作用产生的电磁转矩是不确定的值。尤其是转子d轴和定向磁场夹角为180°时,产生的电磁转矩为零,理论上无法使转子定位到预定的位置。实际上,在这种情况下,转子处于一个非稳定平衡状态,任意的随机扰动都会使得转子偏离该位置,一旦转子偏离了这个位置,就会在电枢磁场的作用下,向电枢磁势轴线位置旋转。因此,只要施加一定的电压,控制绕组电流,产生足够的电磁转矩使转子定位到预定的位置。

转子到达定位平衡点以后,并不立刻静止,将在平衡点附近摆动。在黏滞摩擦和磁滞涡流阻尼的作用下,经过几次摆动后静止在预定位点。所以,为了使转子有足够的时间定位,两相通电需要保持一定的时间,同时调节脉宽调制信号占空比保持适当的电流,以产生足够的电磁转矩保证转子转到预定的位置。对预定位所需的外施电压值和预定位时间,可以利用电动机机械运动方程和转矩方程来进行估算。

简化的电动机机械运动方程和转子机械角速度分别为

$$J \frac{\mathrm{d}\Omega}{\mathrm{d}t} = T_e - T_l \tag{7-26}$$

$$\Omega = \frac{\mathrm{d}\theta}{\mathrm{d}t} \tag{7-27}$$

式中:$T_e$ 为电磁转矩;$T_l$ 为负载转矩。

若给定预定位时间,结合其他参数,由式(7-26)、式(7-27),结合式(7-10),

可求得 $T_e$ 和 A 相绕组电流 $i_A$，根据绕组电阻可以估算出预定位需要的外施电压。由于绕组电感、转子转动过程中反电动势和被忽略的黏滞摩擦的影响，实际的外施电压比估算值略大。

（2）外同步加速。完成转子定位后，对电动机加速，使电动机达到一定转速，产生足够大的反电动势而检测其过零点。外同步加速是按照预先设置好的换相顺序使功率管轮流导通，同时，逐步升高换相频率，加大外施电压，直到达到预定频率为止。

外同步加速是一个开环运行过程，每次换相并不知道转子是否转到相应的换相位置，如果转子位置与换相位置相差太多，外同步加速就会失败。因此，外同步加速过程中需要合理控制绕组外施电压的大小，尽量使电动机换相接近最佳换相逻辑，保证外同步加速的成功。最佳换相逻辑是指在悬空相绕组反电动势过零点延迟对应 $30°$ 电角度时间的时刻进行换相，实际上这就是使用位置传感器时的换相位置。在外同步加速过程中，应调整外施电压和换相时间，使实际换相位置接近最佳换相位置，在这种状态下运行的电动机加速平稳，振动小，是理想的加速状态。

（3）外同步到自同步的切换。电动机起动加速达到一定转速以后，就可以从外同步运行转换到根据反电动势过零信号换相的自同步阶段，这个过程称为从外同步到自同步的切换。切换也是无刷直流电动机无位置传感器运行的关键之一。

首先，需要确定切换速度，即电动机的外同步运行速度达到多少时进行切换。由前面分析可知，电动机在静止或低速的时候反电动势为零或很小，无法作为判断转子位置的依据。通常，选择电动机转速为最高转速的 $15\%\sim20\%$ 作为切换转速。

其次，需要确定切换时电动机外同步运行的状态。当无刷直流电动机处于最佳换相逻辑换相运行时，外同步换相信号和自同步换相信号完全同步，此时可以实现平稳切换。

无刷直流电动机外同步运行时，按照设定的时间间隔换相，一般并不能达到最佳换相逻辑的状态。为确保切换成功，在电动机转速达到切换速度后，需要对电动机的运行状态进行调整，并在技术上使切换时电动机的运行状态满足一定要求，以免外同步信号和自同步信号之间相差过大，导致电动机切换不稳定，出现失步，甚至停转。

假设电动机在外同步换相信号或反电动势换相信号的上升沿换相。图 7-23 所示为电动机转速达到切换速度后的反电动势换相信号与外同步信号的相位关系，即反电动势换相信号超前外同步换相信号，这表明外施电压较高。此时，外同步换相信号保持不变，逐步降低外施电压，以调整检测到的反电动势换相信号的位置，使两换相信号上升沿的时间差为

$$|\Delta t| \leqslant \varepsilon \qquad (7-28)$$

式中：$\varepsilon$ 为大于零的正数，根据电动机和负载的特性设定。

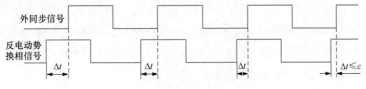

图 7-23　切换过程示意图

当满足上述条件后，系统就可以切断外同步信号，转而使用检测到的反电动势换相信号进行换相。对于另一种情况，反电动势换相信号滞后外同步信号，其调整过程正好相反。

当无刷直流电动机调速系统轻载起动时，切换比较容易，一般只要无刷直流电动机能够加速到切换速度，就能切换成功。但在重载或负载转动惯量较大时，需要对 $\varepsilon$ 进行严格的限定。

4. 有位置传感器控制和无位置传感器控制方式的比较

无刷直流电动机运行时需要检测转子位置信号，以控制逆变器功率管的换流，实现电动机的调速运行。带位置传感器无刷直流电动机控制是通过位置传感器检测转子位置，以保证各绕组的换流。相对而言，其控制方法简单，控制电路成本低。然而，带位置传感器有其自身不可避免的缺点：

（1）增大了电机的体积。安装了位置传感器后，电机结构变复杂了，也相对增大了电机体积，阻碍了电机的小型化，特别是对微型电机。

（2）增加了电机成本。容量在数百瓦以下的小容量方波型永磁无刷直流电机常用的霍尔 IC 传感器的成本，相对于电机本体来说所占比例比较大。同样，对于小容量的正弦电机，采用旋转变压器或光电码盘等传感器，其成本往往也很高。

（3）可靠性差。一台三相方波电机若采用霍尔 IC 传感器，至少增加 5 根连线。过多的引线使得系统的可靠性变差。

（4）传感器的输出信号易受到干扰。传感器的输出信号都是弱电信号，在高温、低温、湿度大、有腐蚀物质、空气污浊等工作环境及振动、高速运行等工作条件下，都会降低传感器的可靠性。若传感器损坏，还可能连锁反应引起逆变器等器件的损坏。

（5）传感器的安装精度对电机的运行性能影响很大，相对增加了生产工艺的难度。

由此可见，虽然带位置传感器的控制方式简单、方便，但一定程度上限制了永磁无刷直流电动机的推广和应用，相对而言，无位置传感器方式在控制上有更大的灵活性和比较大的优势。在很多特殊场合，比如冰箱、空调中的压缩机电动机等，由于工作环境差，必须采用无位置传感器控制方式。因此，无刷直流电动机的无位置传感器控制日益受到重视，应用也越来越广泛。

# 第五节　专用集成驱动电路

随着大规模集成电路的普及，各公司纷纷推出各具特色的无刷直流电动机控制专用集成电路芯片，把原来由通用芯片组成的、具有各种功能的电子控制电路集成在一片专用芯片内，这不仅增加了产品的保密性和可靠性，也减少了整个控制系统的调试工作量。这已成为无刷直流电动机控制电路的发展趋势。

目前，专用的无刷直流电动机驱动控制电路很多，本节介绍的 Motorola 公司生产的 MC33035 电路就是其中的一种。这种电路外接功率开关器件（如 MOSFET）后，可用来控制三相（全波和半波）、两相和四相无刷直流电动机，还可以用于有刷直流电动机的控制。该电路的内部结构和由它组成的三相三角形联接无刷直流电动机开环控制系统如图 7 - 24 所示。该集成电路的主要组成部分包括：

（1）转子位置传感器译码电路。该译码电路将电动机的转子位置传感器信号转换成六路驱动输出信号，三路上桥臂驱动输出和三路下桥臂驱动输出，它适合于霍尔集成电路或光耦合电路等传感器。

（2）带温度补偿的内部基准电源。

（3）频率可设定的锯齿波振荡器。内部振荡器的振荡频率由外接定时元件 $R_T$ 和 $C_T$ 决定。每个振荡周期由基准电压 $V_{ref}$（8 脚）经 $R_T$ 向 $C_T$ 充电，然后 $C_T$ 上电荷通过一内部晶体管放电而形成锯齿波振荡信号。

（4）误差检波放大器。该芯片内设有高性能、全补偿的误差放大器。在闭环控制时，该放大器的直流电压增益为 80dB，增益带宽为 0.6MHz，输入共模电压范围从地到 $V_{ref}$。开环速度控制时，可将该放大器接成增益为 1 的电压跟随器，即速度设定电压从其同相输入端（11 脚）输入。

（5）脉宽调制（PWM）比较器。除非由于过电流或故障状态使六个驱动信号闭锁，在正常情况下，误差放大器输出与振荡器输出锯齿波信号比较后，产生 PWM 信号，控制三个下桥臂驱动输出。

（6）输出驱动电路。三个上桥臂驱动器（2、1、24 脚），三个电流较大的下桥臂驱动器（19、20、21 脚），特别适用于驱动功率 MOSFET。

（7）欠电压保护、芯片过热保护等故障保护。内设欠电压保护电路，在芯片电压 $V_{CC}$ 不足、$V_C$ 不足（典型值低于 9.1V）和基准电压不足（典型值低于 4.5V）时关闭驱动输出。欠电压保护没有锁存功能，当电压恢复正常后，系统会自动恢复工作。欠电压保护使用三个电压比较器来实现。内部芯片过热（典型值超过 170℃），14 脚输出低电平，故障指示灯亮，并实现输出封锁。

（8）限流电路。外接逆变桥经一电阻 $R_s$ 接地，用于电流采样。采样电压由 9 和 15 脚输入至电流检测比较器。比较器反相输入端设置有基准电压 $E_I$（典型值 100mV），作为电流限值基准。

该集成电路具有的典型控制功能，包括 PWM 开环速度控制、使能控制（起动或停止）、正反转控制和能耗制动控制等，加上一些外围元件，可实现软起动。

在图 7 - 24 所示的驱动控制系统中，使用三个霍尔开关位置传感器获取转子位置信号，功率桥上臂采用双极性功率晶体管，下桥臂采用功率 MOSFET。该电路的驱动波形如图 7 - 25 所示。

MC33035 是一个集成控制电路，它与外部功率输出电路和其他电路相结合，可组成大功率无刷直流电动机控制电路，也可构成闭环控制系统。

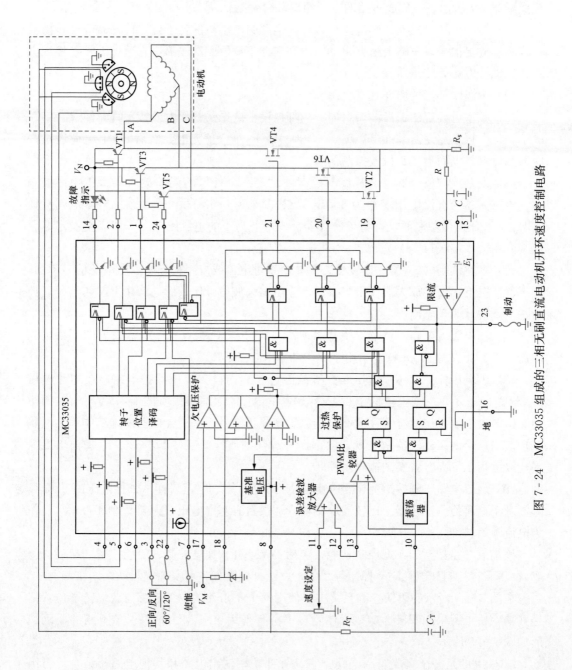

图 7 - 24　MC33035 组成的三相无刷直流电动机开环速度控制电路

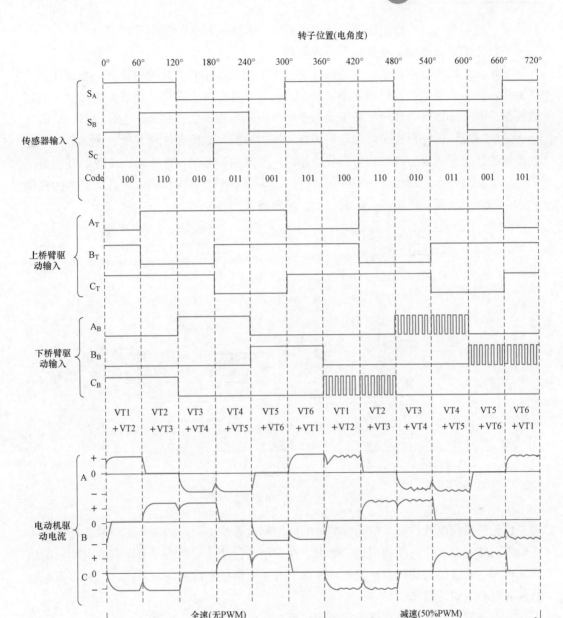

图 7 - 25　电路驱动波形

## 第六节　永磁无刷直流电动机应用举例

由于永磁无刷直流电动机具有调速性能好、控制方便、无换向火花和励磁损耗以及使用寿命长等优点，加之近年来永磁材料性能不断提高及价格不断下降，电力电子技术日新月异的发展，各应用领域对电动机性能的要求越来越高，促进了无刷直流电动机的应用范围迅速扩大。永磁无刷直流电动机的应用领域包括计算机系统、家用电器、办公

185

自动化、电动汽车、医疗仪器等，下面以独轮车和洗衣机为例说明其应用。

**一、无刷直流电动机在独轮车中的应用**

独轮车是以传统独轮自行车为模型制造的电动代步工具，其理论基础是陀螺和倒立摆原理，独轮车驱动系统框图如图 7-26 所示。陀螺和倒立摆都是动态平衡和动态稳定的系统，需要不断调节独轮车处于动态平衡。独轮车主要由传感器、主控制器、电源和动力系统组成。传感器实现对独轮车的姿态进行检测，如倾角、角速度、速度等；主控制器根据独轮车的姿态调整动力部分的输出，实现独轮车的动态平衡；电源和动力系统提供了保证独轮车实现动态平衡的能源。因此，独轮车对整体控制系统具有很高的性能要求，如响应速度、稳定性、带载能力、抗负载扰动性能等。

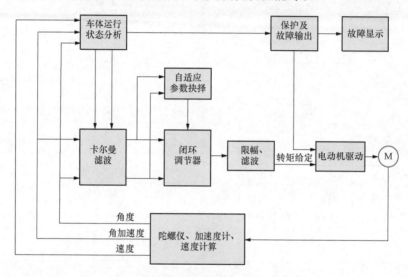

图 7-26  独轮车驱动系统框图

独轮车采用电池供电，电池能提供的电压和电量均有限，独轮车驱动系统必须满足高效率、高直流母线电压利用率的要求。在常用的传动电动机中，有刷直流电动机的维护成本高，而感应电动机效率较低，因此，对于电池供电的独轮车系统，无刷直流电动机成为传动电机的首选。

**二、无刷直流电动机在洗衣机中的应用**

普通洗衣机一般采用单相异步电动机驱动，通过离合器变速实现洗涤和脱水两种不同转速。使用离合器，降低了洗衣机的效率，增大了噪声，也很难实现洗衣机的模糊和智能控制。现在，无刷直流电动机在洗衣机中获得了应用。一般，用于洗衣机的无刷直流电动机为低噪声扁平结构，不用机械减速和传动装置，由无刷直流电动机直接驱动洗衣机滚筒，即所谓直接驱动洗衣机。通过调节电压改变无刷直流电动机的转速，实现洗衣机的无级变速，洗衣时低速运转，脱水时高速运转。同时采用了模糊控制技术，可根据衣物质量和环境温度等决定无刷直流电动机的工作转速和时间。表 7-5 示出了两种洗衣机用无刷直流电动机的技术参数。

表 7 - 5 洗衣机用无刷直流电动机主要技术参数

| 型号 | | VM - DD1 | VM - DD2 |
|---|---|---|---|
| 电动机型式 | | 三相无刷直流电动机 | |
| 极数 | | 24 | |
| $T_{eN}(N \cdot m)$ | | 19.6/1.8 | 16.2/1.6 |
| $n_N(r/min)$ | | 145/1000 | |
| 电源电压，频率 | | 交流 220V，50/60Hz | |
| 绝缘等级 | | B 级 | |
| 环境状况 | 工作温度（℃） | −15～65 | |
| | 保存温度（℃） | −25～75 | |
| | 操作湿度范围 | 95%，不结露 | |

洗衣机用无刷直流电动机采用外转子结构，定子铁芯长度 VM - DD1 为 28mm，VM - DD2 为 23mm，36 槽，采用三相集中绕组，星形连接，转子采用铁氧体（ferrite）永磁材料。

## 小 结

无刷直流电动机具有普通直流电动机的控制特性。它使用位置传感器及功率电子开关代替传统直流电动机中的电刷和换向器，是一种集永磁电动机、电力电子技术、单片机技术和现代控制技术于一体的高技术机电一体化产品。

位置传感器是无刷直流电动机的重要部件，它具有多种结构型式，对电动机的起动和运行有着重要的作用。无刷直流电动机的工作特性与一般直流电动机相类似，但它的各种特性及电动势、转矩系数都与电枢绕组连接方式有关。应根据实际使用场合和要求，合理选择电枢绕组连接方式。

无刷直流电动机通过改变电源电压实现无级调速，既可以进行开环调速，也可以实现闭环控制。改变电枢绕组导通相序可以改变电动机的转向。

无刷直流电动机的无位置传感器控制是利用定子电压、电流等容易获取的物理量检测转子位置，以得到转子位置信号。反电动势过零检测法通过检测悬空相反电动势的过零点获取转子的位置信息，与其等效的是相电压法和端电压法。

无刷直流电动机转子静止或低速运行时，反电动势为零或者很小，因此，反电动势法无位置传感器无刷直流电动机没有自起动能力，常用他控同步起动方式起动。该方法将无刷直流电动机的起动过程分为三个阶段，即转子预定位、外同步加速和外同步到自同步切换，所以也称作三段式起动法。

## 思考题与习题

7 - 1 无刷直流电动机与普通直流电动机相比有何区别？

7-2 位置传感器在无刷直流电动机中起到什么作用?

7-3 简述使用霍尔位置传感器控制两相导通三相星形六状态无刷直流电动机的工作原理。

7-4 电动机转子是多极对数时,如何设置位置传感器?

7-5 三相星形连接两相导通方式与三相星形连接一相导通方式有何不同?

7-6 当转矩较大时,永磁无刷直流电动机的机械特性为什么会向下弯曲?

7-7 试分析利用原位置传感器进行反转控制的原理。

7-8 无刷直流电动机能否使用交流电供电?

7-9 试分析反电动势法无位置传感器无刷直流电动机控制原理。

7-10 在无位置传感器无刷直流电动机控制中,相电压法和端电压法是如何与反电动势法等效的?

7-11 什么是无位置传感器无刷直流电动机控制的三段式起动法?

# 第 八 章

# 单相串励电动机
## （Single Phase Series Motor）

## 第一节　概　　述

单相串励电动机（single phase series motor）属于交流换向器电机的一种。交流换向器电机，就是转子具有换向器和电刷滑动接触结构，接在交流电网上工作的电机。交流换向器电机的种类很多。按相数分，有单相和多相交流换向器电机；按气隙磁场分，有脉动磁场式和旋转磁场式；按功能来分，则有将电能转换为机械能的各种交流换向器电动机，用以改变输入输出交流电频率或相位的变频机、换流机和进相机等。其中，以单相串励电动机的应用最为广泛，本章主要介绍其结构特点、工作原理、运行特性和调速方法等。

单相串励电动机，因其励磁绕组和电枢绕组串联而得名。这种电动机具有以下优点：

(1) 使用方便。单相串励电动机虽具有直流电动机的结构，但可交直流两用。改变输入电压大小，可以调节其转速，且调速十分方便。

(2) 转速高、体积小、质量轻。其他交流电动机的转速都与电源频率有关，当电源频率为 50Hz 时，转速不能超过 3000r/min，但单相串励电动机的转速不受电源频率和极数的限制，大多设计在 4000~27 000r/min 之间。电动机转速越高，电动机中铁磁材料的用量越小，因此电动机的体积、质量相应减小。例如，8000r/min 的单相串励电动机的体积只有相同功率的 2800r/min 单相异步电动机的一半。

(3) 起动转矩大、过载能力强。单相串励电动机的起动转矩很大，可高达额定转矩的 4~6 倍。所以单相串励电动机既适用于电动工具，不易被卡住、制动，有大的过载能力，也适宜于作带重负载起动的伺服电动机。

单相串励电动机的基本系列有 DT 系列、DT2 系列、G 系列和 U 系列等。

DT 系列单相串励电动机适用于电动工具，电压 220V，输出功率 60~800W，转速为 8000~14 000r/min。

DT2 系列单相串励电动机适用于电动工具，电压 220V，输出功率 140~1250W，转速为 9900~14 300r/min。

G 系列适用于搅拌器、包装机、实验室设备、小型机床、化工和医疗器械等，电压为 220V，输出功率为 8～750W，转速有 4000、6000、8000r/min 和 12 000r/min。

U 系列是交直流两用电动机，电压有 24、110、220V 等，输出功率 15～180W，转速为 3600、4000、4500、5600r/min。

# 第二节　单相串励电动机的基本结构和工作原理

## 一、基本结构

从原理上讲，如将一台直流串励电动机接到单相交流电源上，由于磁通和电流都将同时改变方向，电磁转矩的方向仍将保持不变，电动机仍可工作。但因下述原因，其运行情况将十分恶劣，甚至不能运转：①直流电动机磁极铁芯的定子磁轭均系铸钢制成，将有很大的涡流损耗；②在励磁绕组和电枢绕组中将有很大的电抗电压降；③换向元件中将产生直流电动机所没有的短路电动势，使换向发生困难，甚至产生严重的换向火花。单相串励电动机在结构上应能解决以上问题。所以，单相串励电动机的结构与传统直流电动机在总体上相似，在细节处有所不同。如图 8-1 所示为单相串励电动机的典型结构图，它由定子和转子两大部分组成。定子由定子铁芯、定子绕组、机壳、端盖和电刷装置等组成，转子包括电枢铁芯、电枢绕组、换向器、转轴等部件。

（1）定子铁芯。由 0.5mm 厚硅钢片冲制成如图 8-2（a）所示的扁圆形二极形状冲片，叠压成定子铁芯。冲片的叠合紧固采用空心铆钉铆合的方法，也可采用焊接的方法。

（2）定子绕组，又称串励绕组。由漆包圆铜线绕制成集中绕组，嵌入定子铁芯窗框，端部用绳、扣片或塑料框架与定子铁芯紧固。

（3）转子铁芯，亦称电枢铁芯。由 0.5mm 厚硅钢片冲制成图 8-2（b）所示形状冲片，沿圆周各槽均匀分布，叠压成圆柱体，将转轴压入铁芯轴孔。

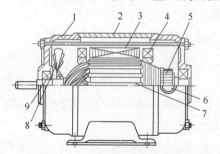

图 8-1　单相串励电动机结构图

1—端盖；2—机壳；3—定子铁芯；4—定子绕组；
5—换向器；6—电刷装置；7—电枢；8—风扇；9—轴承

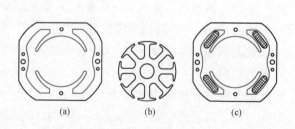

图 8-2　定、转子冲片

（a）定子冲片；（b）转子冲片；（c）定子结构

（4）电枢绕组。采用单叠绕组，由漆包圆铜线绕制成的线圈嵌入转子铁芯槽中。每个线圈元件的首尾端分别焊接到相邻的两个换向片上，全部元件依次串联成闭合回路，如图 8-3 所示。

（5）换向器，又称整流子。小功率单相串励电动机采用的换向器有钩形换向器和槽形换向器，图 8-4 为槽形换向器结构图，在紫铜换向片间使用云母片绝缘。

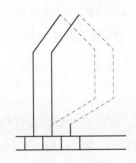
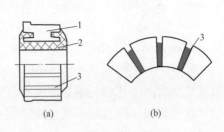

图 8-3　电枢绕组与换向片的连接

图 8-4　换向器
1—换向片；2—塑料壳体；3—云母片

## 二、工作原理

如图 8-5 所示，将单相串励电动机的励磁绕组与电枢绕组串联，当在其端部施加直流电压时，便有直流电流流过励磁绕组和电枢绕组，励磁电流 $I_f$ 与电枢电流 $I_a$ 相等。励磁绕组的电流 $I_f$ 将产生磁通 $\Phi$，它与电枢电流 $I_a$ 相作用产生电磁转矩 $T_e$，驱动转子旋转。这就是直流串励电动机的工作原理。根据直流电动机原理，电磁转矩为

$$T_e = C_T \Phi I_a \tag{8-1}$$

$$C_T = \frac{pN}{2\pi a}$$

式中：$C_T$ 为转矩常数；$a$、$p$、$N$ 分别为电枢绕组并联支路对数、电动机极对数和电枢导体总数。

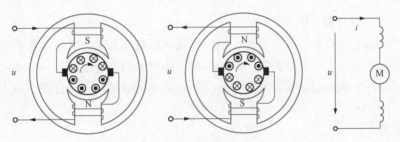

图 8-5　单相串励电动机原理图

电磁转矩 $T_e$、电枢电流 $I_a$ 和磁通 $\Phi$ 随时间变化的关系如图 8-6（a）所示。

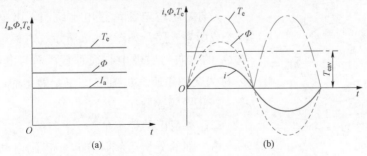

图 8-6　单相串励电动机的电枢电流、磁通和电磁转矩
（a）直流串励；（b）单相串励

191

将单相交流电压接入该电动机，即是一台单相串励电动机。设流入电动机的电流 $i=i_f=i_a=I_m\sin\omega t$。在忽略换向元件损耗和铁耗的情况下，励磁磁通与电流 $i_f$ 同相位，即

$$\phi(t) = \Phi_m\sin\omega t \qquad (8-2)$$

电枢电流与该磁通相互作用产生的电磁转矩为

$$T_e = C_T\Phi(t)i(t) \qquad (8-3)$$

电磁转矩随时间变化的关系如图 8-6（b）所示。单相串励电动机接在交流电源上，励磁绕组和电枢绕组中流过同一个电流。在交流电的正半周 $0\leqslant\omega t<\pi$，电流为正，磁通 $\Phi$ 也为正，产生正的电磁转矩；在交流电的负半周 $\pi\leqslant\omega t<2\pi$，电枢电流反向，由于励磁绕组与电枢绕组串联，励磁电流及磁通也反向，所以电磁转矩的方向不变。显然，电磁转矩是一脉动转矩，但平均值为正，故能驱动电动机连续旋转。

## 第三节 单相串励电动机的工作特性

对于直流串励电动机，其电压方程为

$$U = E + I_a(R_a + R_f) + 2\Delta U \qquad (8-4)$$

式中：$E$ 为电枢绕组切割主磁通产生的感应电动势，即反电动势；$R_a$、$R_f$ 分别为电枢绕组和励磁绕组电阻；$\Delta U$ 为一个电刷的接触电压降。

反电动势为

$$E = \frac{pN}{60a}\Phi n = C_e\Phi n \qquad (8-5)$$

式中：$C_e$ 为电动势常数；$n$ 为电动机转速，r/min。

在单相串励电动机中，由于电压、电流和磁通都是交变的，其电压平衡方程比直流电动机要复杂得多。感应电动势中，除了电枢旋转产生的旋转电动势外，还有多种变压器电动势存在，电动机端电压要与所有电动势和阻抗压降平衡。下面对单相串励电动机的这些量进行分析。

### 一、磁通

根据单相串励电动机的结构原理，励磁电流 $i_f$ 流过励磁绕组产生的主磁通 $\Phi$，位于电动机的直轴方向（磁极中心线上），以 $\Phi_d$ 表示，$\Phi_d$ 在空间静止，随时间按电源频率 $f$ 正弦规律交变。

另外，电枢电流流过电枢绕组，由电刷将电枢电流分成两条支路，如图 8-7 所示。电枢电流产生的磁通 $\Phi_q$ 的方向与磁极中心线垂直，而与电刷轴线一致，$\Phi_q$ 称为交轴磁通。$\Phi_q$ 在空间也是静止的，随时间以频率 $f$ 按正弦规律脉振。

### 二、感应电动势

由上面的分析可知，在单相串励电动机中存在励

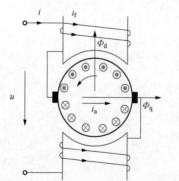

图 8-7 单相串励电动机的电磁关系

磁电流产生的主磁通 $\Phi_d$ 和电枢绕组电流产生的交轴磁

通 $\Phi_q$，主磁通 $\Phi_d$ 位于直轴方向，交轴磁通 $\Phi_q$ 位于与直轴相垂直的交轴方向。电枢旋转切割主磁通 $\Phi_d$ 产生旋转电动势 $e$；另外，主磁通 $\Phi_d$ 和交轴磁通 $\Phi_q$ 均是以电源频率 $f$ 交变的脉振磁场，它们将分别在励磁绕组和电枢绕组中产生变压器电动势 $e_d$ 和 $e_q$。下面对这几个电动势进行分析。

1. 旋转电动势

当单相串励电动机的电枢旋转时，电枢绕组将切割主磁通 $\Phi_d$ 产生旋转电动势。设主磁通 $\Phi_d$ 随时间按正弦规律变化，其幅值为 $\Phi_{dm}$ 即

$$\Phi_d = \Phi_{dm}\sin\omega t \tag{8-6}$$

则旋转电动势为

$$e = C_e n\Phi_d = \frac{pN}{60a}n\Phi_{dm}\sin\omega t = 2W_a f_R \Phi_{dm}\sin\omega t = \sqrt{2}E\sin\omega t \tag{8-7}$$

式中：$f_R$ 为对应于电动机转速 $n$ 的旋转频率，$f_R = \frac{pn}{60}$。

旋转电动势有效值为

$$E = \sqrt{2}W_a f_R \Phi_{dm} = \frac{1}{\sqrt{2}}C_e n\Phi_{dm} \tag{8-8}$$

若考虑换向元件损耗和铁耗，磁通 $\Phi_d$ 在相位上滞后电流 $i_f$ 一个 $\varphi_0$ 角，即

$$i = i_f = i_a = \sqrt{2}I\sin\omega t \tag{8-9}$$

$$\Phi_d = \Phi_{dm}\sin(\omega t - \varphi_0) \tag{8-10}$$

旋转电动势是反电动势，它与磁通方向相反。以相量表示为

$$\dot{E} = -\sqrt{2}W_a f_R \dot{\Phi}_{dm} \tag{8-11}$$

即旋转电动势的大小与旋转频率、电枢串联匝数和主磁通成正比。

2. 主磁通 $\Phi_d$ 在励磁绕组中产生的变压器电动势

设励磁绕组匝数为 $W_f$，则主磁通 $\Phi_d$ 在励磁绕组中产生的变压器电动势为

$$e_d = -W_f\frac{d\Phi_d}{dt} = -W_f\frac{d[\Phi_{dm}\sin(\omega t - \varphi_0)]}{dt} \tag{8-12}$$

$$= W_f\Phi_{dm}\omega\sin(\omega t - \varphi_0 - 90°) = \sqrt{2}E_d\sin(\omega t - \varphi_0 - 90°)$$

其中

$$E_d = 4.44fW_f\Phi_{dm} \tag{8-13}$$

对应的相量形式为

$$\dot{E}_d = -j4.44fW_f\dot{\Phi}_{dm} \tag{8-14}$$

3. 交轴脉振磁通 $\Phi_q$ 在电枢绕组中感应的变压器电动势

电枢电流 $i_a$ 产生的交轴脉振磁通 $\Phi_q$ 在电枢绕组中感应的变压器电动势为

$$e_q = -W_a\frac{d\Phi_q}{dt} \tag{8-15}$$

以 $\Phi_{qm}$ 表示交轴脉振磁通幅值，因为 $\Phi_q = \Phi_{qm}\sin\omega t$

所以

$$e_q = -W_a \frac{\mathrm{d}(\Phi_{qm}\sin\omega t)}{\mathrm{d}t} = W_a\Phi_{qm}\omega\sin(\omega t - 90°) = \sqrt{2}E_q\sin(\omega t - 90°) \quad (8-16)$$

其中

$$E_q = 4.44 fW_a\Phi_{qm} \quad (8-17)$$

其相量形式为

$$\dot{E}_q = -\mathrm{j}4.44 fW_a\dot{\Phi}_{qm} \quad (8-18)$$

### 三、电压平衡方程及相量图

单相串励电动机的电源电压与感应电动势和漏阻抗压降平衡，其电压平衡方程式为

$$\dot{U} = -\dot{E} - \dot{E}_d - \dot{E}_q + \dot{I}(R_a + R_f) + \mathrm{j}\dot{I}(X_{\sigma a} + X_{\sigma f}) + 2\Delta\dot{U} \quad (8-19)$$

式中：$\dot{I}(R_a + R_f)$ 为电枢绕组和励磁绕组电阻压降；$\mathrm{j}\dot{I}(X_{\sigma a} + X_{\sigma f})$ 为电枢绕组和励磁绕组漏抗压降；$2\Delta\dot{U}$ 为一对电刷的接触压降，与电流相位一致。

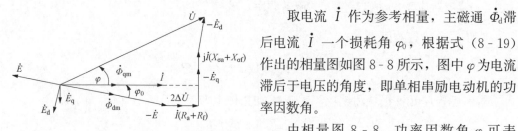

图 8-8　单相串励电动机电压相量图

取电流 $\dot{I}$ 作为参考相量，主磁通 $\dot{\Phi}_d$ 滞后电流 $\dot{I}$ 一个损耗角 $\varphi_0$，根据式（8-19）作出的相量图如图 8-8 所示，图中 $\varphi$ 为电流滞后于电压的角度，即单相串励电动机的功率因数角。

由相量图 8-8，功率因数角 $\varphi$ 可表示为

$$\varphi = \arctan\frac{U_y}{U_x} = \arctan\frac{E_q + I(X_{\sigma a} + X_{\sigma f}) + E_d\cos\varphi_0 - E\sin\varphi_0}{I(R_a + R_f) + E_d\sin\varphi_0 + E\cos\varphi_0 + 2\Delta U} \quad (8-20)$$

由于 $\varphi_0$ 很小，为了清楚地表示转速等因素对功率因数的影响，式（8-20）可简化为

$$\varphi = \arctan\frac{E_d + E_q}{E} \quad (8-21)$$

由式（8-21）可知，旋转电动势 $E$ 越大，功率因数越高。因 $E = \frac{1}{\sqrt{2}}C_e n\Phi_{dm}$，故转速越高，功率因数 $\cos\varphi$ 越高。

### 四、电磁转矩

设单相串励电动机的电刷位于几何中线，电动机的电磁转矩为

$$T_e(t) = C_T\Phi_d(t)i(t) \quad (8-22)$$

将式（8-9）、式（8-10）代入式（8-22），得

$$T_e(t) = C_T\Phi_{dm}\sqrt{2}I\sin(\omega t - \varphi_0)\sin\omega t$$
$$= \frac{1}{\sqrt{2}}C_T\Phi_{dm}I[\cos\varphi_0 - \cos(2\omega t - \varphi_0)] = T + T_{2f} \quad (8-23)$$

$$T = \frac{1}{\sqrt{2}}C_T\Phi_{dm}I\cos\varphi_0 \quad (8-24)$$

$$T_{2f} = \frac{1}{\sqrt{2}}C_T\Phi_{dm}I\cos(2\omega t - \varphi_0) \quad (8-25)$$

式（8-24）为电磁转矩的平均值，是单相串励电动机的工作转矩。

式（8-25）为两倍频率脉动转矩，其平均值为零。该转矩对外不做功，但增大了电动机工作时的振动和噪声。

### 五、工作特性

单相串励电动机的工作特性，可以用 4 条曲线来表示，就是在电源电压恒定的情况下的 $I=f(T_e)$，$I=f(n)$，$n=f(T_e)$ 和 $\cos\varphi=f(T_e)$。在分析电流、转速和电磁转矩关系的基础上，给出单相串励电动机的工作特性。

1. $I=f(T_e)$

由式（8-24）可知，电动机的电磁转矩 $T_e$ 取决于磁通 $\Phi_{dm}$ 与电流 $I$ 的乘积，在不考虑磁路饱和影响的情况下，可认为 $\Phi_{dm}$ 与 $I$ 成正比，因此

$$T = \frac{1}{\sqrt{2}}C_T\Phi_{dm}I\cos\varphi_0 = \frac{1}{\sqrt{2}}C_TC_fI^2\cos\varphi_0 = C_T'I^2 \tag{8-26}$$

$$C_T' = \frac{1}{\sqrt{2}}C_TC_f\cos\varphi_0$$

式中：$C_f$ 为磁通 $\Phi_{dm}$ 与电流 $I$ 的比例常数。

式（8-26）表示的曲线为抛物线，如图 8-9 所示。电流 $I$ 随转矩 $T_e$ 的增大而增大，由于电动机磁路饱和的影响，$I$ 增大得较快，所以后一段曲线实际按图 8-9 所示的虚线上升。

2. $I=f(n)$

略去电刷接触压降 $2\Delta U$，认为 $\varphi_0=0$，由图 8-8 得旋转电动势 $E$ 为

$$E = U\cos\varphi - I(R_a + R_f) = \frac{1}{\sqrt{2}}C_e n\Phi_{dm} \tag{8-27}$$

由式（8-27）得电动机转速为

$$n = \frac{U\cos\varphi - I(R_a + R_f)}{\frac{1}{\sqrt{2}}C_e\Phi_{dm}} \tag{8-28}$$

将 $\Phi_{dm}=C_fI$ 代入式（8-28），得

$$n = \frac{U\cos\varphi}{\frac{1}{\sqrt{2}}C_eC_fI} - \sqrt{2}\frac{R_a + R_f}{C_eC_f} \tag{8-29}$$

由式（8-29）可见，单相串励电动机的转速与电枢电流成反比关系，负载增大（电流增大），转速下降，轻载时，转速会升得很高，空载转速可能高到危险值。从几何学原理知道，$I=f(n)$ 代表一条双曲线，如图 8-9 所示。

3. $n=f(T_e)$

将式（8-26）所示的电磁转矩表达式代入式（8-29），并认为 $\varphi_0=0$，整理后得

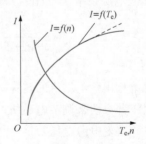

图 8-9 单相串励电动机的电流与
转矩、转速的关系

$$n = \frac{U}{C' \sqrt{T}} - \sqrt{2} \, \frac{R_a + R_f}{C_e C_f} \qquad (8\text{-}30)$$

式中：$C'$ 为不考虑磁路饱和时的常数，$C' = \dfrac{C_e}{\sqrt[4]{2}} \sqrt{\dfrac{C_f}{C_T}}$。

由式（8-30）得到转速-转矩特性曲线，即电动机的机械特性，如图 8-10 所示。转矩增大，转速 $n$ 下降，转矩减小时，转速上升，该特性很软，即所谓串励特性。伴随着串励特性，单相串励电动机低速时转矩很大，不易被制动，过载能力强。这种具有串励特性的电动机特别适用于电动工具等，可以起到自动调节转速的作用。

4. $\cos\varphi = f(T_e)$

功率因数与转矩的关系曲线 $\cos\varphi = f(T_e)$ 如图 8-11 所示。

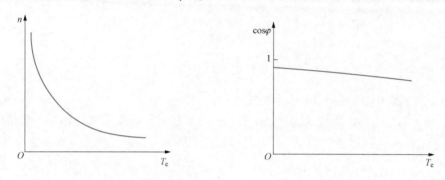

图 8-10　单相串励电动机的机械特性曲线　图 8-11　单相串励电动机功率因数与转矩的关系

将式（8-21）改写为

$$\varphi = \arctan \frac{E_d + E_q}{E} = \arctan \frac{4.44 f(W_f \Phi_{dm} + W_a \Phi_{qm})}{\sqrt{2} W_a f_R \Phi_{dm}} \qquad (8\text{-}31)$$

由此可见，在转矩较小时，转速较高，对应的旋转频率 $f_R$ 较大，功率因数较高；转矩增大后，转速下降，功率因数有所下降。但总体而言，单相串励电动机的功率因数较高，一般在 0.9 左右，高转速的电动机功率因数可高于 0.95，曲线的下降较平缓，甚至接近于水平的直线。

为提高单相串励电动机的功率因数，可采取下列措施：使励磁绕组的匝数与电枢绕组的匝数之比 $W_f/W_a$ 尽可能小；尽量提高单相串励电动机的转速，即增大旋转频率 $f_R$；降低电源频率 $f$。因此，单相串励电动机有时采用 25 Hz 甚至频率更低的电源。

## 第四节　单相串励电动机的调速

由单相串励电动机的转速表达式即式（8-28）可知，在负载不变的情况下，可通过下列三种方法来调节电动机的转速：

（1）改变电源电压 $U$；

（2）改变励磁磁通 $\Phi_d$；

（3）改变电动机绕组串联电阻 $R_a + R_f$。

由于小功率单相串励电动机多用于电动工具和家用电器的驱动，对调速特性要求不高，调速范围也不宽，一般调速比 5：1 左右。所以，采用的调速方法以简单实用为原则。

**一、改变电源电压调速**

（1）利用串联单向或双向晶闸管（silicon-controlled rectifier，SCR）调压调速。调速原理如图 8-12（a）所示，改变晶闸管的导通角，就可以改变施加到单相串励电动机的端电压，调节电动机的转速。用于电动工具时，晶闸管调速常和齿轮变速相结合，实现无级调速，并使低速时功率不会下降太多，保证了低速时具有足够的拖动力矩。

（2）串联电抗器调速。原理如图 8-12（b）所示，使用电抗器的抽头可进行有级调速，这种调速方法广泛用于家用电动缝纫机等的驱动。

**二、改变励磁磁通调速**

增大励磁磁通 $\Phi_d$，电动机转速下降，减小励磁磁通，转速上升。

（1）将两个串励绕组由串接（并接）改为并接（串接），如图 8-12（c）所示。将串接改为并接，在不考虑磁路饱和影响的情况下，每个串励绕组中的励磁电流减为原来的 1/2，磁动势降低为原来的 1/2，磁通减少，转速上升。反之，由并接改为串接，磁通上升，转速下降。这种方法常用于搅拌器单相串励电动机的调速。

（2）励磁绕组分级抽头调速。调速原理图如图 8-12（d）所示，励磁绕组上有 3 个抽头，电源接至不同抽头位置，励磁绕组的匝数 $W_f$ 不同。改变励磁绕组匝数，即改变了励磁磁动势和主磁通，励磁绕组匝数多，磁动势 $F_f = W_f I_f$ 大，磁通 $\Phi_d$ 大，转速降低；反之，转速升高。这种调速方法用于搅拌器等家用电器。

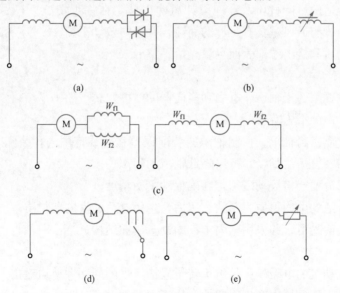

(a)　　　　　　　　　　　　(b)

(c)

(d)　　　　　　　　　　　　(e)

图 8-12　单相串励电动机常用的调速原理图

(a) 串联双向晶闸管调压调速；(b) 串联电抗器调速；(c) 串励绕组串（并）接改并（串）接调速；

(d) 励磁绕组分接头调速；(e) 串联电阻调速

### 三、串联电阻调速

串联电阻调速的原理如图 8 - 12（e）所示。在单相串励电动机回路中串入电阻，加到电动机的端电压将减小，实现降低转速的目的。这种方法广泛用于家用缝纫机和实验室设备的调速，家用缝纫机通过脚踏控制器来控制串入的电阻值大小。由于串入的电阻处于长期工作状态，故电阻应按照连续工作方式选择。

## 第五节　单相串励电动机产生的干扰及其抑制措施

单相串励电动机转速高，转子上的换向器与电刷存在滑动接触，绕组换向时，换向元件中的电流快速变化而产生换向火花，引起很强的噪声和无线电干扰，必须加以抑制。

### 一、噪声及其抑制措施

根据产生噪声的原因，可将单相串励电动机的噪声分为通风噪声、机械噪声和电磁噪声。

1. 通风噪声

由于电动机的冷却风扇转动以及转子表面的不光滑而产生通风噪声。噪声大小取决于风扇大小、形状、转速高低、风路风阻及转子表面粗糙度等。

风扇直径越大，噪声越大；风叶边缘与通风室的间隙过小，会产生笛声；由于风叶形状与风扇结构不合理，造成涡流，会产生噪声；风扇刚度不够，受气流撞击时发生振动，也会引起噪声。

抑制通风噪声的措施有：

（1）选用合适的风叶材质，合理设计风叶形状，在许可情况下，尽量缩小风扇直径，保证风叶边缘与通风室具有足够的间隙，并严格校动平衡。

（2）电枢槽口和绕组端部表面尽量光滑平整。

2. 机械噪声

机械噪声主要来源于轴承、电刷和换向器的摩擦及转子的不平衡。

抑制机械噪声的措施有：

（1）选用优质密封轴承。控制轴承的装配误差在允许范围内，装配时不允许敲打；选用优质润滑脂及合适的黏度，可以降低轴承的噪声。

（2）转子部分要严格校动平衡，并确保动平衡精度。

（3）选用合适的电刷材质、形状、压力，选用合适的换向器材质，严格控制换向器的圆度，保证表面光滑，并采用坚固牢靠的刷盒刷握结构。

3. 电磁噪声

单相串励电动机的电磁噪声是由于转子齿槽产生的周期性单边磁拉力的变化和气隙中磁场随时间脉振使磁拉力产生周期性变化而引起的。

抑制电磁噪声的措施有：

（1）转子采用斜槽，斜槽角为转子齿距的整数倍。

（2）增大定转子间气隙并降低气隙磁通密度。

（3）采用不均匀气隙，增大极尖气隙可减小换向火花，通常电动机的极尖气隙约增大一倍。

**二、无线电干扰的抑制**

单相串励电动机工作时将产生严重的无线电干扰。绕组的换向火花，如同一个高频发射器，对周围的电子设备产生强烈的无线电干扰。另一种干扰，是通过电源线将换向产生的干扰脉动电动势传入公用电网而干扰与电网相接的其他电气设备。

这些干扰主要由换向引起，抑制措施有：

（1）改善换向，降低换向火花的级别。

（2）采用金属机壳对电动机进行屏蔽，将屏蔽接地；连接导线选用屏蔽电缆，并将屏蔽接地。

（3）将电动机的两个励磁绕组分别对称接在电枢两端，增加高频传输阻抗，如图 8-13 所示。

（4）在电动机出线端加装滤波器，如图 8-14 所示。其中滤波电容量为 $0.1\sim 1\mu$F，电感 $L$ 的值为 $50\sim 500\mu$H。

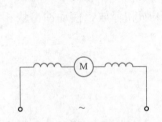

图 8-13　励磁绕组对称布置

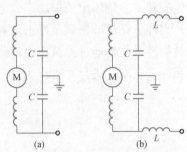

图 8-14　抗干扰滤波器

（a）电容滤波器；（b）电容电感滤波器

## 第六节　单相串励电动机的应用

单相串励电动机由于优点突出，其产量相当大，应用极为广泛。它主要用于各类电动工具、家用电器、医疗器械和小型机床，如手电钻、冲击电钻、电磨、电刨、电锯、电剪刀、电扳手、羊毛剪、电链锯、电动螺丝刀、吸尘器、搅拌器、电吹风、地板打蜡机和电动缝纫机等。它也可制成通用电动机型式，作驱动及伺服电动机使用。

**一、单相串励电动机在吸尘器中的应用**

吸尘器利用电动机驱动风机高速旋转，将吸尘器内部的空气以极高的速度排出而形成瞬时真空，与外界大气之间形成一个相当高的负压差。在负压差的作用下，吸嘴附近的空气高速进入吸尘器内，灰尘、垃圾等同时被吸入。经过吸尘器的过滤，将灰尘、垃圾收集在集尘袋内经过滤后的清洁空气从排风口排出。

为了产生足够大的吸力，电动机的转速必须足够高。为此，吸尘器采用单相串励电动机，转速可达到 20000r/min 以上，功率一般为 200～1000W。图 8-15 是单转速、双开关控制的吸尘器工作原理图。吸尘器可以通过主体开关或遥控开关分别进行控制。

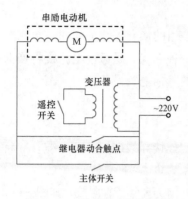

图 8-15 吸尘器工作原理图

## 二、单相串励电动机在冲击电钻中的应用

冲击电钻是一种旋转带冲击的手持式电动工具，主要用于在轻质混凝土、砖墙或类似材料上钻孔，广泛应用于建筑、水电安装、电信线路、机械施工等行业，是减轻劳动强度和提高生产效率的理想工具。

冲击电钻主要由电动机，减速装置，冲击结构，冲、钻转换装置，钻夹头，开关和电缆线，辅助手柄等组成。冲击电钻的电动机采用双重绝缘结构的单相串励电动机，其机壳、手柄均采用热塑性工程塑料注塑而成，机械强度和电气性能均能满足标准规定和使用要求。

当冲击电钻通以 220V 交流电时，按下开关，单相串励电动机起动运转，电枢转动带动减速齿轮旋转，主轴输出机械功率。当冲、钻调节钮调至钻削位置时，工具主轴处于电钻状态；当冲、钻调节钮调至冲击位置时，工具主轴顶住作业对象，迫使动静冲击块啮合，工具旋转，主轴通过弹簧在允许范围内轴向压缩和释放，使动冲击块相对静冲击块做旋转和冲击运动，进行冲击作业。

## 小 结

单相串励电动机的起动转矩大、转速高和体积小，大量用于电动工具和吸尘器等家用电器中。单相串励电动机的机械特性很软，这种串励特性使单相串励电机不易被制动，过载能力强。单相串励电动机的功率因数高，一般在 0.9 以上。单相串励电动机可通过改变电源电压、串联电抗器、改变励磁磁通和回路中串联电阻调速，方法简单。

由于单相串励电动机的转速高，转子换向器与电刷间存在滑动接触，绕组换向时会产生换向火化和很强的无线电干扰，必须采取措施加以抑制。

## 思考题与习题

8-1 一台普通直流串励电动机接到交流电源上，能否正常工作？为什么？

8-2 单相串励电动机中有哪几种感应电动势？它们分别由什么磁通产生的？

8-3 为什么单相串励电动机的转速比一般交流电动机高得多？

8-4 简述单相串励电动机的调速方法。

8-5 简述单相串励电动机产生的干扰及其抑制措施。

8-6 如何改变单相串励电动机的旋转方向？

8-7 当单相串励电动机的负载增加时，转速将如何变化？功率因数将如何变化？

# 第九章

## 直线电动机
### （Linear Motor）

## 第一节 概 述

直线电动机（linear motor）是一种将电能直接转换成直线运动机械能，而不需要任何中间转换机构的特种电机。它具有广阔的应用和发展前景，是近年来国内外积极研究开发的电动机之一。

直线电动机的应用已非常广泛。例如，在交通运输方面，有磁悬浮列车、磁浮船、轨道交通等；在物流输送方面的各种流水生产线；工业上的冲压机、车床进刀机构等；在信息与自动化方面，有绘图仪、打印机、扫描仪、复印机等；在自动控制系统中的驱动、指示和信号元件，如快速记录仪等；在民用和军事方面也有许多应用，如民用自动门、电子缝纫机、制茶机、军用导弹、电磁炮、鱼雷等装置。

与旋转电动机传动相比，直线电动机传动具有如下一些优点：

（1）采用直线电动机驱动的传动装置，不需要中间传动机构就能驱动直线运动的生产机械，因而整个装置或系统结构简单、运行可靠、精度高、效率高、成本低、振动和噪声小等。

（2）系统的零部件和传动装置不像旋转电动机那样会受到离心力的作用，因而它的直线速度可以不受限制。

（3）响应快。用直线电动机驱动时，由于不存在中间传动机构的惯性和阻转矩的影响，因而加速和减速的时间短，可实现快速起动和正反向运行。

（4）可以做到无接触运动，使传动零部件无磨损，从而大大减少了机械损耗。

（5）直线电动机由于散热面积大，容易冷却，所以允许较高的热负荷，提高了电动机的容量定额。

（6）装配灵活性大，易于在一些特殊的场合中应用。

直线电机亦存在不足之处，如直线感应电动机的功率因数低、起动推力受电源电压的影响较大等。

直线电动机的类型很多，从原理上讲，每一种旋转电动机都有与之相对应的直线电动机。直线电动机按其工作原理可分为直线感应电动机、直线直流电动机、直线同步电动机、直线步进电动机等；按结构型式可分为扁平型、圆筒型（或管型）、圆盘型和圆弧型四种。还有一些特殊的结构，如初级永磁型直线同步电动机等。

# 第二节 直线感应电动机

### 一、直线感应电动机的主要类型和基本结构

直线感应电动机（linear induction motor）主要有扁平型、圆筒型和圆盘型三种类型，其中扁平型应用最为广泛。

1. 扁平型直线感应电动机

直线电动机可以看作是由旋转电动机演变而来。设想把旋转型感应电动机沿着半径方向剖开，并将圆周展开成直线，即可得到扁平型直线感应电动机，如图 9-1 所示。由定子演变而来的一侧称为一次侧，由转子演变而来的一侧称为二次侧，一次侧和二次侧长度是相等的。由于在工作时一次侧与二次侧之间要作相对运动，假定在运动开始时，一次侧和二次侧正好对齐，那么在运动过程中，一次侧和二次侧之间相互电磁耦合的部分就越来越少，影响正常的运行。为了保证在所需的行程范围内，一次侧和二次侧之间的电磁耦合始终不变，实际应用时，必须把一次侧和二次侧制造成不同长度。可以是一次侧短、二次侧长，也可以是一次侧长、二次侧短。前者称为短一次侧，后者称为长一次侧，如图 9-2 所示。由于短一次侧结构比较简单，制造成本和运行费用均较低，所以除特殊场合外，一般均采用短一次侧。

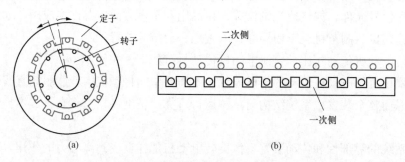

图 9-1 直线感应电动机的演变过程

(a) 旋转型感应电动机；(b) 直线感应电动机

图 9-2 所示的扁平型直线感应电动机，仅在二次侧的一边具有一次侧，这种结构型式称为单边型。它的最大特点是在一次侧和二次侧之间存在较大的法向吸力，这在大多数场合下是不希望的。若在二次侧的两边都装上一次侧，那么这个法向吸力就可以互相抵消，这种结构称为双边型，如图 9-3 所示。

扁平型直线感应电动机的一次侧铁芯由硅钢片叠成，与二次侧相对的一面开有槽，槽中放置绕组。一次侧绕组可以是单相、两相、三相或者多相的。二次侧有两种结构类型：一种是栅型结构，如旋转电动机的笼型结构，二次侧铁芯上开槽，槽中放置导条，并在两端用端部导体连接所有槽中导条；另一种是实心结构，即采用整块均匀的金属材料，它又分成非磁性二次侧和钢二次侧，非磁性二次侧的导电性能好，一

般为铜或铝。

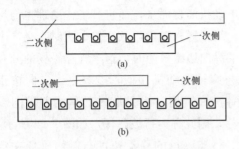

图9-2 扁平型直线感应电动机的类型
(a) 短一次侧；(b) 长一次侧

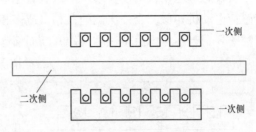

图9-3 双边型直线感应电动机

2. 圆筒型（管型）直线感应电动机

图9-4（a）所示为扁平型直线感应电动机，将它沿着和直线运动相垂直的方向卷成筒型，就形成圆筒型直线感应电动机，如图9-4（b）所示。在某些特殊的场合，这种电动机还可以做成既有旋转运动又有直线运动的旋转直线电动机，旋转直线的运动体既可以是一次侧，也可以是二次侧。

3. 圆盘型直线感应电动机

圆盘型直线感应电动机如图9-5所示。它的二次侧做成扁平的圆盘形状，并能够绕经过圆心的轴自由转动，将一次侧放在二次侧圆盘靠近外缘的平面上，使圆盘受切向力作旋转运动。一次侧可以是单面的，也可以是双面的。虽然它也作旋转运动，但运行原理和设计方法与扁平型直线感应电动机相同，故仍属于直线电动机的范畴。与普通旋转电动机相比，它具有以下优点：

（1）力矩与旋转速度可以通过多台一次侧组合的方式或通过一次侧在圆盘上的径向位置来调节。

（2）无需通过齿轮减速箱就能得到较低的转速，因而电动机的振动和噪声很小。

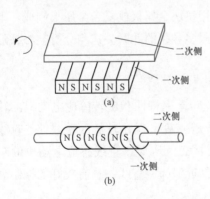

图9-4 圆筒型直线感应电动机的形成
(a) 扁平型；(b) 圆筒型

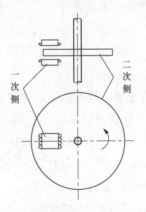

图9-5 圆盘型直线感应电动机

### 二、直线感应电动机的基本工作原理

直线感应电动机不仅在结构上从旋转感应电动机演变而来，而且其工作原理也与旋转感应电动机相似。当一次侧的三相（或多相）绕组通入对称正弦交流电流时，会产生气隙磁场。当不考虑由于铁芯两端开断而引起的纵向边缘效应时，这个气隙磁场的分布

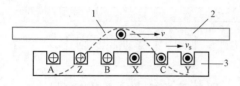

图 9-6　直线感应电动机的工作原理
1—行波磁场；2—二次侧；3—一次侧

情况与旋转电动机相似，沿着直线方向按正弦规律分布，但它不是旋转而是沿着横向直线平移，因此称为行波磁场，如图 9-6 所示。显然，行波磁场的移动速度与旋转磁场在定子内圆表面上的线速度是一样的。行波磁场移动的速度称为同步速度，即

$$v_s = \frac{D}{2}\frac{2\pi n_0}{60} = \frac{D}{2}\frac{2\pi}{60}\frac{60 f_1}{p} = 2 f_1 \tau \qquad (9-1)$$

式中：$D$ 为旋转电动机定子内圆周的直径；$\tau = \pi D/2p$ 为极距；$p$ 为极对数；$f$ 为电源频率。

行波磁场切割二次侧导条，将在导条中产生感应电动势和电流，所有导条的电流（图 9-6 中只画出其中一根导条）和气隙磁场相互作用，产生切向电磁力。如果一次侧是固定不动的，那么二次侧在这个电磁力的作用下，顺着行波磁场的移动方向作直线运动。若二次侧移动的速度用 $v$ 表示，则转差率为

$$s = \frac{v_s - v}{v_s} \qquad (9-2)$$

在电动运行状态时，转差率 $s$ 在 0～1 之间。

二次侧的移动速度为

$$v = (1-s)v_s = 2\tau f_1 (1-s) \qquad (9-3)$$

由式 (9-3) 可见，改变极距或电源频率，均可改变二次侧移动的速度。改变一次侧绕组中通电相序，可改变二次侧移动的方向。

此外，由于直线电动机的二次侧大多数用整块金属板或复合金属板制成，不存在明显的导条，所以在分析原理时可以看成是无限多导条的并联。这与分析空心杯形转子旋转电动机是完全一样的。

### 三、直线感应电动机的工作特性

图 9-7 所示为直线感应电动机的推力—转差率特性和旋转感应电动机的转矩—转差率特性的比较。旋转感应电动机的最大转矩一般出现在较低的转差处，直线感应电动机的最大推力则出现在高转差处，即 $s=1$ 附近。因此，直线感应电动机的起动推力大，在高速区域推力小，它的推力—速度特性近似为一直线，具有较好的控制品质，如图 9-8 所示。其推力计算式为

$$F = (F_{st} - F_u)\left(1 - \frac{v}{v_0}\right) \qquad (9-4)$$

式中：$F_{st}$ 为起动推力，N；$F_u$ 为摩擦力，N；$v_0$ 为空载速度，m/s。

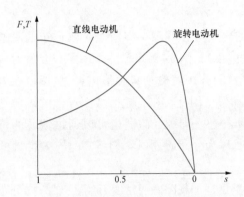

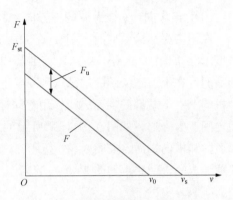

图 9-7 直线感应电动机推力—转差率特性与
旋转感应电动机转矩—转差率特性的比较

图 9-8 近似直线的推力—速度特性

## 四、直线感应电动机的边缘效应

### 1. 纵向边缘效应

旋转感应电动机的定子铁芯是闭合圆环形状，而直线感应电动机的一次侧铁芯是长直的，两端开断形成两个纵向边缘（旋转电动机的周向在直线电动机中称为纵向）。由于铁芯及槽中的绕组在两端不连续，所以各相之间的互感不相等，即使一次侧绕组的供电交流电压对称，也会使各相绕组中产生不对称的电流。该电流除了正序电流分量外，还会出现负序和零序电流分量。负序电流分量引起负序反向行波磁场，零序电流分量引起零序脉振磁场，这两类磁场在二次侧运行的过程中将产生阻力和附加损耗。若采取一些附加措施，使三相电流对称，而直线电动机由于铁芯开断仍然会产生相对于一次侧不移动的脉振磁场。以上这些现象称为直线感应电动机的静态纵向边缘效应。

下面对直线感应电动机铁芯开断产生脉振磁场作进一步的分析。

如图 9-9（a）所示，假设直线感应电动机三相绕组中的电流对称，一次侧铁芯具有偶数对极，一次绕组的电流密度 $J$ 沿 $x$ 轴方向是正弦分布的，则当电流密度行波在一次侧铁芯的两端边界（$x=\pm p\tau$）过零时，相应的磁动势在边界取得最大值 $F_m$，如图 9-9（b）所示，图中取 $z$ 轴为

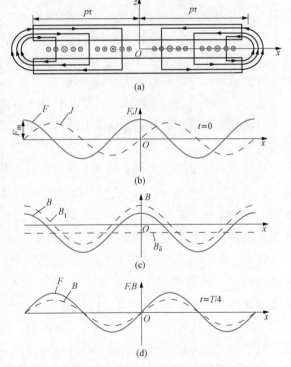

图 9-9 直线感应电动机中脉振磁场的形成
（a）磁通分布模型；（b）电流密度和磁动势波形；
（c）气隙磁密波形；（d）磁动势和磁密波形

205

$F_\mathrm{m}$、$B$ 的正方向，$y$ 轴为 $J$ 的正方向。

在不考虑边缘效应时，图 9-9（b）所示的磁动势在气隙中将产生正弦分布的磁通密度 $B_1$，如图 9-9（c）所示。仔细观测图 9-9（a）、图 9-9（b）、图 9-9（c）所对应的瞬间，在上、下铁芯的端部（即 $x=\pm p\tau$ 处）间作用着磁动势幅值 $F_\mathrm{m}$。显然，在电动机的上、下端部的端面之间作用着同样的磁动势。因此，在有效区域 $2p\tau$ 外的纵向端面之间产生磁通，如图 9-9（a）所示的左边和右边。同理，磁通也可以通过铁芯的背部表面和横向端面，如图 9-10 所示。这些磁通称为分路磁通，它们将穿过有效区域的气隙形成闭合回路，如图 9-9（a）所示。

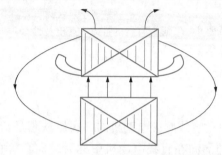

图 9-10　直线感应电动机背部和横向端面的分路磁通

分路磁通的气隙磁通密度 $B_\delta$ 沿 $x$ 轴方向分布可以认为是不变的，如图 9-9（c）所示。因此，在有效区域内，合成磁场的磁通密度分布曲线 $B=B_1+B_\delta$，比原来的 $B_1$ 曲线下移了一段距离 $B_\delta$。

当时间经过 1/4 周期（即 $t=T/4$）后，由于上、下铁芯两端的磁动势减小到零，因此分路磁通不存在，此时气隙中只有行波磁场，如图 9-9（d）所示。可以推知，再过 1/4 周期，上、下铁芯两端的磁动势达到反向最大，分路磁通 $\varPhi_\delta$ 和磁通密度 $B_\delta$ 也将达到反向最大，而使合成磁通密度分布曲线 $B$ 比原来的 $B_1$ 曲线上移一段距离 $B_\delta$。由于随着时间的变化，磁动势曲线相对于一次侧铁芯是移动的，因此在铁芯的上、下端面之间的磁动势将随时间作正弦变化。与此相对应，分路磁通 $\varPhi_\delta$ 和磁通密度 $B_\delta$ 随时间按正弦规律脉振。这种磁场在有效区域内与空间位置无关，因此，它与通常的行波磁场不同，常被称为脉振磁场。

总之，即使三相电流对称，在铁芯有效区域内的气隙磁通密度将由两部分组成：其一为行波磁场分量，这与通常旋转电动机相似；其二为脉振磁场分量，这是由于铁芯开断所造成的。

直线感应电动机二次侧运动时，还存在另一种纵向边缘效应，称为动态纵向边缘效应。如图 9-11 所示。设在二次侧导体上有一闭合回路，当处于一次侧铁芯外侧的位置 S1 时，它基本上不匝链磁通，回路中也不感应电动势。当它从位置 S1 进入到一次侧铁芯下面的位置 S2 时，它将匝链磁通，回路内产生感应电动势和电流，该电流反过来影响磁场的分布，这种效应称为入口端边缘效应。当它处于 S3 位置时，也没有感应电动势产生。当闭合回路从位置 S4 移动到位置 S5 时，闭合回路内的磁通又一次变化，又将引起感应电动势和电流，并影响磁场分布，这种效应称为出口端边缘效应。这种动态边缘效应，同样会

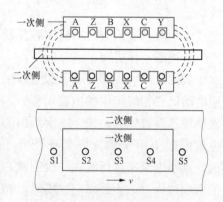

图 9-11　直线感应电动机动态纵向边缘效应

产生附加损耗和附加力。

总之，纵向边缘效应最终将增加附加损耗，从而减小直线感应电动机的有效输出，影响其运行性能。如何改善纵向边缘效应给直线感应电动机带来的影响，是目前正在研究的课题之一。

2. 横向边缘效应

当直线感应电动机的二次侧采用实心结构时，在行波磁场的作用下，二次侧导电板中产生感应电动势，从而产生涡流形状的感应电流，该电流对气隙磁场沿横向分布的影响，称为直线感应电动机的横向边缘效应，如图 9-12 所示。图中，$l$ 是一次侧铁芯横向宽度，$c$ 是二次侧导电板横向伸出一次侧铁芯的长度。从二次侧电流分布可以看出，它包含有纵向分量 $I_x$ 和横向分量 $I_z$。电流的横向分量只改变合成气隙磁通密度的幅值，而不改变它的分布形状；电流的纵向分量对空载气隙磁场有去磁作用，而且在电流分布越密集的地方去磁作用越强，使合成气隙磁通密度沿横轴的分布呈马鞍状，它与空载气隙磁通密度的分布形状〔见图 9-12（b）中的虚线〕明显不同。

横向边缘效应的存在，使直线感应电动机的平均气隙磁通密度降低，电动机的输出功率减小；同时，二次侧导电板的损耗增大，电动机的效率降低。横

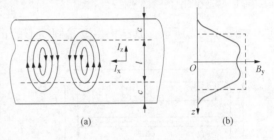

图 9-12　直线感应电动机横向边缘效应
(a) 二次侧电流分布；(b) 气隙磁通密度分布

向边缘效应的大小，与二次侧导电板横向伸出一次侧铁芯的长度 $c$ 与极距 $\tau$ 的比值 $c/\tau$ 有关，$c/\tau$ 越大，横向边缘效应越小。可见，一次侧和二次侧相等宽度的直线感应电动机的横向边缘效应大一些。

# 第三节　直线直流电动机

直线直流电动机（linear DC motor）通常做成圆筒型，其优点是结构简单可靠，运行效率高，控制比较方便、灵活，尤其和闭环控制系统结合在一起，可精密地控制位移，其速度和加速度控制范围广，调速的平滑性好；缺点是存在带绕组的电枢和电刷（或转子上拖着辫子）。直线直流电动机的应用也非常广泛，如工业检测、自动控制、信息系统以及其他技术领域。

直线直流电动机类型也很多，按励磁方式可分为永磁式和电磁式两大类。前者多用于驱动功率较小的场合，如自动控制仪器、仪表；后者则用于驱动功率较大的场合。

## 一、永磁式直线直流电动机

永磁式直线直流电动机的磁极由永久磁铁做成。按照它的结构特征可分为动圈型和动铁型两种。动圈型在实际中用得较多，如图 9-13 所示，在软铁架两端装有极性同向的两块永久磁铁，当移动线圈中通入直流电流时，便产生电磁力，只要电磁力大于滑轨上的静摩擦阻力，线圈就沿着滑轨作直线运动，其运动的方向可由左手定则确定。改变

线圈中直流电流的大小和方向，即可改变电磁力的大小和方向。电磁力的大小为

$$F = B_\delta l W I_a \tag{9-5}$$

式中：$B_\delta$ 为线圈所在空间的磁通密度；$l$ 为处在磁场中的线圈导体平均每匝的有效长度；$W$ 为线圈匝数；$I_a$ 为线圈中的电流。

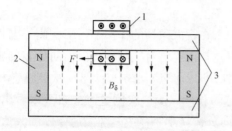

图 9-13　动圈型直线直流电动机结构示意图
1—移动线圈；2—永久磁铁；3—软铁

在上述基本结构的基础上，永磁式动圈型直线直流电动机还有其他实用结构。按结构特征可分为两类。第一类是带有平面矩形磁铁的动圈型直线直流电动机，如图 9-14 所示。它的结构简单，但线圈总体没有得到充分利用；在小气隙中，活动系统的定位较困难；漏磁通大，即磁铁未得到充分利用。第二类是带有环形磁铁的动圈型直线直流电动机，如图 9-15 所示。其结构主要是圆筒形的，线圈的有效长度能得到充分利用。

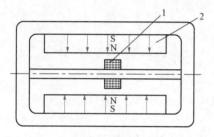

图 9-14　带平面矩形磁铁的动圈型直线永磁
直流电动机

1—移动线圈；2—永久磁铁

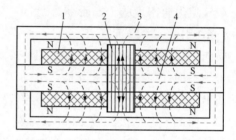

图 9-15　带环形磁铁的动圈型直线永磁
直流电动机

1—管形磁铁；2—移动线圈；3—圆筒型导磁体；
4—圆柱形铁芯

动铁型永磁式直线直流电动机如图 9-16 所示，在一个软铁框架上套有线圈，该线圈的长度要包括整个行程。显然，当这种结构型式的线圈流过电流时，不工作的部分要白白消耗能量。为了降低电能的消耗，可将线圈的外表面进行加工使导体裸露出来，通过安装在磁极上的电刷把电流引入线圈。这样，当磁铁移动时，电刷跟着滑动，只让线圈的工作部分通电，其余不工作的部分没有电流流过。但由于电刷存在磨损，故降低

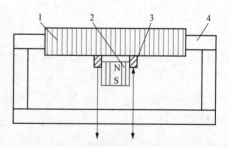

图 9-16　动铁型永磁式直线直流电动机
1—固定线圈；2—移动磁铁；3—电刷；4—软铁

了可靠性和寿命。另外，它的电枢较长，电枢绕组用铜量较大。其优点是电动机行程可做得很长，还可做成无接触式直线直流电动机。

**二、电磁式直线直流电动机**

任何一种永磁式直线直流电动机，只要把永久磁铁改成电磁铁，就成为电磁式直线直流电动机，同样也有动圈型和动铁型两种。图 9-17 为动圈型电磁式直线直流电动机

的结构示意图。当励磁线圈通电后产生磁通与移动线圈的通电导体相互作用产生电磁力，克服滑轨上的静摩擦力，移动线圈作直线运动。对于动圈型直线直流电动机，电磁式的成本要比永磁式低。因为永磁式所用的永磁材料在整个行程上都存在，而电磁式只用一般材料的励磁线圈即可。永磁材料质硬，机械加工费用大；电磁式可通过串、并联励磁线圈和附加补偿线圈等方式改善电动机的性能，灵活性较强。但电磁式比永磁式多了一项励磁损耗。

动铁型电磁式直线直流电动机通常做成多极式，图 9-18 所示为三磁极式直线直流电动机。当环形励磁绕组通电时，便产生磁通，径向穿过气隙和电枢绕组，在铁芯中由径向过渡到轴向，形成闭合回路，如图 9-18 中虚线所示。径向气隙磁场与通电的电枢绕组相互作用产生轴向电磁力，推动磁极作直线运动。当这种电动机用于短行程和低速移动的场合时，可以省掉滑动的电刷。但若行程很长，为了提高效率，与永磁式直线电动机一样，在磁极上装上电刷，使电流只在电枢绕组的工作段流过。

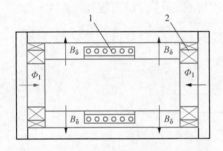

图 9-17　动圈型电磁式直线直流电动机
结构示意图
1—移动线圈；2—励磁线圈

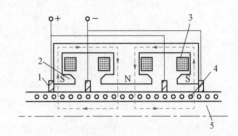

图 9-18　三极电磁式直线直流电动机
1—电刷；2—极靴；3—励磁绕组；
4—电枢绕组；5—电枢铁芯

# 第四节　直线和平面步进电动机

旋转式步进电动机由于有很多的优点，已成为除了直流伺服电动机和交流伺服电动机以外的第三大类执行电动机。但在许多自动装置中，要求某些机构（如自动绘画机、自动打印机等）能够快速地作直线或平面运动，而且要保证精确的定位。在这种场合，使用直线步进电动机或平面步进电动机最为合适。当然，旋转式步进电动机通过中间的机械传动装置，也可以将旋转运动变换成直线运动，但系统的结构复杂，惯量增大，而且会出现机械间隙和磨损，影响系统的快速性和定位精度，振动和噪声也比较大。

## 一、直线步进电动机

直线步进电动机（linear stepping motor）有多种结构类型，按其电磁推力产生的原理可分为反应式和混合式两种。

1. 反应式直线步进电动机

图 9-19 所示为一台三相反应式直线步进电动机的结构原理。定子和动子铁芯都由

硅钢片叠成，定子上、下表面都有均匀的齿，动子极上套有三相控制绕组，每个极面也有均匀的齿，动子与定子的齿距相同。为了避免槽中积聚异物，在槽中填满非磁性材料（如塑料或环氧树脂等），使定子和动子表面平滑。反应式直线步进电动机的工作原理与旋转式步进电动机完全相同。当某相控制绕组通电时，该相动子的齿与定子齿对齐，使磁路的磁阻最小，相邻相的动子齿轴线与定子齿轴线错开 1/3 齿距。显然，当控制绕组按 A—B—C—A 的顺序轮流通电时，动子将以 1/3 齿距的步距移动。当通电顺序改为 A—C—B—A 时，动子则向相反方向步进移动。若为六拍，则步距减小一半。

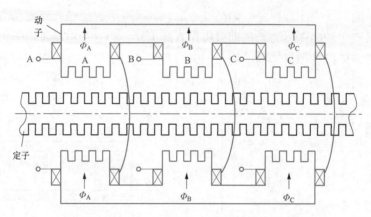

图 9-19　三相反应式直线步进电动机结构原理

### 2. 混合式直线步进电动机

混合式直线步进电动机的磁场推力，不仅和各相控制绕组通入的控制脉冲电流大小有关，而且还和永久磁铁所产生磁场的大小有关。当各相控制绕组中的电流按某一规律变化时，各极下磁场位置发生变化，从而产生磁场推力，使步进电动机的动子在某个方向上产生直线运动。图 9-20 所示为混合式直线步进电动机的结构原理，它的定子和反应式直线步进电动机相同，动子由一块永久磁铁和两个 π 形电磁铁组成，其上面装有 A 相和 B 相控制绕组，电磁铁的铁芯由硅钢片叠成。磁极 1 与 2 或磁极 3 与 4 之间距离为定子齿距 $t$ 的 $k_1 \pm \frac{1}{2}$ 倍，其中 $k_1$ 取正整数。图 9-20 中，$k_1 = 1$，即磁极 1 与 2 和磁极 3 与 4 之间的距离为定子齿距的 1.5 倍。这样，磁极 1（或磁极 3）和定子的齿对齐时，磁极 2（或磁极 4）正好对着定子槽。而磁极 2 和磁极 3 之间的距离应为定子齿距 $t$ 的 $k_2 \pm \frac{1}{4}$ 倍。图 9-20 中，$k_2 = 2$，即磁极 2 与磁极 3 之间的距离为定子齿距的 1.75 倍。

当电磁铁绕组中没有通电时，永久磁铁向所有的磁极提供大致相等的磁通，即 $\Phi_m/2$（$\Phi_m$ 是永久磁铁的总磁通），其磁通的方向如图 9-20（a）中的虚线所示，此时动子上没有水平推力，动子可以稳定在任何随机位置上。

当 A 相绕组中通入正向电流 $I_A$ 时，电流方向和磁通的路径如图 9-20（a）中的实线所示。这时磁极 1 中的磁通和永久磁铁的磁通同方向，使磁极 1 的磁通为最大。而磁极 2 中的磁通与永久磁铁的磁通反方向，二者相互抵消接近于零。显然，此时磁极 1 所受的电磁力最大，磁极 2 所受的电磁力几乎为零。由于 B 相绕组没有通过电流，磁极 3 和磁极 4 在水平方向的分力大致为大小相等、方向相反，相互抵消。因此，动子的运动由磁极 1 所受的电磁力决定。最后，磁极 1 必然要运动到和定子齿 1' 对齐的位置，如图 9 - 20 (b) 所示。因为只有齿对齿的情况下，磁路的磁导最大，动子所受的水平电磁力为零，所以动子就处在稳定平衡的位置上。

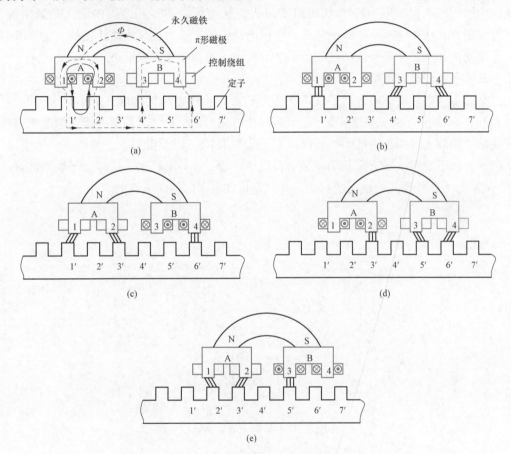

图 9 - 20　混合式直线步进电动机的结构原理

(a) 磁通路径示意图；(b) A 相通正向电流；(c) A 相通正向电流；

(d) A 相通负向电流；(e) B 相通负向电流

A 相绕组断电，B 相绕组通入正向电流 $I_B$，其方向如图 9 - 20 (c) 所示。同理，磁极 4 的磁通为最大，磁极 3 中的磁通接近于零，磁极 4 所受的电磁力最大，使磁极 4 对准定子齿 6'，动子由图 9 - 20 (b) 所示的位置移动到图 9 - 20 (c) 所示的位置，即动子在水平电磁力的作用下向右移动了 1/4 齿距。

B 相绕组断电，给 A 相绕组通入反向电流 $I_A$，如图 9 - 20 (d) 所示。这时磁极 2 的磁通为最大，磁极 1 中的磁通接近于零，磁极 2 所受的电磁力最大，使磁极 2 对准定子齿 3'，动子沿着水平方向向右又移动 1/4 齿距。

　　同理，A 相绕组断电，B 相绕组通入反方向电流 $I_B$，动子沿水平方向再向右移动 1/4 齿距，使磁极 3 和定子齿 5′对齐，如图 9-20（e）所示。以此类推，这种情况犹如四相单四拍的运行方式，即经过四拍，动子沿水平方向向右移动了一个定子齿距。若要使动子沿水平方向向左移动，只要将以上四个阶段的通电顺序倒过来即可。

　　在实际使用中，为了减小步距，削弱振动和噪声，可采用类似细分电路的电源供电，使步进电动机实现微步距移动，其精度可提高到 $10\mu m$ 以上。也可以在 A 相和 B 相绕组中同时加入交流电，若 A 相绕组中通入正弦电流，则 B 相绕组中通入余弦电流。这种控制方式由于电流是连续变化的，所以电动机的电磁力也是逐渐变化的。这样既有利于电动机起动，又可使电动机的动子平滑移动，振动和噪声也很小。

**二、平面步进电动机**

　　平面步进电动机由两台动子成正交排列的直线步进电动机构成。定子制成平面型，上面开有 $x$ 轴和 $y$ 轴方向的齿槽，定子齿排成方格形，槽中注入环氧树脂。两个正交排列的动子和前述直线步进电动机相同，它们安装在同一动子机架上，如图 9-21 所示。其中一台动子沿着 $x$ 轴方向移动，另一台动子沿着 $y$ 轴方向移动，这样动子机架就可以在 $xy$ 平面上作任意几何轨迹的运动，并能定位在平面的任何一点上。

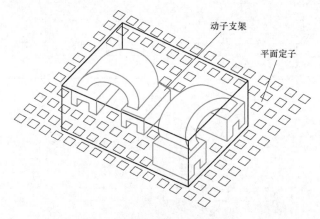

图 9-21　平面步进电动机

　　实际使用时，为了使动子既能高速移动，又不超出预定的锁定位置，还需在编制控制程序时采用适当的措施使动子能够加速或制动。

　　另外，平面步进电动机还可采用气垫装置，将动子支撑起来，使动子移动时不与定子直接接触。这样就可以避免相互间的摩擦，实现快速移动。

## 第五节　初级永磁型直线同步电动机

　　直线永磁同步电动机（linear permanent magnet synchronous motor）兼有永磁同步电动机和直线电动机的优点。与直线感应电动机相比，直线永磁同步电动机力能指标高、体积小、质量轻，且具有发电制动功能。因此，直线永磁同步电动机在许多领域得到广泛的应用，如高速地面运输系统、数控机床等。但其也存在一些缺点，主要是价格高、控制复杂等。特别是在长定子应用场合，永磁体和电枢绕组用量较多，导致电动机价格昂贵。针对上述缺点，近年来提出了一种新颖的初级永磁型直线同步电动机，它不仅具有直线永磁同步电动机的优点，而且定子（次级）结构简单、牢固、成本低，特别适合于长定子应用场合。本节将简要介绍直线永磁同步电动机及初级永磁型直线同步电动机的结构原理。

**一、直线永磁同步电动机**

直线永磁同步电动机主要有单边扁平型、双边扁平型、圆筒型、有槽型、无槽型等结构。图 9-22 所示为两种单边扁平型结构的直线永磁同步电动机，其中通电绕组所在的部分定义为初级，不通电的部分定义为次级。图 9-22（a）所示为一种短初级动子结构，初级动子由对称多相电枢绕组和导磁铁芯构成，次级定子由对称分布的永久磁铁和导磁铁芯构成。与此相反，图 9-22（b）所示为短次级动子结构，其次级动子由永磁体和导磁铁芯构成，而初级定子铁芯上则分布有多相对称电枢绕组。上述两种结构的直线永磁同步电动机的工作原理与旋转型永磁同步电动机完全相同。

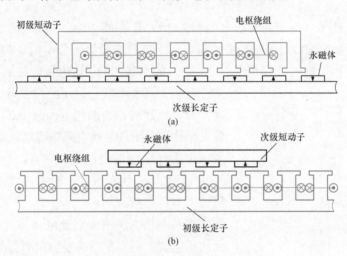

图 9-22　直线永磁同步电动机

（a）次级长定子型；（b）初级长定子型

显然，图 9-22 所示两种直线永磁同步电动机结构若应用在长定子远距离场合，如城市轨道交通领域，则无论是永磁体还是电枢绕组沿着长定子铺设，都会大大增加系统成本，且需要大量的后期维护。

**二、初级永磁型直线同步电动机**

1. 初级永磁型直线同步电动机的结构

如图 9-23 所示，该电动机的次级定子为呈凸极形状的导磁铁芯，结构简单；初级动子由两个在空间上互差 180°电角度的模块组成，两模块之间由非导磁材料间隔，每个模块含有一个永磁体，且充磁方向相反。初级动子上有三相电枢绕组，每相绕组由 4 个线圈串联组成。由于永磁体也位于初级动子上，故称之为初级永磁型直线电动机。初级永磁型直线电机具有以下特点：

（1）次级定子结构简单，无绕组、无永磁体，仅由导磁性材料（如碳钢）组成，不仅有直线感应电动机次级定子可靠性高、易于维护等优点，且造价更低。

（2）采用稀土永磁材料作为励磁源，具有较高的效率、功率因数和功率密度。

（3）电枢绕组为集中式绕组结构，制作嵌线方便，易实现模块化，绕组端部短，电阻和铜耗较小。

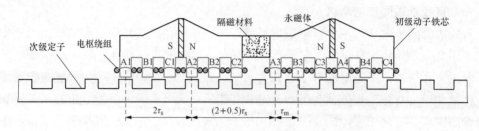

图 9-23　初级永磁型直线电动机结构示意图

**2. 初级永磁型直线同步电动机的工作原理**

如图 9-24 所示，由于两模块之间互差 180°电角度，因此两模块上的 A 相线圈组（A1＋A2）和（A3＋A4）的电磁特性随着动子位移的变换趋势不同。初级动子初始位置如图 9-24 所示，此时线圈组（A1＋A2）的永磁磁链 $\psi_{pm}$ 达到负的最大值，线圈组

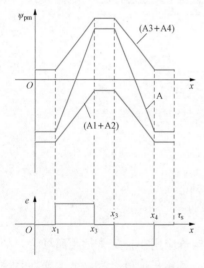

图 9-24　初级永磁直线电动机的
永磁磁链与空载感应电动势

（A3＋A4）匝链的 $\psi_{pm}$ 为正方向最小值。因此，当动子向右运动时，线圈组（A1＋A2）、（A3＋A4）以及 A 相绕组的 $\psi_{pm}$ 和空载感应电动势 $e$ 如图 9-24 所示。值得注意的是线圈组（A1＋A2）、（A3＋A4）匝链的 $\psi_{pm}$ 为单极性，而 A 相绕组总的 $\psi_{pm}$ 为双极性（有正有负）。

当某一相绕组中的空载电动势为正时，在其中通入正电流，则产生正的推力；而当电动势为负时，在其中通入负电流，仍产生正的推力。控制方法与传统永磁型直线同步电动机相同，现有成熟的控制算法均可以直接用来控制该类电动机。

由于初级永磁型直线同步电动机不仅具有永磁型直线同步电动机功率密度高、功率因数高、效率高等优点，而且具有直线感应电动机次级结构简单、成本低、维护方便的优点。因此，它特别适用于如轨道交通、工厂运输系统、高层楼宇电梯、直线抽油机、海浪发电、电磁弹射等动子运动范围较长的场合。

## 第六节　直线电动机应用举例

直线电动机能直接产生直线运动，不但省去了旋转电动机与直线工作机构之间的机械传动装置，而且可因地制宜地将直线电动机某一侧安放在适当的位置直接作为机械运动的一部分，使整个装置紧凑合理，降低成本和提高效率。尤其在一些特殊场合的应用，是旋转电动机所不能替代的。

### 一、直线电动机在高速列车中的应用

交通运输是国民经济的重要基础，随着社会与经济的不断发展，对交通运输也提出了新的要求。利用直线电动机驱动的高速列车——磁悬浮列车就是其中的典型一例，它的时速可达 400km/h 以上。所谓磁悬浮列车，就是采用磁力悬浮车体，应用直线电动机驱动技术，使列车在轨道上浮起滑行。这在交通技术的发展上是一个重大突破，被誉为 21 世纪最先进的地面交通工具之一。它的突出优点是速度快、舒适、安全、节能等。

磁悬浮列车按其机理可分为常导吸浮型和超导斥浮型两类。

#### 1. 常导吸浮型

用一般的导电线圈，以异性磁极相吸的原理，使列车悬浮在轨道上。通常由感应或同步直线电动机驱动，图 9-25 为常导吸浮型直线电动机的组成，其时速可根据需要设计为几百千米每小时，磁悬浮的高度一般在 10mm 左右。可见，它是将直线感应电动机的短一次侧安装在车辆上，由铁磁材料制成的轨道为长二次侧。同时在车上还装有悬浮电磁铁，产生电磁吸引力将车辆从下面拉向轨道，并保持一定的垂直距离。以车上的磁体与铁磁轨道之间产生的吸引力为基础，通过闭环控制系统调节电压和频率来控制车速，通过控制磁场作用力来改变推力的方向，使磁悬浮列车实现非接触的制动功能。此外，还有导向线圈组成的导向装置。

#### 2. 超导斥浮型

用低温超导线圈，以同性磁极相斥的原理，使列车悬浮在轨道上。通常由感应或同步直线电动机驱动，图 9-26 为超导斥浮型直线电动机的组成。在车上装有直线感应电动机的一次侧超导磁体和超导电磁铁，直线感应电动机的二次侧和悬浮线圈都装在地面轨道内，它是以装在车上的磁体与轨道之间产生的推斥力为基础的。电动机只有在速度不为零时工作。另外，在高速运行中，除了上述推进和悬浮机构外，还有导向装置。

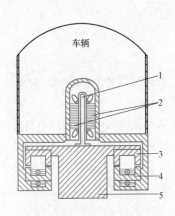

图 9-25 常导吸浮型直线电动机的构成

1—二次侧；2—一次侧；3—电磁铁二次侧；

4—电磁铁一次侧；5—轨道底座

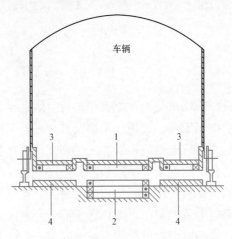

图 9-26 超导斥浮型直线电动机的构成

1—一次侧；2—二次侧；3—超导电磁铁；

4—悬浮线圈

## 二、直线电动机在笔式记录仪中的应用

笔式记录仪由直线直流电动机、运算放大器和平衡电桥三个基本环节组成，如图 9-27 所示。

电桥平衡时，没有电流输出，这时直线电动机所带的记录笔处在仪表的指零位置。当外来信号 $E_w$ 不等于零时，电桥失去平衡产生一定的输出电压和电流，推动直线电动机的可动线圈作直线运动，从而带动记录笔在记录纸上把信号记录下来。同时，直线电动机还带动反馈电位器滑动，使电桥趋向新的平衡。

## 三、直线电动机在自动绘图机中的应用

自动绘图机由绘图台和控制器两部分组成。由平面步进电动机组成绘图台，电动机的动子直接作平面运动，带动绘图笔（或刻刀、光源等）作平面运动，实现高速度、高精度、高可靠性及耐久性的平面运动及定位。

图 9-28 所示为自动绘图机绘图台的结构示意图，笔架 5 直接固定在电动机的动子上，动子 2 沿定子平板 1 运动，并带动绘图笔 4 在固定于平台 6 上面的绘图介质上绘制图形。

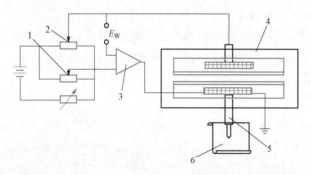
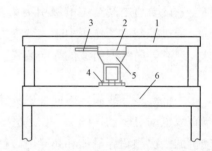

图 9-27 笔式记录仪的结构示意图
1—调零电位器；2—反馈电位器；3—运算放大器；
4—动圈式直线直流电机；5—记录笔；6—记录纸

图 9-28 自动绘图机绘图台的结构示意图
1—定子平板；2—动子；3—引线；
4—绘图笔；5—笔架；6—平台

## 小 结

直线电动机是一种能直接产生直线运动的电动机，是由旋转电动机演变而来的。它广泛应用于工业、民用、军事及其他各种需要直线运动的场合。

直线感应电动机主要有三种型式，其中扁平型是最基本的一种，有长一次侧和短一次侧之分，它们均有单边型和双边型两种。直线感应电动机气隙磁场是行波磁场，它与二次侧导体相互作用产生切向电磁力，使动子顺着磁场方向作直线运动。改变一次侧绕组中通电电流的相序，可以改变运动方向；改变极距和电源的频率可以改变运动的速度。直线感应电动机存在有纵向和横向边缘效应，它们会增加电动机的附加损耗，降低气隙磁通密度，使电动机的输出功率减小。

直线直流电动机按励磁方式分为永磁式和电磁式两类；按结构特征又分为动圈型和

动铁型两种。动圈型是当移动线圈（绕组）通电时产生电磁力，使线圈作直线运动；动铁型是在电磁力的作用下，推动磁极作直线运动。

直线步进电动机作直线步进运动，它有反应式和混合式两种。其中反应式直线步进电动机与旋转式步进电动机的原理完全相同，依靠反应转矩作步进运动；混合式直线步进电动机的电磁推力是控制绕组中的脉冲电流产生的磁场和永久磁铁产生的固定磁场相互作用产生步进运动。采用适当的驱动方式可实现微步距移动，平滑性好。改变绕组中的通电顺序可改变移动方向。

平面步进电动机由两台成正交排列的直线步进电动机组成。其中一台的动子沿 $x$ 轴方向移动，另一台的动子沿 $y$ 轴方向移动，两台电动机的动子装在同一机架上，这样机架就可在 $xy$ 平面上的任一点定位，也可按任意几何轨迹运动。

初级永磁型直线同步电动机是一种结构新颖的直线同步电动机，将永磁体、电枢绕组都置于运动初级侧，而次级侧只需由导磁材料制成，节省了长距离运动场合的成本，在轨道交通等长定子领域有较大的应用潜力。

### 思考题与习题

9-1　直线感应电动机的工作原理是什么？如何改变运动的速度和方向？它有哪几种主要型式？各有什么特点？

9-2　何为直线感应电动机的纵向边缘效应和横向边缘效应？它们对直线电动机的运行有哪些影响？

9-3　永磁式直线直流电动机按结构特征可分为哪几种？各有什么特点？如何改变运动的速度和方向？

9-4　电磁式直线直流电动机适用什么场合？为什么电磁式动圈型比永磁式成本低？

9-5　动铁型直线直流电动机为了减小铜损耗，通常采用什么措施？

9-6　混合式直线步进电动机的磁场推力与哪些因素有关？当固定磁场与电磁铁磁场的磁通不等时，还能实现正常的步进运动吗？

9-7　如何实现平面步进电动机动子的加速和制动？

9-8　初级永磁型直线同步电动机与次级永磁型直线同步电动机相比，在结构上有哪些区别？特别适合于哪些应用场合？为什么？

# 第 十 章

# 定子励磁型双凸极无刷电机驱动系统
## (StatorExcited Doubly Salient Brushless Motor Drive)

## 第一节 概 述

定子励磁型无刷电机主要是指励磁源（包括永磁体励磁或者电励磁）与电枢绕组都置于定子，而转子上既无永磁体又无绕组的双凸极结构无刷电机，主要包括将励磁绕组与电枢绕组融为一体的开关磁阻电机（Switched Reluctance Motor，SR 电机）、双凸极永磁电机（Doubly Salient Permanent Magnet Motor，DSPM 电机）、磁通切换永磁电机（Flux Switching Permanent Magnet Motor，FSPM 电机）、磁通反向永磁电机（Flux Reversal Permanent Magnet Motor，FRPM 电机）以及由它们衍生的其他励磁形式。因为它们仅有定子励磁，转子上无励磁，故统称为定子励磁型电机。需要指出的是，本章所涉及电机均为电动机，为与通常说法一致，故仍统一称电机。

实际上，开关磁阻电机最早可以追溯到 1839 年苏格兰学者戴维森（Davidson）制造的一台用于推进蓄电池机车的驱动系统。但由于受当时技术水平的限制，电机的性能不是很优越，未能引起人们的重视。直至 20 世纪 70 年代末，随着微电子技术、电力电子和控制技术等的迅速发展，开关磁阻电机得到了新的发展。英国利兹大学的研究人员首创了一台现代开关磁阻电机；1980 年英国的劳伦森（P. J. Lawrenson）教授及其同事们在国际上发表了相关论文，系统地介绍了他们的研究成果，阐述了现代 SR 电机的原理与特点，从而奠定了现代 SR 电机的地位。从此，世界上大批学者投入到了 SR 电机的研究领域。经过研究和改进，SR 电机的性能不断提高，已能在数百瓦到数百千瓦的功率范围内做到其性能不低于其他形式的电机。

SR 电机是一种典型的机电一体化装置，结构特别简单、可靠，系统调速性能好，效率高，成本低，因此，很快在调速电机领域得到了发展，并在许多场合得到了实际应用。但是，随着研究的不断深入，SR 电机驱动系统的一些固有缺陷也逐步显现出来，为了克服开关磁阻电机的缺点，同时保持双凸极这一极其简单的结构形式，20 世纪 90 年代很多专家学者在 SR 电机的定子中引入了高性能永久磁铁，从而产生了定子永磁型双凸极无刷电机驱动系统，具体包括：DSPM 电机驱动系统、FSPM 电机驱动系统和 FRPM 电机驱动系统等。上述定子永磁型双凸极无刷电机驱动系统一出现就引起了广泛关注，法国、英国、美国、德国、丹麦、罗马尼亚、印度、韩国、日本、澳大利亚等国的学者都相继开展了研究工作。在中国，东南大学最先开展了定子永磁型双凸极无刷电机的研究，已取得了较好研究成果。从事这方面研究工作的还有浙江大学、南京航空航天大学、华中科技大学、西北工业大学、中国科学院电工研究所、山东大学、哈尔滨工业大学等。

在纯永磁励磁的基础之上，近年来国内外又陆续提出了其他励磁形式的定子励磁型双凸极结构无刷电机，包括纯电励磁型、永磁结合电励磁的混合励磁型、在线永磁体充/去磁的磁场记忆型等。本章主要从电机结构和工作原理出发对该类型电机作简要说明，因此下面仅以永磁型双凸极电机为例介绍它们的结构特点、工作原理、控制方法等，其他励磁方式的电机可参考相关文献。

从本章的分析将会看到，虽然定子永磁型双凸极无刷电机是在 SR 电机基础上发展起来的，但是它们在转矩产生机理上并不完全相同。SR 电机依靠磁阻转矩工作，而在定子永磁型双凸极无刷电机中，磁阻转矩的平均值接近于零，电机主要依靠永磁磁场与电枢电流作用产生的永磁转矩工作。因此，SR 电机与定子永磁型双凸极无刷电机虽同为双凸极结构，但 SR 电机属于磁阻电机，定子永磁型双凸极无刷电机则应归入永磁电机。

## 第二节 开关磁阻电机的结构与工作原理

### 一、开关磁阻电机驱动系统的基本构成与工作原理

开关磁阻电机驱动系统主要由开关磁阻电机、功率变换器、控制器和传感器等部分构成，如图 10 - 1 所示。

如图 10 - 2 所示，该 SR 电机定子有 8 个极、转子有 6 个极（简称 8/6 极），图中画出了 A 相驱动电路。定子和转子都为凸极式，由硅钢片叠压而成，但定、转子的极数不相等。定子极上装有集中式线圈，两个径向相对极上的线圈串联或并联起来构成一相绕组，比如图 10 - 2 中 A 和 A′极上的线圈串联构成了 A 相绕组。转子上没有绕组。

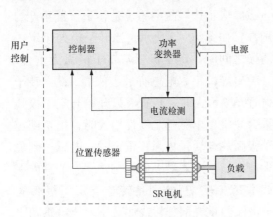

图 10 - 1 SR 电机驱动系统的基本构成

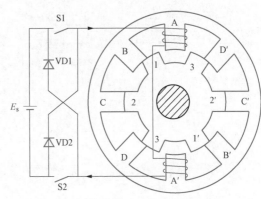

图 10 - 2 8/6 极 SR 电机与驱动电路

当 A 相绕组电流控制开关 S1、S2 闭合时，A 相绕组通电励磁，所产生的磁通将由励磁相定子极通过气隙进入转子极，再经过转子轭和定子轭形成闭合磁路。当转子极接近定子极时，比如说转子极 1-1′ 与定子极 A-A′ 接近时，在磁阻转矩作用下，转子将转动并趋向使转子极中心线 1-1′ 与励磁相定子极中心线 A-A′ 相重合。当这一过程接近完成时，适时切断原励磁相电流，并以相同方式给定子下一相励磁，则将开始第二个完全相似的作用过程。若以图 10-2 中定、转子所处位置为起始点，依次给 D—A—B—C 相绕组通电（B、C、D 各相绕组图中未画出），则转子将按顺时针方向连续转动起来；反之，若按 B—A—D—C 顺序通电，则转子会沿逆时针方向转动。在实际运行中，也有采用两相或两相以上绕组同时导通的方式。但无论是同时一相导通，还是同时多相导通，$m$ 相绕组轮流通电一次，转子转过一个转子极距。设每相绕组开关频率为 $f_{\mathrm{ph}}$，转子极数为 $Z_{\mathrm{r}}$，则 SR 电机的转速与绕组开关频率的关系为

$$n = \frac{60 f_{\mathrm{ph}}}{Z_{\mathrm{r}}} \tag{10-1}$$

**二、开关磁阻电机的电感特性**

1. 线性电感

假设 SR 电机定、转子铁芯材料的磁导率为无限大，则磁路磁导仅由气隙磁导 $\Lambda_{\delta}$ 构成，气隙磁通 $\Phi_{\delta}$ 为

$$\Phi_{\delta} = F\Lambda_{\delta} \tag{10-2}$$

$$F = iW \tag{10-3}$$

式中：$F$ 为绕组励磁磁动势；$W$ 为绕组匝数。

绕组的磁链 $\Psi$ 和电感 $L$ 则为

$$\Psi = W\Phi_{\delta} \tag{10-4}$$

$$L = W^2 \Lambda_{\delta} \tag{10-5}$$

在忽略漏磁的情况下，磁通全部由气隙进入转子，由于铁芯磁导率为无限大，铁芯表面为等磁位面，故气隙磁通与定、转子极弧表面垂直。显然，在这种情况下，气隙磁导仅由定、转子相互重叠部分的极弧角度大小决定，是转子位置角 $\theta$ 的函数。由于电感与磁导成正比，故电感也是转子位置角 $\theta$ 的函数，如图 10-3 所示。当转子极处于定子两极之间时，定子极弧与转子极弧无重合，气隙磁导最小，电感有最小值 $L_{\min}$；当转子位置角 $\theta$ 增大时，转子极弧开始与定子极弧重合，绕组电感随之线性增大时；当全部定子极弧均与转子极弧相重合时，电感达到最大值 $L_{\max}$，这一最大值将在 $\beta_{\mathrm{r}} - \beta_{\mathrm{s}}$ 范围内保持不变（$\beta_{\mathrm{r}}$、$\beta_{\mathrm{s}}$ 分别是转子与定子极弧宽

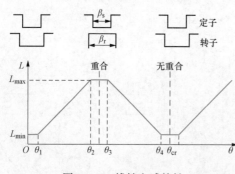

图 10-3 线性电感特性

度，见图 10-3）。当 $\theta$ 继续增大时，定、转子极弧的重叠部分将线性减小，故电感随之线性下降。由图 10-3 可知，每相绕组理想电感可表示如下

$$L = \begin{cases} L_{\min} & 0 \leqslant \theta < \theta_1 \\ k(\theta - \theta_1) + L_{\min} & \theta_1 \leqslant \theta < \theta_2 \\ L_{\max} & \theta_2 \leqslant \theta < \theta_3 \\ L_{\max} - k(\theta - \theta_3) & \theta_3 \leqslant \theta < \theta_4 \\ L_{\min} & \theta_4 \leqslant \theta < \theta_{\mathrm{cr}} \end{cases} \qquad (10 \text{-} 6)$$

式中：$\theta_{\mathrm{cr}}$ 为转子极距角；$k$ 为一系数。

2. 非线性电感

实际上铁磁材料的磁导并非无限大，磁通经过定、转子铁芯时都要产生磁位降，而且磁路磁导随磁密的大小呈非线性变化。此外，还有磁路局部饱和与边缘效应的影响。因此，SR 电机的电感不仅随转子位置角 $\theta$ 而变，而且是电流 $i$ 的非线性函数。欲精确计及磁路饱和与边缘效应等的影响，需采用非线性有限元法等方法对不同电流下电机的磁场进行分析计算。用有限元法计算得到的 SR 电机的非线性电感特性如图 10-4 所示。可见，当定、转子极弧有重叠时，绕组电流越大，对应的电感越小。

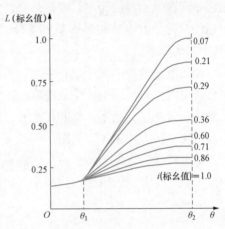

图 10-4　非线性电感特性

**三、开关磁阻电机的基本方程与矩角特性**

设 SR 电机的相电压为 $u$，相电阻为 $R$，相电流为 $i$，则相电压方程为

$$u = Ri + e \qquad (10 \text{-} 7)$$

$$e = \frac{\mathrm{d}\psi}{\mathrm{d}t} = \frac{\mathrm{d}(Li)}{\mathrm{d}t} = L\frac{\mathrm{d}i}{\mathrm{d}t} + i\frac{\mathrm{d}L}{\mathrm{d}t} \qquad (10 \text{-} 8)$$

式中：$e$ 为相电动势。

每相绕组的电磁功率为

$$P_e = ei = iL\frac{\mathrm{d}i}{\mathrm{d}t} + i^2\frac{\mathrm{d}L}{\mathrm{d}t} = \frac{\mathrm{d}}{\mathrm{d}t}\left(\frac{1}{2}Li^2\right) + \frac{1}{2}i^2\frac{\mathrm{d}L}{\mathrm{d}t}$$

$$= \frac{\mathrm{d}}{\mathrm{d}t}\left(\frac{1}{2}Li^2\right) + \frac{1}{2}i^2\frac{\mathrm{d}L}{\mathrm{d}\theta}\frac{\mathrm{d}\theta}{\mathrm{d}t} = \frac{\mathrm{d}W_f}{\mathrm{d}t} + T_e\omega_r \qquad (10 \text{-} 9)$$

式中：$W_f$ 为每相绕组中的磁场储能，$W_f = \frac{1}{2}Li^2$；$\omega_r$ 为转子旋转角速度，$\omega_r = \mathrm{d}\theta/\mathrm{d}t$。

根据量纲关系不难知道

$$T_e = \frac{1}{2}i^2\frac{\mathrm{d}L}{\mathrm{d}\theta} \qquad (10 \text{-} 10)$$

式中：$T_e$ 为每相电磁转矩。

由以上分析可知：

（1）SR 电机的电磁转矩是由转子转动时气隙磁导（电感）变化产生的。当电流一定时，磁导（电感）变化率大，转矩也大；若变化率为零，转矩也为零。因此，在电机结构一定的条件下，如何提高磁导（电感）的变化率是设计人员需要考虑的重要问题。

（2）电磁转矩大小与电流的二次方成正比，因此，可以通过增大绕组电流来提高电机的电磁转矩。

（3）转矩方向与电流的方向无关，仅取决于电感随转角的变化情况，故可以采用单极性电流供电。如在电感上升区间给绕组通电，则产生正转矩，处于电动机状态；如在电感下降区间给绕组通电，将产生负转矩，处于发电机状态。因此，通过控制绕组电流导通的时刻、电流脉冲的幅值和宽度，就可以控制 SR 电机转矩的大小和方向，实现 SR 电机的调速运行。

虽然上述分析和结论是在一系列假设条件下得到的，但对了解 SR 电机的基本工作原理，对定性分析转矩产生及电机的工作状态是十分有用的。图 10 - 5 所示为 SR 电机的静态矩角特性。当不计铁芯磁阻和边缘效应时，SR 电机的转矩为一矩形波，转矩大小与电流二次方成正比，如图 10 - 5（a）所示；当考虑铁芯磁阻、饱和效应和边缘效应时，矩角特性为电流与转子位置角的非线性函数，随着电流增大，铁芯饱和作用导致转矩波形宽度变窄，转矩平均值减小，如图 10 - 5（b）所示。

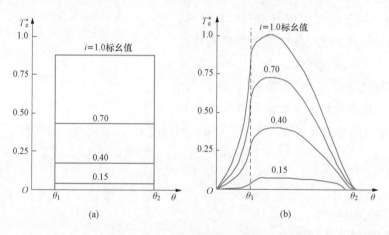

图 10 - 5  SR 电机的静态矩角特性

(a) 线性特性；(b) 非线性特性

### 四、开关磁阻电机结构类型

开关磁阻电机除了图 10 - 2 所示的 4 相 8/6 极之外，还有多种结构类型，电机的相数 $m$、定子极数 $Z_s$ 和转子极数 $Z_r$ 之间有许多种可能的组合，但它们之间一般应满足以下关系

$$\left.\begin{array}{l} Z_s = 2mk \\ Z_r = Z_s \pm 2k \end{array}\right\} \tag{10 - 11}$$

式中：$k$ 为正整数。

由式（10 - 1）可知，当电机转速一定时，绕组电流的开关频率正比于转子极数。为减小铁芯损耗以及功率器件的开关损耗，转子极数越小越好。因此，转子极数通常小于定子极数。为了避免单边磁拉力，径向必须对称，所以定子极数和转子极数一般都采

用偶数。为使 SR 电机在正、反方向均有自起动能力，相数应大于等于 3。因此，$Z_s/Z_r$ 为 6/4、8/6、12/8 等便是最常用的结构形式。图 10‑6～图 10‑9 为多相电机的示例。

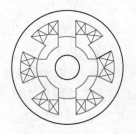

图 10‑6　三相 6/4 极 SR 电机

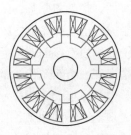

图 10‑7　三相 12/8 极 SR 电机

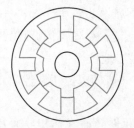

图 10‑8　四相 8/6 极 SR 电机
（绕组未画出）

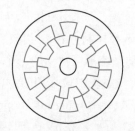

图 10‑9　五相 10/8 极 SR 电机
（绕组未画出）

在小功率家用电器（如吊扇）、轻工设备等应用中，电路简单、成本低的单相 SR 电机往往更有吸引力。图 10‑10 所示为一单相外转子 SR 电机，环形绕组设于内定子的 6 个磁极槽内，通电后将形成径向—轴向组合磁路。当转子极接近定子极时接通电源，转子受力旋转，在定、转子极重合之前断开电源，转子靠惯性继续运动，待转子极接近下一个定子极时再接通定子绕组。如此重复，电机可连续转动。为了解决自起动问题，可采取适当措施，如附加永磁体，使电机断电时转子停在适当位置，以保证下次通电起动时存在一定转矩。

此外，还有盘式、直线式等特种开关磁阻电机，此处不再赘述。

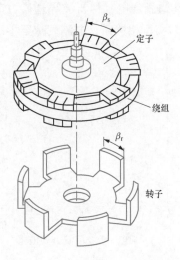

图 10‑10　单相外转子 SR 电机

## 第三节　开关磁阻电机控制系统

### 一、控制方式

SR 电机驱动系统的控制方式，是指电动机运行时对哪些参数进行控制及如何控制，使电动机达到规定的运行工况（如规定的转速、转矩等），并保持较高的力能指标（如效率等）。SR 电机由于独特的双凸极结构，控制方式与传统电动机完全不同，与步进电动机和无刷直流电动机等其他相近的电动机也相差很大，因此，这部分知识是双凸极电机驱动系统独有的，是学习掌握 SR 电机驱动系统必不可少的一部分。

同时，控制方式也是关系到 SR 电机驱动系统综合性能优劣的决定因素。首先，使用变速传动系统的用户直接面对的是电机的机械输出参数（转矩、转速等），因此该输出参数的优劣是评价一个系统优劣的主要依据。由于 SR 电机可以采用多种不同的控制方式，输出参数也差异很大，所以必须根据电机输出参数的要求来正确选择控制方式。其次，控制方式是系统级的知识，任一控制方式都要通过适当的控制电路和功率电路才能实现，这就涉及控制器硬件的构成和成本，因此，控制方式决定了包括电机和控制器在内的整个系统的技术经济指标。从系统设计角度看，只有选定控制方式后，系统各部分才有了设计依据。选择不同的控制方式，会导致各部分设计方案和设计参数极大的差异。只有正确选择控制方式，才能使系统具有最佳性能价格比。因此可以说，控制方式是 SR 电机驱动系统不可缺少的一个部分，并处于核心地位。

SR 电机驱动系统中最常用的主要有两种控制方式，即电流斩波控制和角位置控制。

1. 电流斩波控制（current chopping control，CCC）

如图 10-11 所示，在 $\theta = \theta_{on}$ 时，功率电路开关元件导通（称相导通），在电压作用下绕组电流 $i$ 从零开始上升，当电流增长到一定峰值 $I_{max}$ 时，将开关元件关断（称斩波关断），使绕组断电。此时绕组承受反向电压，电流快速下降，当电流下降到 $I_{min}$ 时，对绕组重新通电（称斩波导通）。如此反复开通、关断，形成锯齿形电流波形，直至 $\theta = \theta_{off}$ 时实行相关断，电流衰减至零。

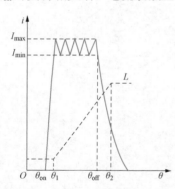

图 10-11 电流斩波控制方式波形

该控制方式中，选择 $\theta_{on}$ 和 $\theta_{off}$ 使电流波形的主要部分位于电感的上升段（或下降段），使电机处于电动运行（或制动运行），并保持 $\theta_{on}$ 和 $\theta_{off}$ 不变，通过控制电流峰值 $I_{max}$ 的大小来调节电机的转矩和转速。斩波频率取决于电流的带宽 $\Delta i = I_{max} - I_{min}$，当 $I_{max}$ 一定时，$I_{min}$ 越大，则带宽越小，斩波频率越高，有利于提高电机出力，减小转矩脉动，同时有利于降低噪声。如果斩波频率大于 16kHz，可使斩波噪声频率超出人耳听觉范围。但是，斩波频率越高，则要求功率电路开关元件工作频率越高，需选用高频开关元件，成本上升，并且开关损耗增大，系统效率降低。

电流斩波控制方式具有如下特点：

（1）适用于低速和制动运行。电机低速运行时，由于绕组中旋转电动势小，电流增长快。在制动运行时，由于旋转电动势的方向与绕组端电压方向相同，使电流上升速度比低速运行时更快。两种运行中，采用电流斩波控制方式可限制电流峰值的增长，并有良好有效的调节效果。

（2）转矩平稳。由于每个电流波形呈较宽的平顶状，故产生的转矩也较平稳。各相合成转矩的脉动一般也比采用其他控制方式时明显小。

（3）适合用作转矩调节系统。如果选择的斩波频率较高，并忽略相导通和相关断时电流建立和消失过程（转速低时近似如此），则该方式下绕组电流波形近似为平顶方波。平顶方波的幅值对应一定的电机转矩，该转矩基本不受其他因素（如电源电压、转速等）的影响，因此该控制方式十分适合构成转矩调节系统。

（4）抗负载扰动的动态响应慢。为提高调速系统在负载扰动下的转速响应速度，要求转速检测调节环节动态响应快。该控制方式中，由于电流峰值被限制，当电机转速在负载扰动作用下发生变化时，电流峰值无法相应自动改变，电机转矩也无法自动改变，必须经过调节器来改变电流峰值 $I_{max}$，因此系统在负载扰动下的动态响应较为缓慢。

2. 角位置控制（angle position control，APC）

角位置控制就是控制开通角 $\theta_{on}$ 和关断角 $\theta_{off}$。在 $\theta_{on}$ 与 $\theta_{off}$ 之间，对绕组加正电压，在绕组中建立和维持电流；在 $\theta_{off}$ 之后一段时间内，绕组承受反电压，电流续流并快速下降，直至消失，对应的电流波形如图 10-12 所示，为一个完整的脉冲。因此，这种运行方式有时也称为单脉冲运行。

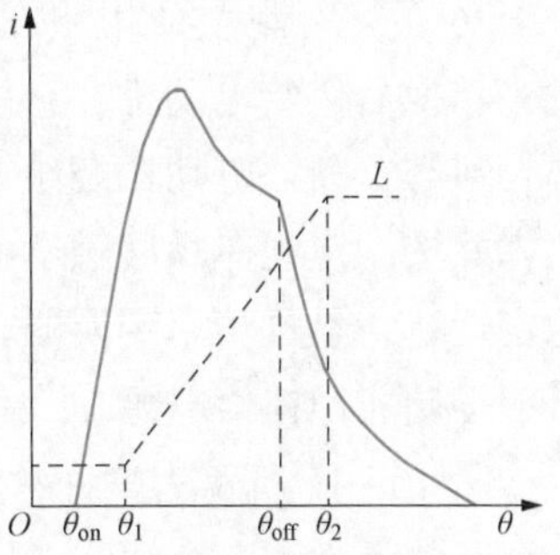

控制 $\theta_{on}$ 和 $\theta_{off}$ 可以改变电流波形与绕组电感波形的相对位置，当电流波形的主要部分位于电感的上升区时，则产生正转矩，电机为电动运行；反之，若使电流波形的主要部分处于绕组电感的下降段，则将产生负转矩，电机为制动运行。

在电动运行状态下，开通角 $\theta_{on}$ 提前，则在小电感区段电流上升时间加长，如图 10-13 所示，电流波形发生如下变化：波形加宽；波形的峰值和有效值增加；与电感波形的相对位置变化。

图 10-12　角位置控制方式波形

改变 $\theta_{on}$ 使电感上升段电流变化，从而改变了电机转矩。当电机负载一定时，转速便随之变化。

改变 $\theta_{off}$ 一般不影响电流峰值，但影响电流波形宽度及其与电感曲线的相对位置，电流有效值也随之变化。因此，$\theta_{off}$ 同样对电机的转矩、转速产生影响，但其影响远没有 $\theta_{on}$ 那么大，如图 10-14 所示。

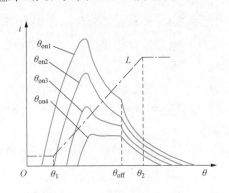

图 10-13　不同 $\theta_{on}$ 的电流波形（$\theta_{off}=c$）

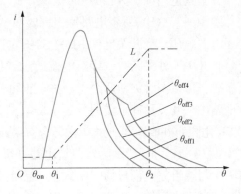

图 10-14　不同 $\theta_{off}$ 的电流波形（$\theta_{on}=c$）

同样的分析也可用于制动运行状态。

角位置控制方式有如下特点：

（1）转矩调节范围大。如果定义电流存在区间 $t$ 占电流周期 $T$ 的比例 $t/T$ 为电流占空比，则该控制下电流占空比的变化范围几乎从 $0\sim100\%$。

（2）电机效率高。在电机允许范围内，一定的输出转矩和转速，可以有许多组 $\theta_{on}$ 和 $\theta_{off}$ 与之对应，即有多组不同的电流波形与之对应。电流波形不同，对应的绕组损耗和电机效率也不同，因此，存在一组最优 $\theta_{on}$ 和 $\theta_{off}$。通过角度优化控制，可以使电机在不同负载下均能保持高效率。

（3）不适用于低速。角位置控制方式中，电流峰值主要由旋转电动势限制。当转速低时，旋转电动势小，电流峰值可能会上升至不允许的数值。因此，角位置控制方式一般适用于高速。当然，何为高速、低速，由电机绕组设计参数决定。

**二、功率变换器**

1. 基本电路

功率变换器是 SR 电机驱动系统中的重要组成部分，其作用是将电源提供的能量经适当转换后供给电动机。它由直流电源供电（可由交流电源整流得到），借助开关元件的导通与关断，电动机绕组中有脉冲电流流过并输入功率。正确控制开关角及电流幅值，并按一定规律顺序触发各相开关元件，电机即可在所需要的转速和转矩条件下连续稳定运行。经过功率变换器，既可将能量输入电动机，也可在换流期间将电机绕组的部分磁场储能回馈给电源。

图 10-15 所示为三种常见功率变换器基本电路。图 10-15（a）所示电路每相只需一个开关元件和一个续流二极管。外电源被两个容值相等的裂相电容一分为二，相绕组一端共同接至双极性电源的中点，各相主开关元件和续流二极管依次上下交替排布，每相绕组上的电压为 $U_s/2$，但开关元件和续流二极管的额定电压均为 $U_s$。当上臂 S1 闭合时，绕组 W1 从上半部电容 $C_1$ 吸收电能；S1 断开时，由于绕组电感的作用，其中电流不可能突变，电流将经过续流二极管 VD1 继续流通，将剩余的能量回馈给下半部电容 $C_2$。当 S2 开通时，绕组 W2 则从下半部电容 $C_2$ 吸收电能；S2 关断时，剩余能量回馈给电容 $C_1$。若各相平均电流相等，则上下臂电容电压对称。这种采用分裂式直流电源的电路方案只适用于偶数相的 SR 电机，此为其一大缺点。

图 10-15（b）所示电路每相需要两个开关元件和两个续流二极管，每相绕组电压等于电源电压。当开关元件 S1 和 S2 开通时，电路将电源能量提供给电机，电流通入绕组。当开关元件关断时，绕组电流通过二极管续流，将绕组中储存的能量回馈给电源。斩波时，可以同时关断两个主开关，也可只关断一个，以减小开关元件的开关损耗。这种电路中的开关元件承受的额定电压为 $U_s$。这种电路可用于任何相数、任何功率等级的 SR 电机，在高电压、大功率场合有明显的优势。

图 10-15（c）所示为双绕组电路，每相也只需一个开关元件，但要求 SR 电机每相有一个与绕组完全耦合的二次绕组（一般采用双股并绕，匝比通常为 1：1）。工作时，电源通过开关元件 S 向绕组 W1 供电；当 S 关断后，绕组中的储能由 W2 通过续流二极

管 VD 向电源回馈。主开关元件承受的电压为 $2U_s$，若考虑到双绕组的不完全耦合（即漏感）的影响，主开关元件承受的电压比 $2U_s$ 还要高。这一电路的主要缺点是电机绕组利用率较低，因为任一瞬间每一对双绕组中只有一个绕组流过电流。另外，电机与功率变换器间的连线较多。这种电路一般可应用在电源电压较低的场合，如电瓶车驱动装置等。

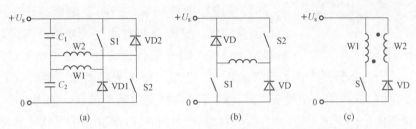

图 10 - 15　常见功率变换器基本电路

（a）裂相式电路；（b）不对称半桥电路；（c）双绕组电路

上述三种电路各有优缺点。图 10 - 15（a）、图 10 - 15（c）所示电路所用开关元件少。图 10 - 15（b）所示电路控制灵活，流经开关元件的电流小，适配电机的范围大。由于主电路开关元件的总伏安容量大抵相等，成本相差不大。图 10 - 16 所示为一实用的四相 8/6 极 SR 电机不对称半桥功率变换器电路。

2. 电路特点

SR 电机功率变换器与交流变频调速中常用的脉宽调制逆变器相比具有如下特点：

（1）由于 SR 电机绕组中的电流不必反向，即只需要单方向电流，因而变换器每相电路可以只用一个开关元件，在主开关元件数量和价格上优于脉宽调制电路。

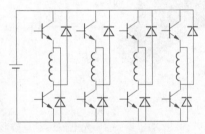

图 10 - 16　四相 8/6 极 SR 电机不对称半桥功率变换器电路

（2）各相绕组分别与各自的开关元件串联后跨接于电源，不会出现直接短路现象。即使在开关元件无法顺利关断时，由于绕组电感大，电流也不至于上升过快，易于采取相应的保护措施。

（3）不像脉宽调制电路那样需要复杂的调制控制电路。

**三、信号检测**

SR 电机驱动系统在高速时为单脉冲运行模式，通过控制定子电流脉冲的开通角和关断角来调整电流的通断瞬间、时间长短以及电流的大小和波形，以便产生所需的转矩，并调节转速；在低速运行时则为斩波运行模式，这时控制绕组电流的上限以达到控制输出转矩和转速的目的。为此，SR 电机驱动系统必须配备相关的位置传感器和电流传感器，以提供相应的转子位置信号和绕组电流信号。

1. 转子位置传感器

适用于 SR 电机驱动系统的位置传感器的类型很多，如接近开关式、磁敏式、光电式等。较常用的光电式位置传感器如图 10 - 17 所示，它由固定在电机定子上的槽型光

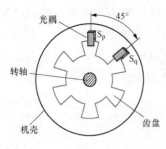

图 10 - 17   光电式位置传感器

电耦合开关（简称光耦）及固定在转子轴上的开有 $Z_r$ 个齿槽的圆盘组成。对四相 8/6 极 SR 电机，圆盘的齿数也是 6 个，且齿、槽等宽，各占 30°，两个光耦 $S_p$ 和 $S_q$ 相距 45°机械角度。光耦元件由发光二极管和光电晶体管组成，图 10 - 18（a）所示为槽型光耦实物图，其电路如图 10 - 18（b）中虚线左侧所示。当圆盘随电机转子一起旋转时，圆盘的齿、槽就会相继通过光耦槽，当齿遮挡了传感器的光路时，则光电晶体管处于截止状态；而当槽经过光耦时，光电晶体管受光而处于导通状态。于是，两个光耦就会产生两路正交的 30°方波信号，每隔 15°产生一个跳变，每个跳变对应特定的转子位置，如图 10 - 19 所示。通过计数相邻两个跳变所经历的时间，可估算出电机在 15°转角内的平均转速，即

$$\hat{n} = \frac{60\Delta r}{\Delta t} = \frac{15}{360} \times \frac{60}{\Delta t} = \frac{15}{360}\frac{60 f_{clk}}{N_p} \tag{10 - 12}$$

式中：$\hat{n}$ 为速度估计值，r/min；$\Delta t$ 为相邻两次跳变所经历的时间，s；$N_p$ 为相邻两次跳变之间的时钟脉冲个数；$f_{clk}$ 为时钟频率。

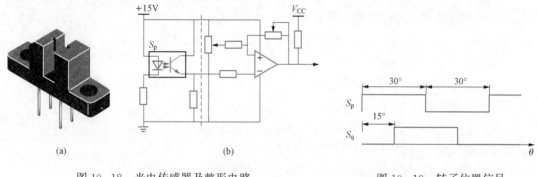

图 10 - 18   光电传感器及整形电路
（a）槽型光耦实物；（b）整形电路

图 10 - 19   转子位置信号

由光耦输出的位置脉冲信号有一定的上升沿和下降沿，影响位置检测的准确性和精度。因此，每路光耦信号需经过整形电路以消除输出位置信号的上升沿和下降沿以及"毛刺"。图 10 - 18（b）中虚线右侧即为由比较器构成的整形电路。

类似地，三相 SR 电机要使三相得到足够的转子位置信号，一般需要三个光耦。

位置传感器带来的消极影响是增加了 SR 电机结构的复杂性，使 SR 电机与控制器之间的连线增多，提高了成本，降低了系统的可靠性。因此人们正致力于研究取消位置传感器，而利用 SR 电机的绕组电感随转子位置变化这一特性，通过测量非导通相的绕组电感来推断转子位置，即无位置传感器方案，这是非常有意义的研究方向。

2. 电流传感器

由前面分析知道，SR 电机主要有电流斩波控制和角位置控制两种运行方式。在电流斩波控制方式中，系统是通过调节每相绕组电流的大小来控制转矩的。因此，准确地知道绕组中实际电流的大小，对进行电流反馈是十分必要的。在角位置控制方式中，虽

然电流不再是控制量，但为防止系统过载或故障，需要进行过电流保护。因此，可靠地检测电流，始终是系统所必须的。SR 电机驱动系统中常用采样电阻和霍尔电流传感器两种方式检测电流。

（1）采样电阻。图 10 - 20 中，$R$ 为电流 $I_L$ 的采样电阻，它串联在被测电路中，电阻两端电压降信号就如实反映了电流的大小及波形。为减小功率损耗和对被测电路的影响，采样电阻阻值一定要很小，故所得电压降信号也是较小的，因此，采样后的隔离放大甚为关键，目前多采用线性光耦传输隔离。为保证电流检测的准确性和精度，采样电阻必须是低电感、低温度系数的电阻。

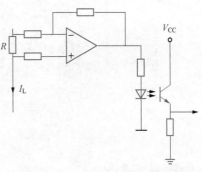

图 10 - 20 电阻采样电流检测电路

（2）霍尔电流传感器。霍尔元件具有磁敏特性，即载流的霍尔材料在磁场中产生霍尔电动势（霍尔电动势垂直于电流和磁场）。利用这一原理生产的磁场平衡式霍尔电流传感器，将互感器、磁放大器、霍尔元件和电子线路集成在一起，集测量、保护、反馈于一体，其工作原理如图 10 - 21 所示。被测电流 $I_L$ 流过一次侧导线所产生的磁场，使霍尔元件产生霍尔电压 $U_H$，$U_H$ 经放大后产生补偿电流 $I_P$，该电流流过 $N_2$ 线圈（二次侧）产生的磁场将抵消 $I_L$ 产生的磁场，使 $U_H$ 减小。$I_P$ 越大，合成磁场越小，直至穿过霍尔元件的磁场为 0，这时补偿电流 $I_P$ 便可间接反映出 $I_L$ 的大小。$I_P$ 在外接电阻 $R_M$ 上的电压降 $V_M$ 作为相电流的反馈信号。例如，若设一次侧、二次侧线圈的匝数变比为 $N_1 : N_2 = 1$ : 2000，因稳定时磁动势平衡，即

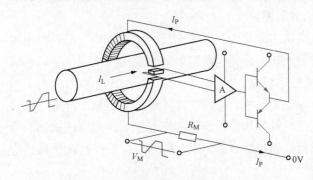

图 10 - 21 磁场平衡式霍尔电流传感器

$$N_1 I_L = N_2 I_P \tag{10 - 13}$$

所以有

$$I_P = I_L / 2000 \tag{10 - 14}$$

霍尔电流传感器的最大优点是测量精度高，线性度好，响应速度快，检测线圈一次侧与二次侧隔离，已成为电子线路中普遍采用的电流检测及过流保护元件，是 SR 电机电流检测装置的理想选择。

值得注意的是，电流检测的目的是用来控制主开关，因此，需要检测的是主开关器件流过的电流。根据 SR 电机的工作原理，四相 SR 电机任意时刻最多只能有两相绕组同时导通，A 相与 C 相不能同时导通，B 相与 D 相也不能同时导通，因此，对于图 10 - 22 所示的电路拓扑，A、C 相和 B、D 相可以分别共用一个电流检测元件（霍尔传感器或电阻）。

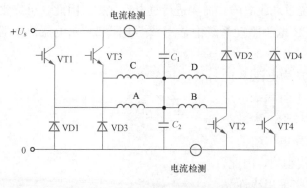

图 10 - 22　四相 SR 电机电流检测电路

## 四、SR 电机驱动系统的基本特点

SR 电机驱动系统具有以下特点。

（1）结构简单，成本低。双凸极型 SR 电机是最简结构的电机，其转子无绕组，也不加永久磁铁，定子为集中绕组，比传统的直流电机、同步电机及感应电机都要简单，制造和维护方便，高速适应性也极佳。

功率变换器简单，仅需供给单方向电流。因此，主开关元件数可以比常规逆变器少，也不会发生一般逆变器的直通短路故障，简化了控制保护单元。但由于电流的脉冲性，有时要适当加大主开关元件的定额。

（2）可控参数多，调速性能好。SR 电机的可控参数包括开通角 $\theta_{on}$、关断角 $\theta_{off}$、相电流幅值 $I_{max}$ 以及直流电源电压 $U_{dc}$ 等，控制灵活，可以四象限运行（即正转、反转和电动、制动），能实现各种特殊要求的调节控制。

（3）损耗小，效率高。首先，电机绕组为集中式，端部短，不仅省铜，而且绕组电阻小，铜耗低；其次，转子不存在励磁及转差损耗；再则，功率变换器主元件少，相应的损耗也小。因此，SR 电机驱动系统效率较高。

（4）振动与噪声较大。由于 SR 电机由脉冲电流供电，转矩脉动明显，电机气隙又小，有显著变化的径向磁拉力，加之结构及各相参数难免的不对称，从而形成振动和噪声。只要合理设计电机结构，精心调整控制参数，将 SR 电机噪声水平控制在标准感应电机的考核指标之内是完全可能的。

# 第四节　定子永磁型无刷电机的结构与工作原理

由上面分析可知，SR 电机的定转子均呈凸极形式，转子上无绕组，无永磁体，结构简单可靠，特别是，该电机的转矩仅与绕组电流大小及绕组电感随转子位置的变化率有关，而与电流方向无关，从而可采用单向电流供电，简化了功率变换器结构，提高了系统工作可靠性。

随着研究的深入，SR 电机的一些固有缺陷也显现出来。首先，SR 电机只有在绕组电感随转子位置角增大时给绕组通电才能产生正转矩，因而，一个极距内只有一半的区域可以用来产生转矩，运行效率和材料利用率相对较低。其次，SR 电机本质上是一种单边励磁电机，绕组电流中不仅包含有转矩（有功）分量，还有励磁（无功）分量，这样不仅增大了绕组和功率变换器的伏安容量，还会产生额外的附加损耗。再则，绕组电感较大，关断后电流衰减慢，为避免绕组关断后电流延续到负转矩区，必须将绕组提前关断，因而削弱了电机出力等。

可以预见，如果能在绕组电感下降区也产生正向转矩，使定子绕组的整个开关周期都得到利用，必将大大提高电机的功率密度，但传统结构的 SR 电机是难以实现的。为此，将 SR 电机的简单结构与高性能永磁材料相结合，产生了定子永磁型无刷电机，主要包括 DSPM 电机、FSPM 电机和 FRPM 电机三大类。下面将就这三类定子永磁型电机的结构和工作原理分别作简要介绍。

## 一、双凸极永磁电机（DSPM 电机）

### （一）DSPM 电机的结构特点

图 10-23 所示为 8/6 极 DSPM 电机，其基本结构与 SR 电机相似，即定、转子均为凸极结构；定子齿上装有集中式线圈，径向相对齿上的线圈串联构成一相绕组；转子上既没有绕组，也没有永磁体。与 SR 电机的不同之处在于，DSPM 电机在定子铁芯中放置了两块（或多块）高性能永久磁铁。为获得足够高的气隙磁通密度，一方面可选用磁能积大、去磁曲线线性度好的永磁材料，另一方面可适当增大永磁体的面积，故常将定子铁芯制成椭圆形或方形。这样虽然电机的实际体积和质量有所增加，但只要外凸部分不超出由定子圆周所界定的正方形（图 10-23 中虚线所示），就不增加铁芯材料的消耗和成本，而是利用了本该成为边角料的部分。如果定子槽空间在放置了电枢绕组后仍有富余，也可将定子铁芯设计成内凸结构，以保持定子铁芯为圆形，如图 10-24 所示。

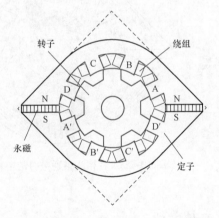

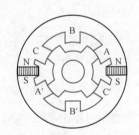

图 10-23　8/6 极 DSPM 电机　　　　图 10-24　内凸 DSPM 电机

与永磁体置于转子的传统永磁无刷电机相比，DSPM 电机中的永磁体位于定子。其好处在于：一是制造容易，结构稳定，不需要对永磁体采取特别的加固措施；二是易于冷却，永磁材料特别是钕铁硼，磁性能对温度十分敏感，工作温度不允许过高，因此，永磁体的冷却就显得很重要。另外，在某些应用场合如电动车中，为减小电机的体积与质量，常采用强制油冷或水冷。在 DSPM 电机中，电枢绕组与永磁体均处于定子，这就为电机的冷却提供了极大的方便。

### （二）DSPM 电机的工作原理

在 DSPM 电机中，磁场由永磁体磁场和电枢绕组磁场两部分组成。为便于分析，假设

定转子铁芯磁导率 $\mu_r = \infty$，磁路为线性。当电机空载时，只有永磁磁场，如图 10-23 所示，定子上半部呈 N 极性，下半部呈 S 极性，磁力线由永磁体的 N 极出发，经定子上半部的轭和齿，经气隙进入转子齿和轭，再经过气隙进入定子下半部的齿和轭，回到永磁体的 S 极形成回路。显然，定子任一相绕组中匝链的永磁磁通与定子齿和转子齿的相对位置有关。当定子齿正对转子槽时，磁路磁阻最大，永磁磁链 $\psi_{pm}$ 有最小值；当转子齿与定子齿开始重叠时，绕组永磁磁链随定、转子齿的重叠角线性增大；当定子齿与转子齿完全重合时，永磁磁链有最大值；此后，当转子齿离开定子齿时，永磁磁链开始下降。由此可得永磁磁链 $\psi_{pm}$ 与转子位置角 $\theta$ 之间的关系，即永磁磁链特性如图 10-25 所示，它与图 10-3 中 SR 电机的线性电感特性十分相似。

由于在 DSPM 电机的定子铁芯中放置了磁导率与真空磁导率相近的永磁体，使 DSPM 电机的电感特性与 SR 电机有明显差别。图 10-26 为当 B 相绕组通电时的电枢反应磁场。可见，只有很少磁通穿过永磁体经径向相对的 B' 齿形成回路，大部分磁通经由相邻的定子齿闭合。因此，在齿对齿和齿对槽位置时都具有较小的电感，电感的最大值不是出现在定子齿与转子齿对齐的位置，而是出现在定、转子齿一半重叠位置附近，如图 10-25 中的 L 曲线所示，并且电感最大值比 SR 电机要小得多，这为定子绕组的快速换流带来很大的好处。

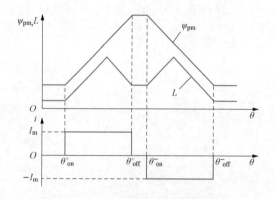

图 10-25　DSPM 电机磁链和电流波形

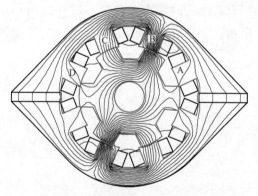

图 10-26　B 相绕组通电时的电枢反应磁场

DSPM 电机的相电压方程为

$$u = Ri + e \tag{10-15}$$

$$e = \frac{d\psi}{dt} = \frac{d}{dt}(\psi_{pm} + Li) = \frac{d\psi_{pm}}{dt} + L\frac{di}{dt} + i\frac{dL}{dt} \tag{10-16}$$

则每相绕组的电磁功率为

$$
\begin{aligned}
P_e = ei &= i\frac{d\psi_{pm}}{dt} + iL\frac{di}{dt} + i^2\frac{dL}{dt} = i\frac{d\psi_{pm}}{dt} + \frac{d}{dt}\left(\frac{1}{2}Li^2\right) + \frac{1}{2}i^2\frac{dL}{dt} \\
&= \frac{d}{dt}\left(\frac{1}{2}Li^2\right) + i\frac{d\psi_{pm}}{d\theta}\frac{d\theta}{dt} + \frac{1}{2}i^2\frac{dL}{d\theta}\frac{d\theta}{dt} = \frac{dW_f}{dt} + T_e\omega_r
\end{aligned}
\tag{10-17}
$$

由量纲关系可知电磁转矩为

$$T_e = i\frac{d\psi_{pm}}{d\theta} + \frac{1}{2}i^2\frac{dL}{d\theta} = T_{pm} + T_r \tag{10-18}$$

于是，可得到下面两个结论：

（1）注意到式（10-18）比式（10-10）多了一项永磁转矩 $T_{pm}$，它正比于绕组电流与永磁磁链对转子位置变化率的乘积。因此，当永磁磁链变化率为正时（即永磁磁链随转子位置角的增大而增大，如图 10-25 中前半周所示），给绕组通正电流；而当永磁磁链的变化率为负时（即永磁磁链随转子位置角的增大而减小，如图 10-25 中后半周所示），给绕组通入负电流，均可产生正的电磁转矩。

（2）由于磁阻转矩 $T_r$ 与电流方向无关，因此，当绕组电流为图 10-25 中所示的正负半周幅值相等、极性相反的方波时，正半周的磁阻转矩与负半周的磁阻转矩相互抵消，平均磁阻转矩为零。而且，永磁体的存在大大减小了绕组电感及电感变化率。所以，磁阻转矩本身也很小，故在 DSPM 电机中，起主导作用的是永磁转矩。需要注意的是，DSPM 电机中磁阻转矩很小，且平均值近似为零，并不意味着可以减小或消除转子磁阻的变化，恰恰相反，正是转子磁阻的改变，才导致永磁磁链随转子位置而变化，从而产生了永磁转矩。

上述分析表明，DSPM 电机实现了在一个绕组导通周期内正、负半周都能通电的目的，从原理上克服了 SR 电机材料利用率相对低的缺点，故 DSPM 电机的功率密度高于 SR 电机。

分析了 DSPM 电机的电磁转矩，就不难理解其运行原理。与 SR 电机类似，当按照一定的规律和控制策略依次给 A、B、C、D 相绕组通电，电机各相就会依次产生转矩，使电机连续旋转。改变通电次序就可改变电机的转向；控制绕组电流的幅值或导通角（即电流波形的宽度），就可控制电机转矩的大小。

（三）DSPM 电机的结构形式与分类

与 SR 电机类似，DSPM 电机的相数 $m$、定子齿数 $Z_s$ 和转子极数 $Z_r$ 之间在满足式（10-11）的条件下，也可以有多种组合。除了图 10-23 所示的 8/6 极结构外，也可以为 6/4 极、12/8 极或 4/6 极等。三相 6/4 极电机如图 10-24 所示，图 10-27 为三相 12/8 极电机截面图。图 10-28 则为一台二相 4/6 极 DSPM 电机，为了使电机在任意位置具有起动转矩，电机被分成两段，并将两段定子在空间相互错开 45°。

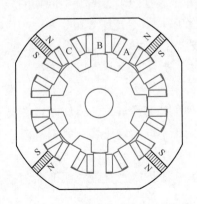

图 10-27　三相 12/8 极 DSPM 电机

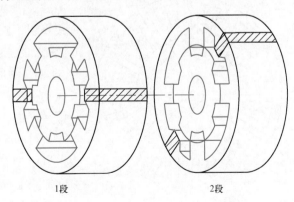

图 10-28　两相分段式 DSPM 电机

　　除了相数、极数的变化外，DSPM 电机永磁体的布置方式亦有多种方案。图 10-29 所示方案中，永磁体在定子轭中由径向放置改为周向放置，弧形磁铁将定子铁轭分成内轭和背轭两部分。该结构不仅保持了电机外形为圆形，而且由于磁铁截面积大大增加，可以采用价格较为便宜的铁氧体永磁材料，降低了电机成本。

　　DSPM 电机中的永磁体不仅可以放在定子上，也可以放在转子上，如图 10-30 所示，其工作原理与永磁体放于定子时完全相同。事实上，最早的 DSPM 电机就是转子永磁结构，但是，永磁体放于转子降低了转子结构的牢固性，电机最大转速受到限制，并且制造也比定子永磁型复杂。因此，自定子永磁型出现以后，就较少有人研究转子永磁型 DSPM 电机，主要研究集中于定子永磁型 DSPM 电机。

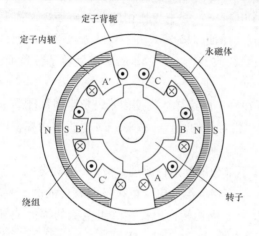

图 10-29　弧形磁铁 DSPM 电机

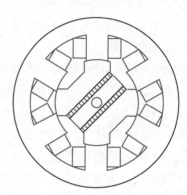

图 10-30　转子永磁型 DSPM 电机

## 二、磁通切换永磁电机（FSPM 电机）

### （一）FSPM 电机的结构特点

　　图 10-31 所示为一台 12/10 极 FSPM 电机截面图。显然，FSPM 电机的基本结构仍与 SR 电机和 DSPM 电机相似，都为双凸极结构，转子上既无绕组也无永磁体，结构非常简单。图 10-31 中，每个 U 形导磁铁芯围成的槽中并排放置两个分属于不同相的集中式线圈，12 个线圈共分成了 3 组，每 4 个串联（或并联、或串并混联）组成一相，例如 A1～A4 四个线圈组成 A 相绕组，以此类推。每个线圈横跨在两个定子齿上，中间嵌有一块永磁体。正是这种独特的设计，使得转子齿在与同一个线圈下两个不同的定子齿分别对齐时，绕组里匝链的磁链极性会不同，这个特性与 DSPM 电机完全不同，也是该电机命名为"磁通切换"的由来。图 10-32 所示为 FSPM 电机定子的展开图，考虑到旋转电机的径向对称

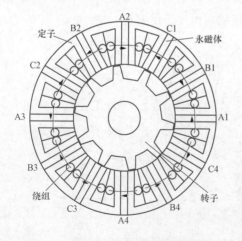

图 10-31　12/10 极 FSPM 电机截面图

性，只画出了一半定子，可见对称的永磁体是沿着切向交替充磁的，即相邻两块磁钢的充磁方向相反。

图 10 - 32    12/10 极 FSPM 电机定子展开图

FSPM 电机将永磁体和绕组都放在定子，增大了散热面积，因此其冷却效果优于转子永磁型结构的电机，并且可以采用灵活多变的冷却方式。同时，转子结构简单，有利于高速运行，避免了永磁型电机中在转子部分增加固定永磁铁装置的工艺，减小了制作成本。另外，省去了励磁绕组，消除了励磁部分产生的铜耗，提高了电机的效率。

（二）FSPM 电机的工作原理

磁通切换电机，是指绕组匝链的磁通（磁链）会根据转子的不同位置切换方向和数量，即改变正负极性和数值大小。在一个转子极距范围内，对应电机的一个电周期，磁通的数量会从最大变到最小，方向从进入绕组到穿出绕组（或从穿出绕组到进入绕组）。

依据磁阻最小原理，磁通永远都是通过磁阻最小的路径闭合。在图 10 - 33 所示的转子位置，永磁体产生的磁通会沿着图示箭头的路径穿出定子齿而进入与之相对齐的转子齿。随着转子位置的改变，定子绕组中匝链的磁通发生变化，在绕组中感出一定的电动势。而当转子运动到图 10 - 34 所示的位置时，永磁磁通在数量上保持不变但穿行的路径对绕组来说恰好反向，为穿出转子齿而进入定子齿。显然，此时绕组中感应的电动势与上一种情况相比，数值相同但极性相反。正是基于这个原理，当转子在上述两个位置之间连续运动时，绕组里匝链的永磁磁通就会不断地在正负最大值之间呈周期性变化，根据法拉第定律，绕组两端就会产生幅值和相位交变的感应电动势。

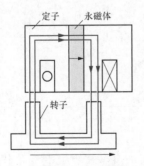
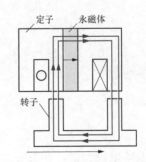

图 10 - 33    磁通穿出绕组          图 10 - 34    磁通进入绕组

如图 10 - 35 所示，FSPM 电机的每相理想空载永磁磁链 $\psi_{pm}$ 成双极性正弦分布，与传统转子永磁型电机一致，绕组内感应的电动势 $e$ 也为正弦分布。当电机作电动运行时，根据对应的转子位置，给每相绕组施加同相位的正弦电枢电流 $i$，就会得到同方向的电磁转矩。尽管 FSPM 电机与 DSPM 电机在外形上很相似,但 FSPM 电机的永磁磁链为双极性,与 DSPM 电机的单极性永磁磁链明显不同。

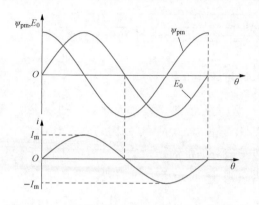

图 10 - 35　FSPM 电机永磁磁链、感应电动势和电流波形 (电动运行)

FSPM 电机的电压方程为

$$\left.\begin{aligned} u_a &= \frac{\mathrm{d}\psi_a}{\mathrm{d}t} + R_{ph}i_a \\ u_b &= \frac{\mathrm{d}\psi_b}{\mathrm{d}t} + R_{ph}i_b \\ u_c &= \frac{\mathrm{d}\psi_c}{\mathrm{d}t} + R_{ph}i_c \end{aligned}\right\} \quad (10\text{-}19)$$

$$\begin{bmatrix} \psi_a \\ \psi_b \\ \psi_c \end{bmatrix} = \begin{bmatrix} L_{aa} & M_{ab} & M_{ac} \\ M_{ba} & L_{bb} & M_{bc} \\ M_{ca} & M_{cb} & L_{cc} \end{bmatrix} \begin{bmatrix} i_a \\ i_b \\ i_c \end{bmatrix} + \begin{bmatrix} \psi_{ma} \\ \psi_{mb} \\ \psi_{mc} \end{bmatrix} \quad (10\text{-}20)$$

三相永磁磁链 $\psi_{ma}$、$\psi_{mb}$、$\psi_{mc}$ 为

$$\left.\begin{aligned} \psi_{ma} &= \psi_m \cos(p_r\theta_r) \\ \psi_{mb} &= \psi_m \cos(p_r\theta_r - 120°) \\ \psi_{mc} &= \psi_m \cos(p_r\theta_r + 120°) \end{aligned}\right\} \quad (10\text{-}21)$$

式中:$p_r$ 为转子极对数;$\theta_r$ 为转子位置高。

三相空载感应电动势为

$$\left.\begin{aligned} e_{ma} &= \frac{\mathrm{d}\psi_{ma}}{\mathrm{d}t} = E_m \sin(p_r\theta_r) \\ e_{mb} &= \frac{\mathrm{d}\psi_{mb}}{\mathrm{d}t} = E_m \sin(p_r\theta_r - 120°) \\ e_{mc} &= \frac{\mathrm{d}\psi_{mc}}{\mathrm{d}t} = E_m \sin(p_r\theta_r + 120°) \end{aligned}\right\} \quad (10\text{-}22)$$

在控制系统中,若施加的三相电枢电流为

$$\left.\begin{aligned} i_a &= I_m \sin(p_r\theta_r + \beta) \\ i_b &= I_m \sin(p_r\theta_r - 120° + \beta) \\ i_c &= I_m \sin(p_r\theta_r + 120° + \beta) \end{aligned}\right\} \quad (10\text{-}23)$$

则稳态时平均电磁转矩为

$$T_{eav} = \frac{P_{em}}{\omega_r} = \frac{e_{ma}i_a + e_{mb}i_b + e_{mc}i_c}{\omega_r} + \frac{1}{2}\frac{(\mathrm{d}\psi'_a/\mathrm{d}t)i_a + (\mathrm{d}\psi'_b/\mathrm{d}t)i_b + (\mathrm{d}\psi'_c/\mathrm{d}t)i_c}{\omega_r} = T_{pm} + T_r \quad (10\text{-}24)$$

可见,与 DSPM 电机类似,在 FSPM 电机的电磁转矩中也有一个磁阻转矩的分量,但需说明的是,尽管 FSPM 电机也是双凸极结构,但其直轴电感与交轴电感相差并不大,因此磁阻转矩的作用很小,起主导作用的仍然是永磁转矩。

(三) FSPM 电机的结构型式与分类

与 SR 电机、DSPM 电机类似,FSPM 电机的相数 $m$、定子齿数 $Z_s$ 和转子极数 $Z_r$ 之间也可以有多种组合。除了图 10-31 所示的三相定子 12 槽/转子 10 极结构外，也可以为三相 12/14 极、三相 6/7 极、两相（或四相）8/6 极等，其中三相 12/14 极结构如图 10-36 所示，两相 8/6 极结构如图 10-37 所示。

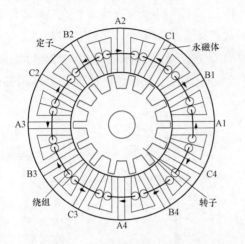

图 10-36　三相 12/14 极 FSPM 电机　　　　图 10-37　两相 8/6 极 FSPM 电机

除了相数、极数的变化外，FSPM 电机的转子可做成如图 10-38 所示的模块化的方案，该方案可有效节省硅钢片材料。此外，近年来又有学者提出了如图 10-39 所示的多齿 FSPM 电机，其功率密度更高，且可有效节省永磁材料。

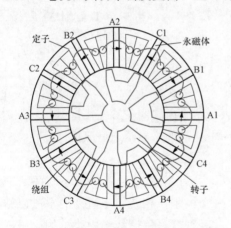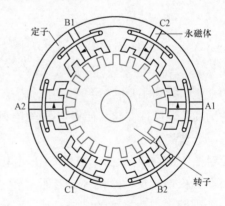

图 10-38　转子模块化 FSPM 电机　　　　图 10-39　多齿 FSPM 电机

### 三、磁通反向永磁电机（FRPM 电机）

（一）FRPM 电机的结构特点

FRPM 电机最初结构如图 10-40 所示，永磁体放置在定子齿表面，同一个定子齿下的两块永磁体采用径向充磁方式，且极性相反。当转子齿与同一个定子齿下两块不同永磁体对齐时，匝链到套于该定子齿上的电枢线圈中的永磁磁通极性与大小都会发生变化，故称之为磁通反向电机。与 DSPM 电机中永磁磁通单极性脉动变化相比，FRPM 电机的磁通变化率更大，功率密度更高。与 FSPM 电机相比，FRPM 电机的定子为一块整体，降低了装配难度。FRPM 电机的缺点就是位于同一个定子齿下的两块永磁体会产生较为严重的漏磁，降低了永磁体利用率。

另外，由于 FRPM 电机的永磁体贴装于定子齿表面，因此也可以将该电机称为定子表贴式永磁电机（stator surface - mounted PM machine，简称 SSPM 电机）。从这个角度，如果将置于一个定子齿下的两块极性相反的永磁体换成一整块同极性的永磁体，则双极性的定子表贴式永磁电机可以变成一台单极性的定子表贴式永磁电机，如图 10 - 41 所示。与双极性结构相比，单极性 FRPM 电机解决了上述永磁体漏磁问题，且相邻两个定子齿下的两块永磁体极性相反。

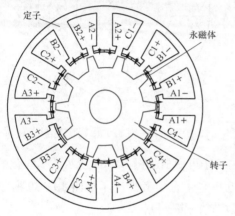

图 10 - 40　三相 12/10 极双极性定子表贴式　　　图 10 - 41　三相 12/10 极单极性定子表贴式
　　　　　　　　永磁电机　　　　　　　　　　　　　　　　　　永磁电机

（二）FRPM 电机的工作原理

图 10 - 40 所示的双极性 FRPM 电机，由于一个定子极下有两块充磁方向为径向且相反的永磁体，转子每转过一个极距，转子齿与定子齿之间位置变化将引起气隙磁阻及永磁磁场发生周期性变化，使得定子绕组线圈中交链的永磁磁通呈双极性变化，产生交变的感应电动势。

而对图 10 - 41 所示的单极性 FRPM 电机，由于相邻两个定子齿下有两块充磁方向为径向且极性相反的永磁体，转子每转过一个极距，相绕组中匝链的永磁磁链也会变化一个周期。与双极性的结构相比，其唯一区别就是每个线圈中匝链的永磁磁通极性不会变化，只是磁通量发生变化，从而产生感应电动势。需要说明的是，尽管每个线圈匝链的永磁磁通呈单极性变化，但却可以通过线圈的连接方式，使得每相绕组匝链的永磁磁链呈双极性变化。特别需要注意的是，针对不同的定、转子齿槽配合，每相绕组线圈可以有不同的连接方式，但总的原则是使每相绕组中的永磁磁链变化率最大。

与前述两种定子永磁型电机相似，不同的齿槽配合、不同的优化尺寸，可以在 FR-PM 电机中分别产生近似正弦波分布与方波分布的每相空载感应电动势。因此，完全可以采用与前述相同的控制方式，如图 10 - 42 和图 10 - 43 所示，此处不再赘述。

238

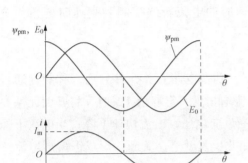

图 10 - 42 正弦波 FRPM 电机永磁磁链、
反电动势和电流

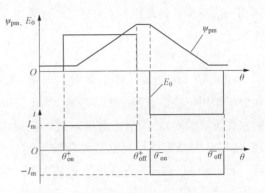

图 10 - 43 方波 FRPM 电机永磁磁链、
反电动势和电流

（三）FRPM 电机的结构形式与分类

FRPM 电机的相数 $m$、定子齿数 $Z_s$ 和转子极数 $Z_r$ 之间也可以有多种组合，除了图 10 - 40 所示的三相 12/10 极结构外，也可以为三相 6/8 极、单相 2/3 极等，分别如图 10 - 44、图 10 - 45 所示。

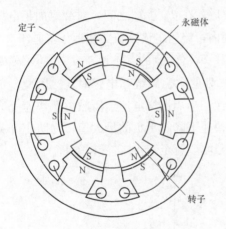

图 10 - 44 三相 6/8 极 FRPM 电机

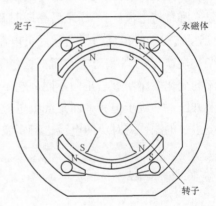

图 10 - 45 单相 2/3 极 FRPM 电机

# 第五节 定子永磁型无刷电机控制系统

## 一、DSPM 电机的控制方式

DSPM 电机的控制与 SR 电机有类似之处，但由于 DSPM 电机在一个导通周期内的正、负半周绕组都导通，因此也有自身的特点。DSPM 电机不同于传统的感应电机或直流电机，它不能直接接于工频交流电源或直流电源上运行，而必须经功率变换器在特定的转子位置，适时地开通、关断电枢绕组，控制绕组电流的大小，使电机处于规定的运行状态。DSPM 电机的可控参数比 SR 电机要多，包括正向开通角 $\theta_{on}^+$、正向关断角 $\theta_{off}^+$、负向开通角 $\theta_{on}^-$、负向关断角 $\theta_{off}^-$、电流幅值 $I_m$ 等，它们可以灵活地构成多种控制方式。

然而，最基本、最常用的控制方式仍然是低速时的电流斩波控制和高速时的角位置控制。

1. 电流斩波控制

如图 10-46 所示，在正半周，当 $\theta=\theta_{on}^{+}$ 时，功率电路开关元件导通（称相导通），在电压作用下绕组电流 $i$ 从零开始上升，当电流增长到一定峰值 $I_{max}$ 时，将开关元件关断（称斩波关断），使绕组断电，此时绕组承受反向电压，电流快速下降；当电流下降到 $I_{min}$ 时，对绕组重新通电（称斩波导通）。如此反复开通、关断，形成锯齿形电流波形，直至 $\theta=\theta_{off}^{+}$ 时实行相关断，电流衰减至零。在负半周，重复正半周的过程，当 $\theta=\theta_{on}^{-}$ 时向绕组施加负电压，直至 $\theta=\theta_{off}^{-}$ 时关断绕组，形成与正半周大致反向对称的电流波形。由于 DSPM 电机的绕组电感比 SR 电机小，在相同的电流带宽 $\Delta i$ 时，DSPM 电机电流的斩波频率就会比 SR 电机高。

DSPM 电机采用电流斩波控制方式时，具有与 SR 电机类似的特点，即适用于低速恒转矩运行，输出转矩较为平稳，抗负载扰动的动态响应较慢等。

2. 角位置控制

角位置控制就是控制开通角和关断角来控制绕组电流，从而达到调节转矩的目的。图 10-47 为角位置控制方式下典型的电流波形。在 $\theta_{on}^{+}$ 与 $\theta_{off}^{+}$ 之间，对绕组加正电压，在绕组中建立和维持电流；在 $\theta_{off}^{+}$ 之后一段时间内，绕组电流续流并快速下降趋于 0。当转子位置到达 $\theta_{on}^{-}$ 时，绕组反向开通承受负电压。值得注意的是，由于 $\theta_{on}^{-}$ 处的永磁磁链和电感的变化规律与 $\theta_{off}^{+}$ 处相对应，而不是与 $\theta_{on}^{+}$ 处的永磁磁链和电感对应。因此，负向开通后电流的变化规律明显与正向不同，它不像正半周那样电流经历较短暂快速上升后进入缓慢上升区，并趋于饱和，而是绕组电流快速下降趋于负的最大值，为防止开关器件和电机绕组过电流，需对负向电流进行斩波限幅，直至 $\theta_{off}^{-}$ 时实行相关断。

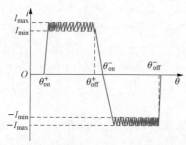

图 10-46　电流斩波控制方式下的绕组电流　　图 10-47　角位置控制方式下的绕组电流

与 SR 电机类似，角位置控制方式主要适用于 DSPM 电机的高速恒功率运行。在该方式下，实际上有 5 个控制量，即 $\theta_{on}^{+}$、$\theta_{off}^{+}$、$\theta_{on}^{-}$、$\theta_{off}^{-}$ 以及负向电流限值，通过优化可实现效率最高或转矩脉动最小等目标。

二、FSPM 电机的控制方式

由于 FSPM 电机的永磁磁链、反电动势、电感等静态特性都可以近似表达为正弦函数，因此可以采用在转子永磁型电机中广泛使用的矢量控制方法来控制 FSPM 电机。

唯一区别是 FSPM 电机的永磁体放置于定子，并不会像转子永磁型同步电机在转子旋转时直接产生一个同步旋转的永磁磁场。因此，在对该类型电机进行分析时，需要将由于转子旋转所引起的磁阻变化与定子永磁直流磁动势之间的作用等效为同步旋转的永磁磁场。

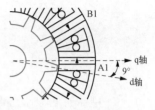

具体等效时，如图 10 - 48 所示，将三相 FSPM 电机的 A 相永磁磁链最大值所对应的转子位置定义为 d 轴，而 d 轴合成磁链就由永磁磁链和电枢反应磁链的 d 轴分量组成，相应地，q 轴磁链超前于 d 轴 90°电角度（对应的机械角度为 9°），q 轴中只有电枢反应磁链的 q 轴分量。确定了 dq 轴位置后，可以将与转子位置近似呈正弦变化规律的三相绕组永磁磁链经过派克变换

图 10 - 48　三相 FSPM 电机
dq 轴定义

(Park 变换) 后，等效为同步旋转的 dq 轴永磁磁链。电机的转矩受两个因素控制，即气隙磁场和电枢电流。FSPM 电机的气隙磁场由永磁磁场和电枢反应磁场共同作用。而将定子电流的空间矢量分解成 d 轴分量和 q 轴分量后，由于永磁磁链在转子坐标系下只和 d 轴交链，调整 $i_d$ 就可以控制气隙磁场强度，因此 $i_d$ 也被称为调磁电流分量。$i_q$ 相位上超前 $i_d$ 电角度 90°，即与气隙磁场在空间上垂直，因此 $i_q$ 就是与转矩成正比的转矩电流分量。由此可见，调节 $i_d$ 和 $i_q$ 就可以分别控制气隙磁场和与之耦合的转矩电流，从而控制电机的转矩输出。在控制系统中具体实现时，根据电机的转速和转矩要求，给定直轴和交轴电流的指令值 $i_d^*$ 和 $i_q^*$，再通过派克反变换产生三相电枢绕组电流的指令值 $i_a^*$、$i_b^*$、$i_c^*$。同时，利用电流反馈电路，得到电机实际的三相电流值，经过比较电路，就可以产生控制功率电子器件开通和关断信号，给每相绕组提供相应电流，以保证实际的 $i_d$ 和 $i_q$ 跟踪指令值 $i_d^*$ 和 $i_q^*$，从而可以实现对电机转矩和转速的控制。更重要的是，dq 轴变量各自都是独立控制的（解耦控制），因此可以方便实现各种先进的控制策略。

### 三、FRPM 电机的控制方式

FRPM 电机的控制方式可以借鉴前述的 FRPM 电机与 FSPM 电机的控制策略。根据不同的定、转子齿槽配合，FRPM 电机呈现出相对于转子位置近似于梯形波分布与正弦波分布的每相空载永磁感应电动势。因此，对于感应电动势波形近似为正弦波的 FRPM 电机，可以采用与 FSPM 电机类似的矢量控制方法进行控制；而对于感应电动势波形近似为梯形波的 FRPM 电机，则可以采用与 DSPM 电机相似的电流斩波控制与角位置控制。在此不再赘述。

### 四、功率变换器

与 SR 电机一样，功率变换器是定子永磁型双凸极无刷电机驱动系统的重要组成部分，无论采用何种控制方式和控制策略，最终都需经功率变换器来实现。与 SR 电机不同的是，三种定子永磁型电机的绕组电流是双极性的，故功率变换器必须能够向电机绕组提供双极性电流。而从控制角度而言，传统永磁无刷直流电机与永磁同步电机的功率变换器拓扑结构完全可以控制定子永磁型电机。尽管在实际应用中从性能与成本等角度考虑，存在多种多样的电路结构，但归纳起来主要有两大类，即全桥功率变换器和半桥功率变换器。

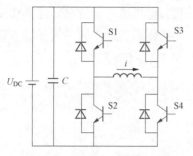

图 10-49　单相全桥型功率变换器

图 10-49 所示为单相全桥功率变换器，每相需 4 个开关元件，定子永磁型电机相绕组跨接在两个桥臂的中点处。当开关元件 S1 和 S4 开通时绕组流过正电流，当 S2 和 S3 开通时绕组流过负电流。该电路的特点是各相电流可独立控制，绕组电压等于直流电源电压（忽略开关器件电压降），因此，当电机功率一定时，每相电流较小，适用于高电压、大功率电机驱动系统。但是，所用开关元件多，电路复杂，成本高。

图 10-50 所示为带分裂电容的四相 DSPM 电机半桥功率变换器，两个容值相等的电容串联后跨接在直流电流上，将直流电源一分为二，每个电容上的电压为直流电源电压的二分之一，两个电容的连接点为电位中性点，与电机绕组的中性线相连。以四相 8/6 极 DSPM 电机的 A 相为例，当上桥臂的开关器件 S1 导通、S2 关断时，电流由电源正极经 S1、电机 A 相绕组和中性线向电容 $C_2$ 充电，再回到电源负极，绕组流过正电流；反之，当 S1 关断、S2 开通时，电流由电源正极经 $C_1$、中性线、A 相绕组和 S2 回到电源负极，绕组流过负电流。该电路的特点是各相电流可独立控制，电机绕组电压为直流电源电压的一半。对于给定功率的电机，开关器件的

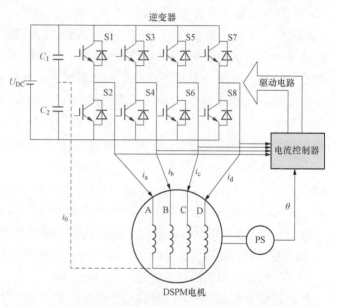

图 10-50　四相 DSPM 电机半桥功率变换器
PS—位置传感器（position sensor）

电流定额和绕组电流是全桥功率变换器的两倍，但每相仅需两个开关元件，电路简单，成本低，适用于小功率、低电压的定子永磁型电机。

类似的半桥功率变换器也适用于三相 FSPM 电机和 FRPM 电机。

**五、信号检测**

对于采用电流斩波控制与角位置控制的定子永磁型电机而言，其控制系统对转子位置的要求不高，可采用与 SR 电机完全相同的转子位置传感器和位置检测电路，此处不再重复。

而针对每相感应电动势波形正弦度较高的定子永磁型电机，则通常采用矢量控制方法，即通过正弦波电流进行驱动。因此，对转子位置精度要求较高，一般采用光电编码器或者旋转变压器进行转速和位置检测。

以光电编码器为例，其由两部分组成：光栅以及光电检测装置。光栅是在一定直径的圆盘上等分地蚀刻出若干通光孔的装置。由于编码器与电动机同轴，当电动机旋转时，光栅就会与电动机同速旋转，发光二极管等电子元件发出的光经光栅的通光以及遮光后，由检测装置检测并输出若干脉冲信号，其原理示意图如图 10 - 51 所示。通过计算每秒光电编码器输出脉冲的个数就能反映出当前电动机的转速。光电编码器输出信号有 A、B、Z 三路信号，其中 A、B 为相位互差 90° 的方波信号，Z 为过零脉冲信号，如图 10 - 52 所示。光电编码器每旋转一周，A、B 相输出相同数量的脉冲，Z 相输出一个脉冲，脉冲的个数和电机旋转角度成正比关系。因此，通过计算脉冲数就能计算出电机在实际运行中所转过的角度。同时，还可以通过分析 A、B 相脉冲的先后反映出电机正反转的信号。如果 A 相脉冲超前 B 相 90°，说明电机正转，如果 B 相脉冲超前 A 相脉冲 90°，说明电机反转。

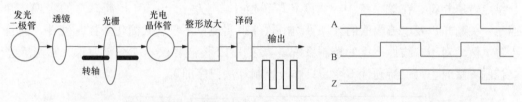

图 10 - 51　光电编码器原理示意图　　　　　图 10 - 52　光电编码器输出信号

绕组电流的控制同样可以采用霍尔电流传感器或采样电阻，但是，与 SR 电机不同的是，定子永磁型电机的绕组电流为双极性，即电流传感器的输出信号有正有负，为便于与给定电流进行比较，以实现电流斩波控制或过电流保护，需要将双极性电流信号转变为单极性信号，通常的办法是采用绝对值电路。图 10 - 53（a）给出了绝对值电路的一种构成方式，它由两个高频运算放大器 LM833 和两个快速恢复二极管 VD1、VD2 以及电阻组成，其特点是频率响应快，信号失真小。图 10 - 53（b）所示为当输入 20kHz 正弦信号时，输出信号（$i_{out}$）、输入信号（$i_{in}$）的对比。

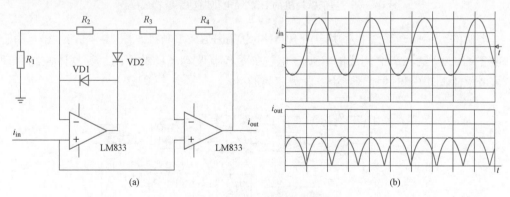

图 10 - 53　绝对值电路及输出特性

（a）电路图；（b）输出特性

### 六、定子永磁型双凸极无刷电机驱动系统构成举例

如前所述，定子永磁型双凸极无刷电机的结构比笼型异步电机和传统永磁无刷直流电

机简单，功率变换器主电路的结构也不复杂，但是电机驱动系统需根据负载和运行条件的不同，在不同转子位置下通断各相绕组的主开关器件，这样既提高了驱动系统的灵活性，同时也增加了控制的复杂性。为了充分挖掘定子永磁型电机控制方式灵活多变的优点，但又不致使控制电路过于复杂，一般都采用软件与硬件相结合的数字控制系统对该类电机进行控制，从而便于引入各种先进的控制算法，实现通用化、标准化和智能化。

图 10-54 给出了以 16 位高性能微处理器 Intel-80C196KD 构成的 DSPM 电机驱动系统的框图。在该系统中单片机是核心，它一方面接受速度控制指令，同时根据接收到的转子位置信号估算转子速度和转子位置，并将估计转速与给定转速相比较，得到速度误差 $e$，按照比例—积分（PI）控制算法，得到电磁转矩的希望值 $T_e^*$，再根据 DSPM 电机电磁转矩与控制变量之间的关系确定电机的开通角 $\theta_{on}^+$、$\theta_{on}^-$，关断角 $\theta_{off}^+$、$\theta_{off}^-$ 和电流幅值 $I^*$，去控制功率器件的开通与关断，实现对电机转矩的控制，直至电机实际转速与给定转速相符。在该系统中，速度和位置估计，速度比较，PI 控制算法的实现，开通角、关断角以及电流幅值的计算等均由软件来实现，不仅大大简化了控制硬件，而且十分灵活。对于非线性严重的控制系统，当采用 PI 控制算法不能满足要求，需引入智能控制方法时，可保持硬件不变，只修改控制算法程序即可。

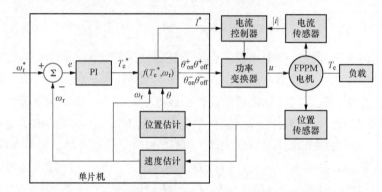

图 10-54 基于单片机的 DSPM 电机驱动系统构成框图

类似的数字驱动系统也适用于 FSPM 电机和 FRPM 电机。图 10-55 给出了基于 DSP TMS320F2812FPP 构成的 FSPM 电机矢量控制驱动系统的框图。其具体控制原理可参考永磁同步电机的控制理论。此处不再赘述。

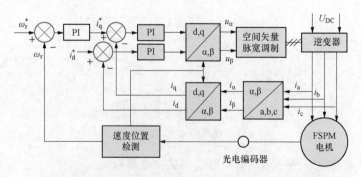

图 10-55 基于 DSP 的 FSPM 电机矢量控制驱动系统构成框图

## 第六节　定子励磁型双凸极无刷电机应用举例

定子励磁型双凸极无刷电机驱动系统兼有传统交、直流电机驱动系统的优点，即结构简单，调速范围宽，并在很宽的速度范围内具有高效率，故障容错能力强等。作为一种能四象限运行的新型调速驱动系统，原则上可用于所有需要调速的电气传动系统，如通用工业机械、冶金设备、机车牵引、电动车辆、化工机械、纺织机械、航空航天、家用电器等。特别是开关磁阻电机驱动系统，经过 30 多年的研究与开发，各方面技术日臻成熟，国内外已在许多具体场合采用开关磁阻电机作为驱动电动机，并取得了很好的节能效益，这些具体设备包括风机、水泵、电动车、离心机、龙门刨床、毛巾印花机、洗衣机等。定子永磁型双凸极无刷电机驱动系统虽然研究时间相对较短，尚有不少技术问题有待进一步深入探讨，但是它所具有的功率密度高、效率高、结构简单、永磁体位于定子等优点，充分显示出在调速驱动应用领域的竞争力，并已有在电动自行车、电动汽车、飞轮储能等方面的应用尝试。

例如，开关磁阻电机由于成本低、可靠性高、调速范围宽，已在高档洗衣机中批量应用。洗衣机经历了手动机械洗衣机、半自动洗衣机、全自动洗衣机的发展过程，并不断智能化。洗衣机电动机也由简单的有级调速发展为无级调速。由开关磁阻电机驱动的洗衣机显示出明显的优点：

（1）有很低的洗涤速度；

（2）有良好的衣物分布性；

（3）滚筒平衡性好；

（4）能实现快速安全停机；

（5）能实现软起动；

（6）能实现电流限幅；

（7）最大转速高，低速转矩大；

（8）对水温、水流易于实现智能控制。

图 10-56 为滚筒式洗衣机用 700W 开关磁阻电机的机械特性。

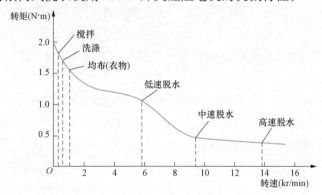

图 10-56　滚筒式洗衣机用 700W 开关磁阻电机的机械特性

此外，在微型电动汽车驱动系统中开关磁阻电机也有一些实际应用。表 10 - 1 所示为该电机的主要技术参数与性能指标。由表可见，该电机的峰值功率为额定功率的 2 倍，起动力矩为额定力矩的 3.5 倍，峰值电流为额定电流的 4.7 倍，这些充分体现了开关磁阻电机过载能力强的优势。电机的最高转速也可达到 5600r/min，是额定转速的 2 倍。

表 10 - 1　　　　　　　　微型电动车用开关磁阻电机参数

| 电机功率 | 额定 3kW，峰值 6kW |
|---|---|
| 额定电压 | 直流 48～60V |
| 额定/峰值电流 | 85/400A |
| 过载特性 | 1.2 倍额定扭矩（2h），3 倍额定扭矩（1min） |
| 电机转速 | 额定 2800r/min，最高 5600r/min |
| 电机力矩 | 额定 13.3N·m，起动力矩达 3.5 倍额定力矩 |
| 电动输出特性 | 额定转速以下恒转矩，额定转速以上恒功率 |
| 工作温度 | −40～+85℃ |
| 驱动系统总效率 | 最高 85%，效率大于 70%区域占运行区间 70%以上 |
| 噪声要求 | 符合 GB/T 18488.1—2015《电动汽车用驱动电机系统　第 1 部分：技术条件》 |

## 小　结

定子励磁型双凸极无刷电机主要包括开关磁阻电机和定子永磁型电机。开关磁阻电机的定子和转子均为凸极结构，定子极上放置集中式绕组，因此结构特别简单，可靠性高。开关磁阻电机依靠转子凸极效应而产生的磁阻转矩工作，转矩的大小正比于绕组电感变化率与电流二次方的乘积，因此可由单极性电流供电，从而使其功率变换器大为简化，避免了发生桥臂上下直通故障的可能性，并且每相可以只用一个功率器件，不仅成本低，而且工作可靠。

开关磁阻电机的基本控制方法是电流斩波控制和角位置控制。前者适合于低速、恒转矩运行；后者适合于高速、恒功率运行。开关磁阻电机的控制变量多，控制灵活，调速范围宽。

开关磁阻电机的缺点是转矩脉动较大，导致噪声和振动也较大；与永磁电机相比，功率密度较低。

定子永磁型无刷电机又分为双凸极永磁电机、磁通切换永磁电机、磁通反向永磁电机，它们采用了开关磁阻电机的双凸极结构，同时结合了永磁电机的优点，功率密度、效率、材料利率等都比开关磁阻电机高。与传统永磁电机相比，由于三种主要定子永磁型无刷电机的永磁体均位于定子，且都采用集中式电枢绕组，绕组端部短，省铜，而转子上既无永磁体，又无绕组，因此定子永磁型电机冷却容易，转子机械强度高，适合高速运行，铜耗小，效率高。

　　定子永磁型无刷电机的工作转矩主要是永磁转矩，而磁阻转矩的平均值接近于零，作用很小。

　　定子永磁型电机的基本控制方法与其每相绕组的空载永磁感应电动势相关。若为近似梯形波感应电动势，则与开关磁阻电机相似，主要有电流斩波控制和角位置控制；但因定子永磁型电机需要双极性电流供电，所以功率变换器比开关磁阻电机的复杂。而对每相绕组的空载感应电动势为近似正弦波分布的定子永磁型电机，其控制方法和传统转子永磁型同步电机相似，主要有矢量控制、转矩直接控制等。

　　开关磁阻电机与定子永磁型无刷电机都需要根据转子位置来决定绕组的开通与关断，因此，必须采用适当的方式来提供转子位置信号，常用的转子位置传感器包括低精度的光电码盘与高精度的光电编码器、旋转变压器等。

## 思考题与习题

　　10-1　在定子永磁型无刷电机中，磁阻转矩的平均值接近于零，对合成平均转矩的贡献基本为零，反而会增大转矩脉动，那么能否采用磁阻恒定的圆柱形转子代替凸极转子？为什么？

　　10-2　如何改变开关磁阻电机的转矩方向？改变电机绕组电流的极性能够改变转矩方向吗？

　　10-3　开关磁阻电机功率变换器每相最少可用几个开关器件？定子永磁型双凸极电机功率变换器每相最少要用几个开关器件？

　　10-4　在电机主要结构尺寸和每相绕组匝数基本相同的情况下，为什么 DSPM 电机的绕组自感明显小于开关磁阻电机？

　　10-5　开关磁阻电机的主要缺点是什么？

　　10-6　开关磁阻电机功率变换器有哪几种常见电路？各有什么优缺点？

　　10-7　定子永磁型无刷电机主要有哪几种结构？有什么区别？

　　10-8　采用正弦波电流驱动的定子永磁型无刷电机为什么需要精度较高的转子位置检测装置？

# 第十一章

# 超声波电动机
## （Ultrasonic Motor）

## 第一节 概　　述

超声波电动机（ultrasonic motor，USM），是利用压电材料的逆压电效应为激励，使定子弹性体在超声频段产生微观机械振动（振动频率在 20kHz 以上），并通过定子和转子（或动子）之间的摩擦作用，将定子的微观振动转换成转子（或动子）的宏观的单方向转动（或直线运动）。它打破了传统电机需由电磁效应获得转矩和转速的概念。

1973 年，美国 IBM 公司首先研制成功原理性超声波电动机。与此同时，苏联也研制出了类似原理的超声波电动机。20 世纪 80 年代，日本以指田年生为代表的一批学者致力于将美国、苏联的原理型样机开发成实用型超声波电动机。80 年代末 90 年代初，日本的超声波电动机开始进入商业应用。在超声波电动机技术发展和实际应用方面，日本一直处于世界领先地位，掌握着世界上大多数超声波电动机技术的发明专利。

超声波电动机是一个机电耦合系统，涉及振动学、摩擦学、材料学、电力电子技术、自动控制技术和实验技术等，是一项跨学科的高新技术。最近几年，美国和西欧各国也掀起超声波电动机的研究热潮，尤其是美国，已有一批公司和大学从事超声波电动机的研究。我国是在 20 世纪 80 年代中后期开始研究超声波电动机的，90 年代后，国内多所高校和科研院所相继开展了超声波电动机的研究工作，包括对超声波电动机的运动机理、控制方法以及原型样机的研制和试验等，随着研究的不断深入，很多工艺和设计方面的问题得以解决，已有产品进入实际应用，但与国际先进水平相比还有一定差距。

与传统电磁式电动机相比，超声波电动机具有以下特点：

（1）转矩/质量比大，结构简单、紧凑。超声波电动机的转矩密度一般为电磁式电动机的几倍到十几倍，所以非常适合市场对微特电机的短、薄、轻、小和对力矩的要求。

（2）低速大转矩，无需齿轮减速机构，可实现直接驱动。超声波电动机最大的优点在于能以极低的速度运转，很容易做到几十转每小时甚至更低，并且能保持大转矩输出。而电磁式电动机在这样的速度是很难起动的，即使能起动，也很难正常工作。电磁式电动机用于这种场合时只能通过减速机构来实现低速大转矩，因此随之带来了摩擦、噪声、传动精度和效率低等问题。

（3）动态响应快（毫秒级），控制性能好。由于转子转动惯量小，与转子的惯性力相比，定、转子之间的摩擦力相当大，所以瞬态响应时间短，一般旋转型行波超声波电动机的机械时间常数为几毫秒，因此动态响应快，控制性能优越，适合在控制系统中作为伺服元件。

（4）断电自锁。由于压电超声波电动机利用摩擦驱动，定子与转子间用较大的力压紧，切断电源时可自锁。

（5）不产生磁场，也不受外界磁场干扰。超声波电动机由于没有线圈和磁铁，本身不产生电磁波，同样外部磁场对其影响很小。

（6）运行噪声小。超声波电动机依靠压电陶瓷逆压电效应激发的超声振动而工作，人耳听不到超声频域的振动噪声，而且由于它不需齿轮减速机构，因此也不存在齿轮产生的噪声，减少了对周围环境的污染。

（7）摩擦损耗大，效率低，只有 $10\% \sim 40\%$。

（8）输出功率小，目前实际应用的只有 10W 左右。

（9）寿命短，只有 $1000 \sim 5000$h，不适合连续工作。

超声波电动机类型很多，有不同的分类方法。按照电动机自身的形状与结构进行分类，有圆盘或圆环电动机、棒状（杆状）电动机、平板电动机等；按照功能分类，有旋转型电动机（连续旋转电动机，步进电动机，单转向或双转向电动机）、直线移动型电动机、球型（多自由度）电动机；根据动作方式的不同，超声波电动机可分为行波型和驻波型两大类。由于环形行波型超声波电动机是所有类型中结构最简单、用途最广、商业化最早的一种，因此本章将以行波型超声波电动机为主，来介绍超声波电动机的工作原理、控制方法和运行性能等。

## 第二节　超声波电动机的运动形成机理

### 一、压电效应与压电振子

压电效应（piezoelectric effect）是在 1880 年居里兄弟首先从 α - 石英晶体上发现的。一般在电场作用下，可以引起电介质中带电粒子的相对位移而发生极化，但是某些电介质晶体也可以在纯机械应力作用下而发生极化，并导致介质两端表面内出现符号相反的束缚电荷，其电荷密度与外力成正比。这种由于机械应力的作用而使晶体发生极化的现象，称为正压电效应（positive piezoelectric effect）。反之，将一块晶体置于外电场中，在电场作用下，晶体内部正负电荷的重心会发生位移，这一极化位移又导致晶体发生形变，这一效应称为逆压电效应（inverse piezoelectric effect）。正压电效应和逆压电效应统称为压电效应。

如图 11 - 1 所示，压电材料的极化方向如空心箭头所示，当在压电材料的上下表面加正向电压，即在压电材料表面形成上正、下负的电场，则压电材料在长度方向便会伸张。反之，若在该压电材料上下表面加反向电场，则在长度方向就会收缩。

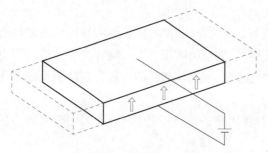

图 11-1 压电材料的应变

当在压电体外加交变电场时，在压电体中就激发出某种模态的弹性振动，当外电场的交变频率与压电体的机械谐振频率一致时，压电体就进入机械谐振状态，成为压电振子。当振动频率在 20kHz 以上时，属于超声振动。

**二、椭圆运动及其作用**

超声振动是超声波电动机工作的最基本条件，起驱动源的作用。但是，并不是任意超声振动都具有驱动作用，它必须具备一定的形态，即振动位移的轨迹为一椭圆，才具有定向连续的驱动作用。以图 11-2 所示情况为例，设定子（振子）在静止状态下与转子表面有一微小间隙，当定子产生超声振动时，其上的接触摩擦点 $A$ 作周期运动，轨迹为一椭圆。当 $A$ 点运动到椭圆的上半圆时，将与转子表面接触，并通过摩擦作用拨动转子旋转；当运动到下半圆时将与转子表面脱离并反向回程。如果这种椭圆运动连续不断地产生下去，则对转子具有定向连续的拨动作用，从而使转子连续不断地旋转。因此，超声波电动机的定子（即振子）的任务就是采用合理的结构，通过各类振动的组合来生成椭圆运动。

任何一种以超声振动为动力源，以接触摩擦为运动传递方式的超声波电动机，其接触摩擦点的绝对或相对位移都必须为椭圆运动。目前已发明的超声波电动机有行波型和驻波型两大类数十种之多，它们在椭圆的生成方式上虽有不同，但在利用椭圆运动上却是相同的。因此，椭圆运动是超声波电动机最基本的运动，其作用可用图 11-3 来说明。

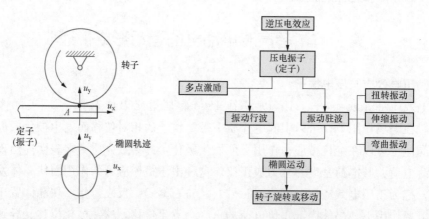

图 11-2 质点运动轨迹　　　　图 11-3 椭圆运动的作用

那么，怎样才能形成椭圆运动呢？设有两个空间相互垂直的振动位移 $u_x$ 和 $u_y$，均是由简谐振动形成的，振动角频率为 $\omega$，振幅分别为 $\xi_x$ 和 $\xi_y$，时间相位差为 $\varphi$，即有

$$\left.\begin{array}{l} u_x = \xi_x \sin\omega t \\ u_y = \xi_y \sin(\omega t + \varphi) \end{array}\right\} \tag{11-1}$$

从中消去时间 $t$，则有

$$\frac{u_x^2}{\xi_x^2} - \frac{2u_x u_y}{\xi_x \xi_y}\cos\varphi + \frac{u_y^2}{\xi_y^2} = \sin^2\varphi \tag{11-2}$$

式（11-2）中，当 $\varphi = n\pi (n=0, \pm 1, \pm 2, \cdots)$ 时，两个位移为同相运动，合成轨迹为一条直线；当 $\varphi \neq n\pi$ 时，其轨迹为一椭圆，其中 $\varphi = n\pi \pm \frac{\pi}{2}$ 时为一规则椭圆。不同相位差时的椭圆运动形态如图 11-4 所示。

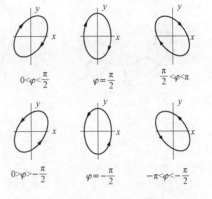

由此可见，相位差 $\varphi$ 的取值，决定了椭圆运动的旋转方向，当 $\varphi > 0$ 时椭圆运动为顺时针方向，$\varphi < 0$ 时椭圆运动为逆时针方向。由于椭圆运动的旋转方向决定了定子对转子的拨动方向，所以也就决定了超声波电动机的转向或平移方向。

图 11-4　不同相位差时的椭圆运动形态

## 第三节　环形行波型超声波电动机的结构与工作原理

环形行波型超声波电动机，是目前技术最为成熟并实际应用较多的电动机，本节主要介绍其工作原理。

**一、基本结构**

环形行波型超声波电动机的基本结构由定子和转子两大部分组成。以振动体为主体的定子上开有齿和槽，在定子不开槽的一面粘贴有压电陶瓷；转子为一圆环；在定、转子接触的表面覆有一层特殊的摩擦材料，如图 11-5 所示。装配时，依靠蝶簧变形所产生的轴向压力将转子与定子紧紧压在一起，如图 11-6 所示。

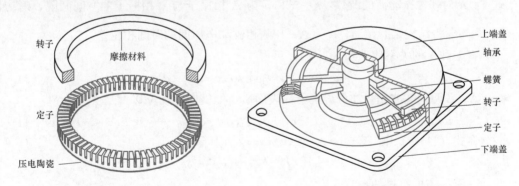

图 11-5　环形行波型超声波电动机的定子和转子　　　图 11-6　环形超声波电动机装配图

图 11-7 所示为粘贴在定子振动体背面的压电陶瓷环的电极分布图。压电陶瓷环的周长为行波波长 $\lambda$ 的 $n$ 倍（图中 $n=9$），并被划分为 A、B 两组，对应超声波电机的两相电极，它们在空间相差 90°，即 $\frac{1}{4}\lambda$。在 $\frac{3}{4}\lambda$ 区域中有一块宽度为 $\lambda/4$ 的极化区（S

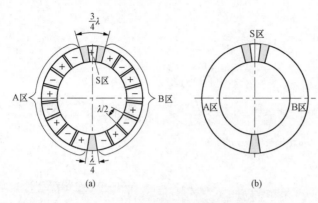

图 11-7　压电陶瓷电极分布图

(a) 正面；(b) 反面

区），作为传感反馈区，利用正压电效应，实时反映定子的振动情况，其反馈信号可用于控制驱动电源的信号输出。阴影部分为未覆银区（或对应部分的覆银层被磨去），将压电陶瓷的上下极板分隔成不同的区域。各压电分区所占宽度为 $\lambda/2$，S区宽度为 $\lambda/4$。相邻压电分区的极化方向相反，分别以"＋"和"－"表示，在电压作用下可收缩和伸张，构成一个波长的弹性波。金属体反面为共同地线。

**二、运行机理**

当在 A、B 区任一组电极上施加以共振频率交变的电源激励时，相邻极化区将会分别伸张和收缩，从而在定子弹性体中激励出弯曲振动，如图 11-8 所示。使用单相交流电压激励压电陶瓷环的 A 区或者 B 区，只能在定子环中激发出驻波振动，它们可分别表示为

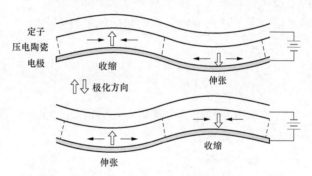

图 11-8　定子弯曲振动产生机理

$$w_A(x,t) = \xi_A \cos kx \cos \omega t \tag{11-3}$$

$$w_B(x,t) = \xi_B \cos[k(x-a)]\cos(\omega t - \varphi) \tag{11-4}$$

式中：$k$ 为弹性振动波的波数，$k = \dfrac{2\pi}{\lambda}$；$a$ 为 A 相振子与 B 相振子的空间间隔，对应图 11-7 的电极结构，$a = \lambda/4$；$\varphi$ 为 A、B 两相驱动电压间的时间相位差。

将 $k$ 和 $a$ 的关系代入式（11-4）可得

$$w_B(x,t) = \xi_B \sin kx \cos(\omega t - \varphi) \tag{11-5}$$

A、B 两列驻波相叠加可得定子环表面质点的横向振动位移为

$$w(x,t) = w_A(x,t) + w_B(x,t) = \xi_A \cos kx \cos \omega t + \xi_B \sin kx \cos(\omega t - \varphi) \tag{11-6}$$

在式（11-6）中，若 $\xi_A = \xi_B = \xi$，$\varphi = \pi/2$，则有

$$w(x,t) = \xi \cos(kx - \omega t) \tag{11-7}$$

此为一沿 $x$ 方向行进的行波。

对于式（11-7）所给出的行波，定子表面质点纵向振动位移 $u(x,t)$ 可表示为

$$u(x,t) = -h\frac{\partial w(x,t)}{\partial x} = -kh\xi \sin(kx - \omega t) \tag{11-8}$$

式中：$h$ 为定子上表面到中性层的距离，即压电振子厚度的一半。

由式（11-7）和式（11-8）可得定子表面质点的运动轨迹方程

$$\frac{w^2(x,t)}{\xi^2} + \frac{u^2(x,t)}{(kh\xi)^2} = 1 \qquad (11\text{-}9)$$

式（11-9）表明，当在定子中形成行波时，其定子表面质点的运动轨迹为椭圆，如图 11-9 所示。

根据上述原理，对图 11-7 中的 A、B 区的电极分别加上时间相位差为 90°的共振频率电源，则将激励出以一定方向移动的 9 个波峰的行波，振动体的变位分布如图 11-10 所示。环形转子与定子振动体相接触的表面上装有摩擦材料，利用与定子振动体的摩擦力使其转动。在定子表面开槽，是为了放大定子接触摩擦部位的振动速度，提高超声波电动机的转换效率，改善电动机的性能。

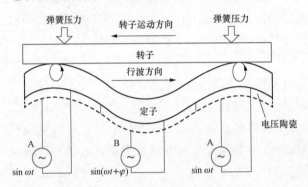

图 11-9　行波型超声波电机动作原理图　　　　图 11-10　圆环形定子的振动变位

### 三、转子运动速度与方向

由式（11-8）可得定子表面质点运动的纵向速度为

$$v_x(x,t) = \frac{\partial u(x,t)}{\partial t} = -kh\xi\omega\cos(kx-\omega t) \qquad (11\text{-}10)$$

在椭圆的最高点，横向位移 $w$ 为最大，而纵向位移 $u$ 为零，则由式（11-8）可得

$$\sin(kx-\omega t) = 0 \qquad (11\text{-}11)$$

将式（11-11）的条件代入式（11-10）可得椭圆顶点的纵向运动速度为

$$v_{xmax} = -kh\xi\omega \qquad (11\text{-}12)$$

式中：负号表示定子表面质点运动到椭圆最高点时的运动方向正好与行波前进方向相反。

假设定、转子之间无滑动，且转子表面与定子振动波形相切，则此时转子速度就等于椭圆最高点的运动速度，即

$$v_r = v_{xmax} = -kh\xi\omega \qquad (11\text{-}13)$$

式中：负号表示转子运动方向与定子振动行波的前进方向相反，如图 11-9 所示。

实际上，在定子与转子接触面之间总会有相对滑动，因此，超声波电动机转子的实际速度总是小于式（11-13）的值。

由以上分析可知，超声波电动机的转子运动方向总是与定子振动行波的行进方向相反，因此，只要改变行波的行进方向，就可改变转子的转向。若取 $\varphi = -\pi/2$，则式（11-6）变为

$$w(x,t) = \xi\cos(kx + \omega t) \tag{11-14}$$

此为沿 $x$ 反方向行进的行波，从而改变了行波的行进方向。可见，只要改变两相驱动电源的相序，即可改变超声波电动机的转动方向。此一结论与本章第二节中直接由不同相位差时的椭圆形态分析所得结果一致。

由两个驻波叠加形成行波，在机理上与电机学中的旋转磁场理论有相似之处。由电机学知道，当在单相绕组中通入单相交流电流时产生的是脉动磁场，如果有两个匝数相同、空间相差 90°的绕组，当在其中通入大小相等、时间相位互差 90°的对称交流电流时，所产生的两个脉动磁场相合成就得到一个圆形旋转磁场，旋转磁场的转向取决于电流的相序，将任一相的电流反向，就可改变旋转磁场的转向。这里，单相脉动磁场对应超声波电动机中的驻波，而旋转磁场对应行波。将电磁式电动机中的旋转磁场与超声波电动机中的行波联系起来，有助于对行波型超声波电动机工作原理的理解。

**四、工作特性**

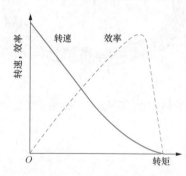

图 11-11 典型转速、效率特性

与传统电磁式电动机类似，超声波电动机的工作特性主要是指转速、效率、输出功率等与输出转矩之间的关系，这些特性与电机型式、控制方式等多种参数有关。一般而言，超声波电动机的机械特性与电磁式直流电动机类似，电动机的转速随着转矩的增大而下降，并且呈明显的非线性；而超声波电动机的效率特性则与电磁式电动机不同，最大效率出现在低速、大转矩区域，因此超声波电动机适合低速运行。总体而言，超声波电动机的效率较低，目前环形行波型超声波电动机的效率一般不超过45%。图 11-11 所示为超声波电动机的典型转速、效率特性曲线。

## 第四节　行波型超声波电动机的速度控制

本章第三节的分析是在假设电动机定子结构和压电陶瓷完全对称，两相激励电压幅值相等、相位差 90°的条件下得到的。当不满足这些条件时，可能使得 A 相和 B 相所激励的驻波振幅不相等，或相位差不是 90°，式（11-7）～式（11-14）的关系便不再成立。但一般而言，式（11-6）仍然构成行波，经过类似推导，可得一般情况下行波波峰处的速度为（为简洁起见，此处略去推导过程，仅给出最后结果）

$$v_{\max} = -\frac{kh\omega\xi_A\xi_B\sin\varphi}{\sqrt{\xi_A^2\cos^2\omega t + \xi_B^2\cos^2(\omega t - \varphi)}} \tag{11-15}$$

当 $\xi_A = \xi_B = \xi$，$\varphi = \pi/2$ 时，式（11-15）便演变为式（11-12）。因此，式（11-12）是式（11-15）的特殊形式。

由式（11-15）可见，对于给定的超声波电动机，转子速度与激励电源的角频率 $\omega$、电压幅值 $U$（对应于驻波振幅 $\zeta$）和两相电源的相位差 $\varphi$ 有关，因此，改变这三个变量中的任意一个便可以控制超声波电动机的转速，现分述如下。

## 一、频率控制

频率控制就是用正弦电源电压的频率来控制超声波电动机的速度。值得注意的是，式（11-13）中转子速度与频率成正比，这是在不计定转子表面相对滑动等因素的情况下得到的，实际上电动机中因存在相对滑动，转速与频率之间有复杂的非线性关系，难以用一个简单的公式来表示。图 11-12 所示为某一超声波电动机在不同负载转矩时转速随频率变化的关系曲线，由图可见，在频率上升的初始阶段，转速近乎随频率线性增加，大约在 39kHz 附近到达顶峰，此后转速随频率的增大而缓慢下降，直至在 43kHz 附近转速降至零。为易于控制，通常利用大于 40kHz 的频率范围，在此范围内，转速随频率的变化虽然是单调的，但是非线性的。图 11-12 还表明，增大负载转矩，不仅使超声波电动机所能到达的最大速度下降，而且使运行频率范围减小。此外，出现最大转速时的频率也随负载转矩而改变。

由于变频控制可以充分利用超声波电动机低速大转矩、动态响应快、运行无噪声的特点，因而应用较普遍。实现频率控制的途径有多种，最直观的方法就是电压控制的振荡器（voltage-con-

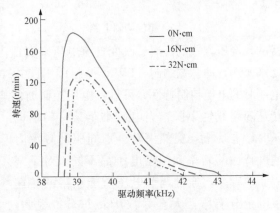

图 11-12  速度频率特性

trolled-oscillator，VCO)，或者电压—频率（V/F）变换器，另一途径就是函数信号发生器。

## 二、相位控制

图 11-13 所示为某一超声波电动机采用相位控制时的速度相位特性。与频率控制相比，相位控制时的速度特性非线性更加明显，而且存在控制死区。在某些频率下，转速随相位角的变化速率是变化的。以频率为 40.2kHz 为例，当相位大于死区值（约 18°）后，转速近似随相位角直线上升，但在大约 50°的位置，转速上升速率突然变大，然后又恢复原值，实际上是速度相位特性变化出现不连续。此外，改变相位角的符号，超声波电动机的转速也由正变负，即转向随之改变。这与前面分析的改变电源相序来改变转向的结论是一致的。

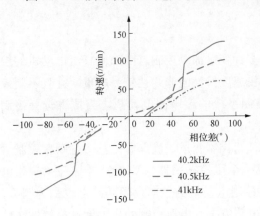

图 11-13  速度相位特性

采用相位控制时需要较多的硬件电路，图 11-14 所示为一相位调制电路，由晶体振荡器产生的频率信号加到场效应管（FET）的门极，并经电容 $C_2$ 加到输出电路，调制信号经电阻 $R_1$ 输入，则输出信号的相位和幅值均为可控的。

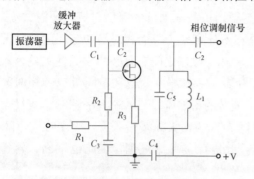

图 11-14 相位调制电路

相位控制也可由双通道函数信号发生器来完成。

采用相位控制方式，不仅速度特性的非线性严重，有控制死区，而且电动机运行噪声较其他控制方法大，因此，实际应用较少。

### 三、电压控制

改变加在定子压电陶瓷上的两相电压，可直接改变行波的峰值，从而实现调速的目的。调压方式既可通过改变直流电压来实现，也可通过改变 A 相和 B 相的导通占空比来实现，即脉宽调制（PWM 控制）。图 11-15 所示为某一超声波电动机改变直流侧电压时的电压控制特性，可见，电压控制时的速度特性基本为线性，随着电压的减小，

转速随之线性下降，当电压小至某一门槛电压时，电动机会突然停转。不同驱动频率时速度特性的斜率和门槛电压都不同。对于某一驱动频率，通过调节电压所能获得的转速范围十分有限，大至为数十转每分。因此，电压控制法很少单独使用，通常与频率控制方法相配合，用以保持某一驱动频率下电压幅值的恒定。

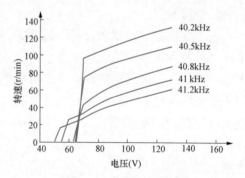

图 11-15 速度电压特性

电压控制的另一层含义是改变某一相电压的幅值，使两列驻波的幅值不相等，从而改变定子表面质点运动轨迹的椭圆度，达到调节转子速度的目的。

### 四、三种控制方法的比较

由以上分析可知，超声波电动机可以用多种变量加以控制，因而比直流电动机的控制更加灵活。但需要注意的是，超声波电动机速度特性的非线性较为严重，并且不同控制变量之间相互影响，因此，对用于伺服控制系统的超声波电动机，需慎重选择控制变量。

多数情况下可以选择驱动电压源的频率作为控制变量，优点有二：一是频率控制可覆盖整个速度范围；二是所需电路简单，仅一个压控振荡器（VCO）外加一个裂相电路，容易实现。相位控制的最大优势是可以控制电动机的转向，但其缺点也最为明显，不仅速度特性的线性度最差，而且所需硬件电路复杂。电压控制的主要优点是特性线性度好，并且实现也比较容易，只需要一个升压式功率变换器，缺点是速度的调节范围很小。

三种控制方法的特点归纳于表 11-1 中。

**表 11 - 1** 　　　　　　　　　　　　三种控制方法的比较

| 控制变量 | | 控制方法说明 | 优点 | 缺点 |
|---|---|---|---|---|
| 频率 | | 通过调节谐振点附近频率控制转矩与转速 | 响应快，易于实现低速起动，电路简单 | 非线性 |
| 相位差 | | 改变定子表面质点椭圆运动轨迹 | 可控制电动机转向 | 非线性，不易实现低速起动，有死区，实现电路较复杂 |
| 电压幅值 | 两相电压幅值相等 | 改变行波振幅 | 特性线性度好，实现电路较简单 | 速度调节范围小，低速时转矩小，有死区 |
| | 两相电压幅值不等 | 改变行波振幅和椭圆形状 | | |

需要指出的是，由于超声波电动机的摩擦传动机制，定子与转子间能量损耗严重，伴随电动机温度的升高以及电动机运行条件的改变，控制特性和工作参数（如机械谐振频率）都会改变，系统呈高度非线性，因而实现高精度控制比较困难。

## 第五节　行波型超声波电动机的驱动电路

行波型压电超声波电动机驱动的最基本条件是，输入超声波电动机两组压电陶瓷中的电压信号必须处于超声频段，是具有一定的电压幅值，相位差为 90° 的正弦信号，以配合压电陶瓷空间正交布置，在定子中激励出一个行波振动。图 11 - 16 所示为较常用的驱动控制电路的组成框图，它主要由信号发生电路、频率自动跟踪电路、移相电路等部分构成。

信号发生电路是驱动电路的核心，用来产生超声频率信号。超声频率信号可以有多种产生方法，如谐振电路、计算机控制的定时计数器、压控振荡电路等。谐振电路的频率调节范围不够宽，而且在实现超声波电动机的闭环控制时，只能将反馈信号通过模/数转换输入计算机中，由计算机调节信号的脉冲宽

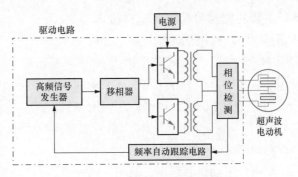

图 11 - 16　驱动电路组成框图

度控制超声波电动机。采用计算机控制的定时计数器，虽然可有较宽的频率调节范围，但频率调节的分辨率却不能令人满意。当然这可以通过增加定时计数器的位数提高频率的分辨率，但这会降低驱动源的性价比。同样，这种信号产生电路也不能直接利用反馈信号实现闭环控制。利用压控振荡器产生方波信号的超声波电动机变频驱动源，具有频

率调节范围宽、分辨率高等特点，而且压控振荡器的频率由输入电压控制，因此可不用模/数转换和计算机，就能实现闭环控制，因而较为常用，图 11-17 所示是压控制振荡器的输入、输出特性，通过改变输入电压，可调节输出信号的频率。

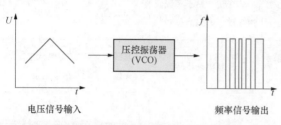

电压信号输入　　　　　　　　频率信号输出

图 11-17 电压控制振荡器输入、输出特性

为获得较大的输出力矩，超声波电动机驱动电路需工作在某个最佳频率上，这个驱动频率取决于超声波电动机定子的谐振频率。如果在谐振点上驱动，虽然可以获得大的振动，但输入电流过大，电动机的转换效率将变坏，并且会变得不稳定。因此，驱动电路需工作在最佳频率上。

无论用哪一种方法产生超声频率信号，其电路中必然包含电阻、电容等元器件，而在谐振电路中，通常是利用阻容元件的充放电确定工作频率。由于超声波电动机工作在定子的谐振频率附近，因此，阻容元件的稳定性，尤其是谐振电路中电容的稳定性将对驱动源的频率稳定性产生较大的影响，从而严重影响超声波电动机输出转速的稳定性。另外，由于超声电动机的摩擦传动机制，定子与转子间能量损耗严重，伴随电动机温度的升高以及电动机运行条件的改变，压电陶瓷的工作参数如介电系数、电容及漏电阻等都会随之改变，进而引起谐振频率发生漂移（1～2kHz）。为保证电动机始终工作在较佳的驱动频率下，驱动电源应具有对漂移谐振频率自动跟踪的功能，因此在超声波电动机驱动电源中一般都设置有自动频率跟踪电路。

自动频率跟踪电路有不同方案。图 11-18 所示为一种传统的自动频率跟踪电路，它主要由反馈电压采样器和积分器两部分组成。反馈电压采样器的主要功能是将超声波电动机内部传感器（一块被极化的孤立压电元件，即图 11-7 中的 S 区）产生的大小与

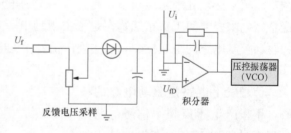

图 11-18　自动频率跟踪电路

定子环振动幅值有关并与定子环振动同频率的反馈电压 $U_f$ 直接采集进来，并且把它转变成一适当大小的直流电平 $U_{fD}$。积分器的主要功能是对给定的电压信号 $U_i$ 及反馈得到的 $U_{fD}$ 做出反应，积分器的输出信号加到压控振荡器的输入端，从而达到变频及自动频率跟踪的功能。

超声波电动机有调压、调相、调频等不同的控制方法，对驱动控制电路的要求也不尽相同，因此，驱动控制电路应按超声波电动机的应用场合提供合理的驱动方式，控制变量的选取也应根据不同的要求而选用频率、电压、相位或它们的组合。由于应用最普遍的是变频控制方法，故驱动电源的频率应是稳定可调的。此外，驱动控制电路应具有稳定可靠、价格低廉、维护方便的特点。

## 第六节　其他类型超声波电动机

### 一、驻波型超声波电动机

驻波型超声波电动机的特点是在定子中激励单纯驻波模式，质点作直线往复振动，再通过转换装置，或与其他振动相组合，将直线往复振动变换为椭圆运动，最后驱动转子旋转。实现驻波型超声波电动机的方法很多，但常见的驻波型压电超声波电动机主要为楔形变换型和纵扭复合型两种。

1. 楔形（模态转换型）超声波电动机

楔形超声波电动机的结构如图 11 - 19 所示，它主要由兰杰文（Langevin）振子[1]、安装在振子前端的楔形振动片、转子盘三部分组成。转子中心轴与定子（振子）中心轴之间，预先偏离了一定角度 $\theta$。

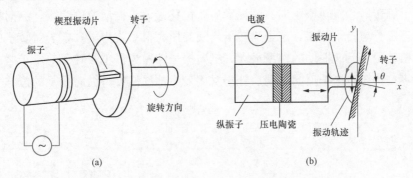

图 11 - 19　楔形超声波电动机的结构和工作原理
（a）结构示意图；（b）工作原理图

这种电动机的特征是振子的振动方向即驱动方向与转子的旋转方向相垂直，因而必须设置转换机构来改变振动模态或力的方向，以便促动转子旋转，因而也称为模态转换型超声波电动机。一般情况下，作为驱动力源的振动采用机电转换能力较高的纵振子来完成，所以这种电动机的转换效率较高，适于大功率输出。

设振动片纵向为 $x$ 轴，与此垂直的方向为 $y$ 轴，如图 11 - 19（b）所示。振动片在振子驱动力作用下沿 $x$ 方向运动，当振动片前端接触到转子盘时，由于转子盘面倾斜了 $\theta$ 角度，诱发了 $y$ 轴方向的弯曲振动。可以证明，振动片前端振动的轨迹为一椭圆（或椭圆的变形），满足超声波电动机的运动形成机理。因此，楔形超声波电动机以纵振动为驱动力，前端的振动片在驱动力作用下横向弯曲振动，从而拨动转子旋转。由于转子转动惯量的作用，旋转速度基本无波动。

这种电动机的缺点是定子（振子）的振动模态比较单一，其反向运动轨迹的生成实现起来比较困难，因此目前所见的这类超声波电动机几乎都是单一转向的。

---

[1]　兰杰文振子是法国学者 Paul Langevin 于 1922 年开发的，它由螺栓将两块金属体并两片压电元件夹持而成。

2. 纵一扭复合型超声波电动机

纵一扭振动复合型超声波电动机的结构如图 11-20 所示，在圆柱形的定子与转子之间夹入扭转振子（周向极化）和纵向振子（厚度方向极化）。纵向振子产生纵向振动，即产生转子与定子之间摩擦力所需要的正压力；扭转振子产生扭转运动，即产生转子的转矩。工作中使两个振子在同频率下振动，并合理控制它们之间的相位差，使两种振动严格配合，才能使转子旋转。此时，扭转振子输出有效动能，它转换成电动机所需的机械动能；而纵振子仅为转子提供与定子扭转振动同步的摩擦力，起着将振动转换为单一方向运动的作用。

图 11-21 所示为该电动机的工作原理，每一振动周期分为四种状态，扭转振子使定子上表面左右振动（扭动），纵振子则使其上表面上下振动，两种振动合成定子表面质点的椭圆运动。四种状态为：①扭转振子向右侧振动的速度最大（位移为零），纵向振子的伸长位移最大（产生的压力最大），此时，定子对转子挤压，借助摩擦力进行拨动，使转子旋转；②扭转振子向右侧振动后，位移最大，振动速度为零，纵向振子的位移缩为零，定子与转子脱离，定子与转子之间的压力很小或为零，定子对转子的拨动力为零；③扭转振子反向振动的速度最大，纵向振子缩短为最小，转子与定子之的压力为最小或为零；④扭转振子反向振动后处于左侧最大位移位置，纵向振子的位移为零。如此循环。

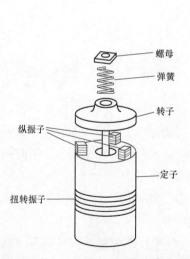

图 11-20 纵一扭复合型超声波电动机的结构

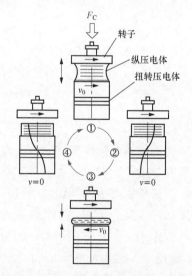

图 11-21 纵一扭复合型超声波电动机的工作原理

可见，每一振动周期中，只有在①状态定子才向转子传递力，其他状态下转子靠惯性作用继续旋转，由于振动体的谐振频率很高，一般为几十千赫兹，因此转子旋转速度的变化极小。

通过改变激励信号的强弱和相位差，就可以控制电动机的转速和转向。由于该电动机中驱动力与摩擦力是由各自的振动元件独立提供的，因此可独立地进行控制。例如，欲降低电动机的转速,只要单独减小扭转振幅,而仍保持足够大的摩擦力,从而使电动机在低速运转时也有很好的稳定性。这种电动机的最大转矩正比于电动机扭转振子直径的三次方,一个外径20mm的纵-扭复合型电动机,驱动力矩可高达30N·cm。

**二、直线型超声波电动机**

直线型超声波电动机也有多种结构类型,现以直线型行波压电超声波电动机为例来说明其工作原理。从理论上讲,只有在无限长的直梁上才能形成纯的行波,实际应用于有限长直梁时,可采用如图11-22所示的方法,利用两个兰杰文压电振子,分别作为激振器和吸振器,激振器上外加电压而产生逆压电效应,使梁产生振动,此时吸振器受到梁的振动而产生正压电效应,所产生的电能消耗在与之相连的负载电路上。当吸振器能很好地吸收激振器端传来的振动波时,有限长直梁就好像变成了一根半无限长梁,这时,直梁中就能形成单向行波,与前述

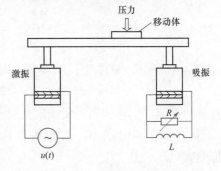

图11-22 行波型直线超声波电动机

环形行波型超声波电动机的工作原理相同,梁表面的质点作椭圆运动,从而驱动移动体作直线运动。这里吸振器负载电路的阻抗匹配很重要,若匹配不好则不能完全吸收振动,余下的残留振动会产生反射波,从而影响行波的质量。当互换激振器和吸振器的位置时,就可形成反向行波,实现反向运动。

**三、多自由度球形超声波电动机**

超声波电动机按其运动轨迹可分为直线型和旋转型,它们都只有一个自由度运动,即直线型超声波电动机的输出是沿某一个方向的直线运动,旋转型超声波电动机的输出是绕一个固定的轴转动。在某些应用场合,如全方位仿生运动的球形关节、高性能机器人的柔性关节和拟人型机器人的髋关节和肩关节等,都要求输出轴能全方位运动,即要求有多个自由度运动的电动机来驱动。为此,国内外自20世纪90年代开始开发二自由度或三自由度以及多自由度球形超声波电动机。

近年来,国内外研究人员已提出了多种不同结构的二自由度、三自由度超声波电动机,它们的工作原理、运行性能各有特点。下面列两个例子来予以说明。

图11-23所示为一种二自由度球形超声波电动机的结构示意图,它由球形转子和两个定子(也可为两对定子)等部分组成。定子与旋转型行波超声波电动机的定子类似,但端面被加工成内球面,以便与球形转子保持良好接触。定子位于空间上不同位置,每一个(或每一对)定子可驱动球形转子绕一个轴线旋转,这样,电动机就可以获得两个自由度的运动。

这一类电动机的特点是,需要两个或两个以上

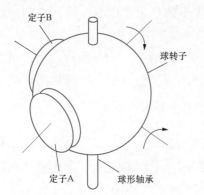

图11-23 二自由度球形超声波电动机 的定子来实现二自由度或三自由度运动,结构较为

复杂，制造成本高，不利于实际应用。

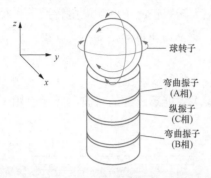

图 11-24　圆柱－球体三自由度超声波
电动机

图 11-24 给出了另一种圆柱－球体三自由度超声波电动机的原理图。该电动机由一个圆柱体（定子）和一个球体（转子）组成。定子是用螺杆把金属弹性体和三组六片压电陶瓷元件及电极片夹在一起而构成。这样的定子设计使得压电陶瓷不需粘结，具有激振效率高、工艺简单的特点，且定子直径越小，弯曲摇摆振幅越大。压电陶瓷元件利用纵向效应来激励电动机定子的振动模态，所使用的压电陶瓷为环状。纵振动压电陶瓷为均匀厚度方向极化，弯曲振动压电陶瓷电极分割为两部分，并且相互反向极化，六片压电陶瓷按极性相反两两叠合成一组，从每组陶瓷的中间引出电极接入驱动电源，构成 A 相、B 相和 C 相。为了激励两个正交的弯曲振动模态，两组弯曲振动陶瓷环相差 90°。

　　该电动机利用圆柱定子的三种同频共振模态（2 个正交的弯曲摇摆振动和 1 个纵向振动），两两分别叠加、合成，在定子顶部分别形成三自由度椭圆运动，从而通过摩擦驱动球转子分别绕 $x$、$y$、$z$ 轴三个方向旋转。当在 A、B 两相压电陶瓷元件上通相位差为 90° 的高频交流电时，利用压电陶瓷的逆压电效应激励出定子的两个在时空相差 90° 的弯曲振动模态，通过模态合成，定子顶部上的任一点产生椭圆运动，转子与定子顶部通过摩擦接触而绕 $z$ 轴旋转。同理，在 B、C 相压电陶瓷元件上通两相相位差为 90° 的高频交流电时，同时激励出定子的纵向振动模态和弯曲振动模态，通过模态合成，定子顶部上的任一点产生椭圆运动，定子顶部与转子通过摩擦接触，驱动转子绕 $x$ 轴旋转。类似地，由 A、C 相通入相位差为 90° 的同频交流电时，所激励的振动模态可驱动球形转子绕 $y$ 轴旋转。通过调节两两驱动信号的电压、频率和相位差，可直接改变定子的共振振幅和表面质点的椭圆运动轨迹，从而可实现球转子绕三轴的转速和转向控制。

　　与其他多自由度球形超声波电动机相比，圆柱－球体三自由度超声波电动机只要一个定子和一个球形转子就能实现三个自由度的运动，具有适合小型化、结构简单、质量和体积小、成本低等优点。但是，该电动机靠球形转子的自重产生定、转子之间的压力，难以控制压力大小，输出转矩较小。

　　需要指出的是，多自由度球形超声波电动机目前大都处于试验研究阶段，要付诸实际应用，尚需解决不少技术问题，如转子位置的高精度测量与控制，如何提高输出力矩、速度稳定性等性能指标等。

### 四、非接触式超声波电动机

　　接触型超声波电动机存在一些问题，如摩擦驱动带来的发热严重，起动不平稳，材料磨损难以控制和能量损失严重，效率低，寿命短等。于是，人们提出了非接触超声波电动机的概念。图 11-25 所示为一种非接触式超声波电动机的结构示意图。它采用了两个兰杰文振子，在电动机定子与转子之间留有间隙，其中填充气体或液体介质。当在两个振子上分别施加相位差 90°的激励电压时，便在定子激励出一个行波，在定子中传播的行波在间隙中产生声场，转子表面在行波声场中受到两个作用力，一个是与声音辐射方向同向的辐射力，另一个是转子表面由于声流坡度产生的声场分界层从而出现的黏滞力，前者浮起转子，后者驱动转子随声场同向转动。已有研究结果显示，与接触式超声波电动机相比，非接触式具有更高转速，但输出转矩降低。非接触超声波电动机的研

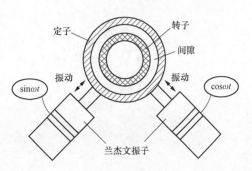

图 11-25　非接触型超声电动机
结构示意图

究目前多以结构开发和试验为主，其传动机理需要进一步明确，如何提高输出力矩也是所面临的一个重要课题。

非接触式超声波电动机由于转子与定子不接触，利用声波辐射力使转子、滑块、粉体或液体悬浮，再通过声流来驱动，因此能够悬浮并直接传送平坦的物体，对所传送物体的材料属性几乎没有限制；加之其结构简单，转速较高，使用寿命长，是很有特色的一类超声波电动机，在诸如集成电路、半导体晶片、商业卡传送系统以及液体传输系统等非接触的领域里，有着广阔的应用前景。

## 第七节　超声波电动机应用举例

由本章前几节内容可知，超声波电动机的优点和缺点都是显而易见的，优点主要有低速大转矩，可直接驱动工作对象，断电自锁，起动、停止灵敏，不产生电磁干扰、也不受电磁干扰影响，噪声小等；缺点主要是需要高频电源，工作面摩擦磨损严重，寿命短，价格高等。一般而言，就超声波电动机目前所能达到的性能和价格，还无法与电磁式电机相竞争。但是，如果结构设计合理，应用选择适当，作为电磁式电动机的一个补充，可取长补短，在电磁式电机不适宜应用的场合，如低速大转矩驱动、非连续运动及小型电机领域等，超声波电动机有其独特的魅力。下面举例予以说明。

### 一、在照相机自动调焦机构中的应用

环形行波型超声波电动机产生驱动力的位置在圆环上，因此，通过合理设计定转子，可把超声波电动机做成中空结构，其中空部分有各种应用，最典型的就是用于照相机自动调焦机构，如图 11-26 所示。

早在 1987 年日本佳能公司就将超声波电动机用于 EOS 型照相机的自动调焦镜头中，这也是超声波电动机最早实际应用的例子。在以前的照相机中，电磁式电动机被安装在照相机后侧主体中，通过减速器等一系列传动机构将动力传送到镜头，由于传动系统间隙和惯性等影响，响应时间通常超过 $100\mu s$。而超声波电动机可直接安装在镜头的外周，对镜头直接驱动，无需中间传动，因而响应快，一般在数微秒内即可做出反应，且噪声极小。

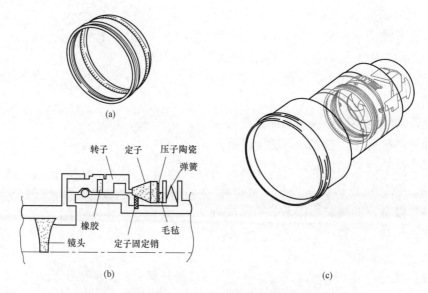

图 11-26  超声波电动机在照相机自动调焦机构中的应用

(a) 电动机结构简图；(b) 镜头局部图；(c) 照相机镜头调焦机构简图

## 二、在纸张（带）传送机构中的应用

超声波电动机在纸张传送机构中也具有很好的应用前景。图 11-27 所示为超声波电动机应用于纸张传送机构的原理图，这里采用由纵向振动和弯曲振动合成的压电振子，

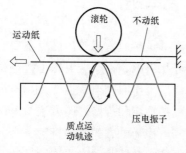

图 11-27  纸张传送原理

使振子表面质点作椭圆运动，当在板状振子上放置两枚纸张时，下面的纸受到驱动力而移动，滚轮压在两张纸的上面，它只起到加压的作用，滚轮本身并不旋转。也就是说，纸张传送过程中的加压不用滚轮也是可以实现的，但用滚轮却使纸张的水平驱动更简单容易和稳定可靠，而且滚轮本身受周向振动，并借助其摩擦力和惯性力转换成传送力，因此以滚轮加压效果最好。

可见，由超声波电动机构成的纸张传送机构，用被传送的纸张为转子（移动体），省去了电动机转子（移动体）以及复杂的传动机构，不仅结构十分简单，而且惯性小，响应快，无噪声。这一机构同样可用于传送卡片等。

## 三、在窗帘机中的应用

行波型超声波电动机的重要特点是低速时可以产生大转矩，不需要减速齿轮，噪声很低。因此，在办公室、医院、宾馆、剧院、图书馆等对噪声有严格限制的场合，超声波电动机可以发挥其优势。应用之一是用在窗帘机上作为驱动元件，如图 11-28 所示。

## 四、在平面绘图仪中的应用

在平面坐标绘图仪上应用超声波电动机，主要利用了超声波电动机的定、转子之间有较大压紧力，具有断电自锁的功能，以及转子惯性小、响应快的特点。在图 11-29

所示的平面绘图仪中，在 $x$ 轴和 $y$ 轴各有一台超声波电动机，省却了减速传动装置，伺服机构简单。当位置传感器检测到目标位置信号的瞬间，只要切断电源，固定、转子之间的摩擦力远大于转子的惯性力，超声波电动机会立即停止，所以响应很快。

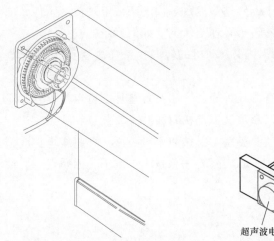

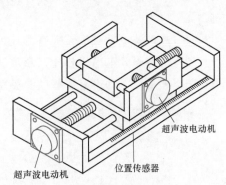

超声波电动机

位置传感器

超声波电动机

图 11-28　超声波电动机在窗帘机中的应用　　图 11-29　超声波电动机在平面绘图仪中的应用

除了上述几种应用实例外，超声波电动机还可以用于许多领域，如机器人、核磁共振装置、汽车专用电器（门窗玻璃升降、刮水器）、导弹等，关键是要充分发挥超声波电动机的优点，利用超声波电动机结构灵活多变、形状自由度大的特点，可将其与应用系统融为一体，进行装置的最佳设计，简化系统结构，降低成本，提高工作可靠性和运行性能。

小　结

超声波电动机是一种利用压电材料的逆压电效应，使弹性体在超声频段产生微观机械振动，通过定子和转子（或动子）之间的摩擦作用，将定子的微观振动转换成转子（或动子）的宏观的单方向转动（或直线运动）的新型电机。

由超声振动实现超声波电动机转子或动子运动的必要条件是振动位移的轨迹为一椭圆。根据椭圆轨迹的形成方式不同，产生了不同类型的超声波电动机。

环形行波型超声波电动机是目前技术最成熟、应用最广的一种，它是在空间相差 90°的两组压电振子上施加时间相位差 90°的正弦电压，激励出在空间和时间上都相差 90°的两列驻波，合成为沿某一方向行进的行波，使定子表面质点产生椭圆运动，拨动转子旋转。转子的转动方向总是与行波的行进方向相反。改变两相电压的相序即可改变超声波电动机的转向。改变激励电压的频率、相位差或电压幅值，都可以控制行波型超声波电动机的转速，但频率控制是最基本的控制方法。

与传统电磁式电动机相比，超声波电动机的主要优点是结构简单、紧凑，低速大转矩，噪声小，响应快；缺点是摩擦损耗大，效率低，寿命短，不适合长期连续运行。

## 思考题与习题

11-1 传统电磁式电动机基于电磁感应原理,而超声波电动机基于什么原理?

11-2 行波型超声波电动机的转子转速与转向是如何确定的?

11-3 怎样改变环形行波型超声波电动机的转向? 怎样改变直线超声波电动机运动方向?

11-4 超声波电动机的转速有哪几种控制方法? 各有什么特点?

11-5 与电磁式电动机相比,超声波电动机有哪些主要优点和缺点?

11-6 超声波电动机有哪些主要类型? 哪些属于行波型? 哪些属于驻波型?

11-7 为什么超声波电动机转子的实际转速总是小于定子表面质点的拨动速度?

# 附录 A　主要符号表

| | |
|---|---|
| $B$ | 磁通密度 |
| $B_\delta$ | 气隙磁密的幅值 |
| $C_e$ | 电动势常数 |
| $C_t$ | 转矩常数 |
| $D$ | 直径 |
| $e$ | 绕组感应电动势的瞬时值 |
| $E_a$ | 电枢电动势，a 相绕组电动势 |
| $f$ | 频率 |
| $f_0$ | 自然振荡频率 |
| $f_{ph}$ | 相电流频率 |
| $F$ | 磁动势幅值，作用力 |
| $g$ | 重力加速度，气隙长度 |
| $J$ | 转动惯量，电流密度 |
| $k_w$ | 基波绕组系数 |
| $k_u$ | 变比 |
| $L$ | 电感 |
| $m$ | 相数，质量 |
| $n$ | 转速，系数 |
| $n_0$ | 理想空载转速 |
| $N$ | 步进电动机运行拍数，导体数 |
| $p$ | 极对数 |
| $P$ | 有功功率 |
| $P_e$ | 电磁功率 |
| $P_2$ | 输出机械功率 |
| $r$ | 半径 |
| $R$ | 电阻 |
| $s$ | 转差率，距离 |
| $s_m$ | 最大转矩时的转差率 |
| $t$ | 时间，齿距 |
| $T$ | 转矩，整步转矩，周期 |
| $W$ | 绕组匝数 |
| $u$ | 电压瞬时值，振动位移 |
| $\Delta U$ | 电刷电压降，开关管管压降 |

| | |
|---|---|
| $U$ | 电压 |
| $U_f$ | 励磁电压 |
| $U_r$ | 剩余电压 |
| $U_0$ | 零位电压 |
| $X$ | 电抗 |
| $X_L$ | 感抗 |
| $X_C$ | 容抗 |
| $X_\sigma$ | 漏电抗 |
| $Z$ | 阻抗 |
| $Z_r$ | 转子极数、齿数 |
| $Z_s$ | 定子极数、齿数 |
| $\alpha$ | 信号系数,角度 |
| $\theta$ | 角度,失调角 |
| $\theta_1$ | 发送机转子转角 |
| $\theta_2$ | 接收机转子转角 |
| $\lambda$ | 气隙比磁导,波长 |
| $\Lambda$ | 磁导 |
| $\nu$ | 谐波次数 |
| $\tau$ | 极距,时间常数 |
| $\varphi$ | 相位移 |
| $\Phi, \varphi$ | 磁通 |
| $\omega$ | 电角速度,角频率 |
| $\Omega$ | 机械旋转角速度 |
| $\Omega_0$ | 理想空载角速度,自然振荡角频率 |
| $\zeta$ | 振动幅值 |

# 附录 B　控制微电机型号命名方法

按照国家标准 GB/T 10405—2009《控制电机型号命名方法》的规定，控制微电机的型号由下列四部分组成：

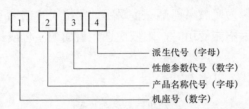

机座号用外圆直径或轴中心高表示，仅取数值部分，无计量单位，见表 B-1。用轴中心高表示机座号时，应在轴中心高表示的机座号后加"M—"。

表 B-1　　　　　　　　　　机座号

| 机座号 | 12 | 16 | 20 | 24 | 28 | 32 | 36 | 40 | 45 | 55 |
|---|---|---|---|---|---|---|---|---|---|---|
| 外圆直径（mm） | 12.5 | 16 | 20 | 24 | 28 | 32 | 36 | 40 | 45 | 55 |
| 机座号 | 60 | 70 | 90 | 100 | 110 | 130 | 160 | 200 | 250 | 320 |
| 外圆直径（mm） | 60 | 70 | 90 | 100 | 110 | 130 | 160 | 200 | 250 | 320 |

派生代号根据电机的性能和结构派生，用一个大写汉语拼音字母顺序表示，但不得使用字母 I 和 O。

例如：55SL42 表示机座外径为 55mm、性能参数序号为 42 的笼型转子两相伺服电动机。

# 附录 C 控制微电机产品名称代号

产品名称代号由 2～4 个汉语拼音字母表示，每个字母具有一定的汉字意义，第 1 个字母表示电机的类别，后面的字母表示该类电机的细分类。

所用代号字母，一般为产品名称第一个汉字的汉语拼音的第一个字母，如所选字母造成型号重复或其他原因不能使用时，则依次选用后面的字母或其他汉字的拼音字母。

## 一、电动机

电动机的产品名称代号见表 C‑1。

表 C‑1 电动机产品名称代号

| 产品名称 | 代号 | 汉字意义 | 产品类别 |
|---|---|---|---|
| 永磁无刷电动机 | ZW | 直、无 | 永磁无刷电动机 |
| 无刷稳速直流电动机 | ZWW | 直、无、稳 | |
| 直线永磁直流电动机 | ZZX | 直、直、线 | |
| 直线永磁无刷电动机 | ZWZX | 直、无、直、线 | |
| 中频三相异步电动机 | YZP | 异、中、频 | 异步电动机 |
| 三相异步电动机 | YS | 异、三 | |
| 电阻起动单相异步电动机 | YU | 异、阻 | |
| 电容起动单相异步电动机 | YC | 异、容 | |
| 电容运转单相异步电动机 | YY | 异、运 | |
| 双值电容单相异步电动机 | YL | 异、双 | |
| 直线异步电动机 | YZX | 异、直、线 | |
| 永磁式摆动电动机 | DB | 电、摆 | 摆动电动机 |
| 永磁感应子式摆动电动机 | DBG | 电、摆、感 | |
| 外转子式磁滞同步电动机 | TZW | 同、滞、外 | 磁滞同步电动机 |
| 内转子式磁滞同步电动机 | TZ | 同、滞 | |
| 双速磁滞同步电动机 | TZS | 同、滞、双 | |
| 多速磁滞同步电动机 | TZD | 同、滞、多 | |
| 磁阻式磁滞同步电动机 | TZC | 同、滞、磁 | |
| 永磁式磁滞同步电动机 | TZY | 同、滞、永 | |
| 直线同步电动机 | TZX | 同、直、线 | |
| 永磁式直流力矩电动机 | LY | 力、永 | 力矩电动机 |
| 无刷直流力矩电动机 | LW | 力、无 | |
| 笼型转子交流力矩电动机 | LL | 力、笼 | |
| 空心杯转子交流力矩电动机 | LK | 力、空 | |
| 有限转角力矩电动机 | LXJ | 力、限、角 | |

| 产品名称 | 代号 | 汉字意义 | 产品类别 |
|---|---|---|---|
| 电磁式步进电动机 | BD | 步、电 | 步进电动机 |
| 永磁式步进电动机 | BY | 步、永 | |
| 混合式步进电动机 | BH | 步、混 | |
| 磁阻式步进电动机 | BC | 步、磁 | |
| 直线步进电动机 | BX | 步、线 | |
| 滚切步进电动机 | BG | 步、滚 | |
| 开关磁阻步进电动机 | BK | 步、开 | |
| 电磁式直流伺服电动机 | SZ | 伺、直 | 伺服电动机 |
| 宽调速直流伺服电动机 | SZK | 伺、直、宽 | |
| 永磁式直流伺服电动机 | SY | 伺、永 | |
| 空心杯电枢永磁式直流伺服电动机 | SYK | 伺、永、空 | |
| 无槽电枢直流伺服电动机 | SWC | 伺、无、槽 | |
| 线绕盘式直流伺服电动机 | SXP | 伺、绕、盘 | |
| 印制绕组直流伺服电动机 | SN | 伺、印 | |
| 无刷直流伺服电动机 | SW | 伺、无 | |
| 笼型转子两相伺服电动机 | SL | 伺、笼 | |
| 空心杯转子两相伺服电动机 | SK | 伺、空 | |
| 直线伺服电动机 | SZK | 伺、直、线 | |
| 永磁交流伺服电动机 | ST‑(正弦波驱动)[①] | 伺、正 | |
| | SF‑(方波驱动)[①] | 伺、方 | |

[①] 永磁交流伺服电动机的产品名称代号为两部分，在短划线后为传感器代号：C 表示测速发电机；M 表示编码器；X 表示旋转变压器；SW 表示速度位置传感器。

## 二、测速发电机

测速发电机产品名称代号见表 C‑2。

表 C‑2　　　　　　　　　　　测速发电机产品名称代号

| 产品名称 | 代号 | 汉字意义 |
|---|---|---|
| 电磁式直流测速发电机 | CD | 测、电 |
| 脉冲测速发电机 | CM | 测、脉 |
| 永磁式直流测速发电机 | CY | 测、永 |
| 永磁式直流双速测以电机 | CYS | 测、永、双 |
| 永磁式低速直流测速发电机 | CYD | 测、永、低 |
| 空心杯转子异步测速发电机 | CK | 测、空 |
| 空心杯转子低速异步测速发电机 | CKD | 测、空、低 |
| 比率型空心杯转子测速发电机 | CKB | 测、空、比 |
| 积分型空心杯转子测速发电机 | CKJ | 测、空、积 |

续表

| 产品名称 | 代号 | 汉字意义 |
|---|---|---|
| 阻尼型空心杯转子测速发电机 | CKZ | 测、空、阻 |
| 感应子式测速发电机 | CG | 测、感 |
| 直线测速发电机 | CX | 测、线 |
| 无刷直流测速发电机 | CW | 测、无 |

### 三、自整角机

自整角机产品名称代号见表 C-3。

**表 C-3　　　　　　　　　　自整角机产品代号**

| 产品名称 | 代号 | 汉字意义 | 产品名称 | 代号 | 汉字意义 |
|---|---|---|---|---|---|
| 控制式自整角发送机 | ZKF | 自、控、发 | 力矩式自整角接收机发送机 | ZJF | 自、接、发 |
| 控制式差动自整角发送机 | ZKC | 自、控、差 | 多极自整角发送机 | ZFD | 自、发、多 |
| 控制式自整角变压器 | ZKB | 自、控、变 | 多极差动自整角发送机 | ZCD | 自、差、多 |
| 控制式无刷自整角发送机 | ZKFW | 自、控、无 | 多极自整角变压器 | ZBD | 自、变、多 |
| 力矩式自整角发送机 | ZLF | 自、力、发 | 双通道自整角发送机 | ZFS | 自、发、双 |
| 力矩式差动自整角发送机 | ZCF | 自、差、发 | 双通道差动自整角发送机 | ZCS | 自、差、双 |
| 力矩式差动自整角接收机 | ZCJ | 自、差、接 | 双通道自整角变压器 | ZBS | 自、变、双 |
| 力矩式自整角接收机 | ZLJ | 自、力、接 | 控制力矩式自整角发送机 | ZKL | 自、控、力 |

### 四、旋转变压器

旋转变压器产品名称代号见表 C-4。

**表 C-4　　　　　　　　　旋转变压器产品名称代号**

| 产品名称 | 代号 | 汉字意义 | 产品名称 | 代号 | 汉字意义 |
|---|---|---|---|---|---|
| 正余弦旋转变压器 | XZ | 旋、正 | 无刷比例式旋转变压器 | XLW | 旋、例、无 |
| 带补偿绕组正余弦旋转变压器 | XZB | 旋、正、补 | 多极旋变发送机 | XFD | 旋、发、多 |
| 线性旋转变压器 | XX | 旋、线 | 无刷多极旋变发送机 | XFDW | 旋、发、多、无 |
| 单绕组线性旋转变压器 | XDX | 旋、单、线 | 多极旋变变压器 | XBD | 旋、变、多 |
| 比例式旋转变压器 | XL | 旋、例 | 磁阻式多极旋变变压器 | XUD | 旋、阻、多 |
| 磁阻式旋转变压器 | XU | 旋、阻 | 无刷多极旋变变压器 | XBDW | 旋、变、多、无 |
| 特种函数旋转变压器 | XT | 旋、特 | 双通道旋变发送机 | XFS | 旋、发、双 |
| 旋变发送机 | XF | 旋、发 | 无刷双通道旋变发送机 | XFSW | 旋、发、双、无 |
| 旋变差动发送机 | XC | 旋、差 | 双通道旋变变压器 | XBS | 旋、变、双 |
| 旋变变压器 | XB | 旋、变 | 无刷双通道旋变变压器 | XBSW | 旋、变、双、无 |
| 无刷正余弦旋转变压器 | XZW | 旋、正、无 | 传输解算器 | XS | 旋、输 |
| 无刷线性旋转变压器 | XXW | 旋、线、无 | 无刷旋变发送机 | XFW | 旋、发、无 |

### 五、感应移相器

感应移相器产品名称代号见表 C-5。

表 C-5　　　　　　　　　　　感应移相器产品名称代号

| 产品名称 | 代号 | 汉字意义 | 产品名称 | 代号 | 汉字意义 |
|---|---|---|---|---|---|
| 感应移相器 | YG | 移、感 | 无刷感应移相器 | YW | 移、无 |
| 带补偿绕组的感应移相器 | YGB | 移、感、补 | 带补偿绕组的无刷感应移相器 | YBW | 移、补、无 |
| 多极感应移相器 | YD | 移、多 | 双通道感应移相器 | YS | 移、双 |
| 无刷多极感应移相器 | YDW | 移、多、无 | 无刷双通道感应移相器 | YSW | 移、双、无 |

### 六、感应同步器

感应同步器产品名称代号见表 C-6。

表 C-6　　　　　　　　　　　感应同步器产品名称代号

| 产品名称 | 代号 | 汉字意义 |
|---|---|---|
| 旋转式感应同步器 | GX | 感、旋 |
| 直线式感应同步器 | GZ | 感、直 |

# 附录 D  控制微电机性能参数代号

性能参数代号由两位或多位阿拉伯数字组成，顺序或直观表示电机的性能参数。

## 一、电动机的性能参数代号

1. 永磁无刷电动机的性能参数代号

永磁无刷电动机的性能参数代号由 01～99 给出。

2. 异步电动机的性能参数代号

异步电动机的性能参数代号由两组阿拉伯数字组成，中间用横线（-）隔开。前一组数字表示输出功率的瓦数，后一组数字表示电机极数。

3. 磁滞同步电动机的性能参数代号

磁滞同步电动机的性能参数代号由 3 位数字组成。第一位数字表示电源频率，其代号见表 D-1；第二位数字表示相数；第三位数字表示极对数。

表 D-1　　　　　　　　　　　　　电源频率代号

| 代号 | 6 | 5 | 4 | 0 | 1 | 2 | 7 |
|---|---|---|---|---|---|---|---|
| 电源频率（Hz） | 60 | 50 | 400 | 500 | 1000 | 2000 | 混频 |

4. 力矩电动机的性能参数代号

力矩电动机的性能参数代号由 01～99 给出。

5. 步进电动机的性能参数代号

步进电动机的性能参数代号由 2～4 位数字组成，第一位数字表示相数，后面的数字表示转子齿数或极对数。

6. 伺服电动机的性能参数代号

交流伺服电动机的性能参数代号由 01～99 给出。

直流伺服电动机的性能参数代号由 3～4 位数字组成。前两位数字表示电源电压，其代号见表 D-2；后面两位数字表示性能参数序号，由 01～99 给出。

表 D-2　　　　　　　　　　　　　直流电源电压代号

| 代号 | 06 | 09 | 12 | 18 | 24 | 27 | 36 | 48 | 60 | 11 | 22 |
|---|---|---|---|---|---|---|---|---|---|---|---|
| 电源电压（V） | 6 | 9 | 12 | 18 | 24 | 27 | 36 | 48 | 60 | 110 | 220 |

## 二、测速发电机的性能参数代号

1. 交流测速发电机

交流测速发电机的性能参数代号由 3 位数字组成。第一位数字表示励磁电压，其代号见表 D-3；后面两位数字表示性能参数序号，由 01～99 给出。

表 D-3                               交流测速发电机励磁电压代号

| 代号 | 2 | 3 | 1 |
|---|---|---|---|
| 励磁电压（V） | 26 | 36 | 115 |

**2. 电磁式直流测速发电机**

电磁式直流测速发电机的性能参数代号由 4 位数字组成。前两位数字表示励磁电压，见表 D-2；后面两位数字表示性能参数序号，由 01～99 给出。

**3. 永磁式直流测速发电机**

永磁式直流测速发电机的性能参数代号由 01～99 给出。

**三、自整角机的性能参数代号**

自整角机的性能参数代号由 2 位阿拉伯数字组成。第一位数字表示电源频率，其代号见表 D-1；第二位数字表示额定电压和最大输出电压的组合，其代号见表 D-4。

表 D-4                               自整角机电压代号

| 代号 | 1 | 2 | 3 | 4 | 5 | 6 | 7 |
|---|---|---|---|---|---|---|---|
| 发送机，接收机（V） | 20/9 | 26/12 | 36/16 | 115/16 | 115/90 | 110/90 | 220/90 |
| 差动式（V） | 9/9 | 12/12 | 16/16 | 90/90 | — | — | — |
| 控制变压器（V） | 9/18 | 12/20 | 12/20 | 16/32 | 16/58 | 90/58 | — |

**四、旋转变压器的性能参数代号**

旋转变压器（除多极和双通道旋转变压器外）的性能参数代号由 3～4 位阿拉伯数字组成。前面两位数字表示开路输入阻抗（标称值），用欧姆数的百分之一表示，若欧姆数的百分之一不为整数，则取近似的整数，数值小于 10 时，前面冠以零；后面一位或两位数表示变压比，其代号见表 D-5。

表 D-5                               旋转变压器变比代号

| 代号 | 1 | 4 | 5 | 6 | 7 | 10 | 20 |
|---|---|---|---|---|---|---|---|
| 变压比 | 0.15 | 0.45 | 0.5/0.56 | 0.65 | 0.78 | 1 | 2 |

多极和双通道旋转变压器的性能参数代号由 4 位数字组成。前面两位表示极对数，其代号见表 D-6；第三位数字表示频率，其代号见表 D-1；第四位数字表示励磁电压，其代号见表 D-7。

表 D-6                               极对数代号

| 代号 | 04 | 08 | 15 | 16 | 20 | 30 | 32 | 36 | 64 | 28 |
|---|---|---|---|---|---|---|---|---|---|---|
| 极对数 | 4 | 8 | 15 | 16 | 20 | 30 | 32 | 36 | 64 | 128 |

表 D-7　　　　　　　　　　旋转变压器励磁电压代号

| 代号 | 0 | 1 | 2 | 3 |
|---|---|---|---|---|
| 励磁电压（V） | <10 | 12 | 26 | 36 |

### 五、感应移相器的性能参数代号

感应移相器（除多极和双通道感应移相器外）的性能参数代号由 2～4 位数字组成。第一位数字表示输入阻抗，其代号见表 D-8；后面 1～3 位数字表示额定频率的千赫数，其代号见表 D-9。

表 D-8　　　　　　　　　　感应移相器输入阻抗代号

| 代号 | 3 | 5 | 1 | 2 |
|---|---|---|---|---|
| 开路输入阻抗（Ω） | 300 | 500 | 1000 | 2000 |

表 D-9　　　　　　　　　　感应移相器额定频率代号

| 代号 | 005 | 013 | 027 | 04 | 1 | 2 | 4 | 10 | 20 | 40 | 75 | 150 | 300 | 500 |
|---|---|---|---|---|---|---|---|---|---|---|---|---|---|---|
| 额定频率（kHz） | 0.05 | 0.135 | 0.27 | 0.4 | 1 | 2 | 4 | 10 | 20 | 40 | 75 | 150 | 300 | 500 |

多极和双通道感应移相器的性能参数代号由 4～5 位数字组成。前面两位表示极对数，其代号见表 D-6；后面 1～3 位数字表示频率，其代号见表 D-9。

### 六、感应同步器的性能参数代号

感应同步器的性能参数代号由 4 位数字组成。前三位数字表示极对数；后面一位数字表示性能参数序号，由 1～9 给出。

# 附录 E 驱动微电机型号命名方法

驱动微电机的型号由下列五部分组成：

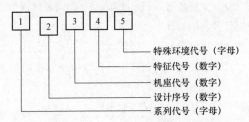

例如 $AO_2$7114TH，含义如下：

AO——系列代号，表示封闭式微型三相异步电动机系列。

  2——设计序号，表示该产品为第二次系列设计。

71——机座代号，表示电机轴中心高 71mm。

14——特征代号，表示 1 号铁芯长度，4 极。

TH——特殊环境代号，表示该产品适用于湿热带。

# 参 考 文 献

[1] 周鹗,徐德淦,卜开贵.微电机.北京:中国工业出版社,1962.

[2] 许青,叶永伟.微特电机及其发展趋势.机电工程,2003,20 (3):76-79.

[3] 牒正文.微特电机工业现状及发展概况.微电机,2003,36 (3):45-51.

[4] 李鹏,王佳民,王卿.微特电机发展综述.微特电机,2014,42 (9):89-92.

[5] 赵文祥,程明,朱孝勇,张建忠,花为.驱动用微特电机及其控制系统的可靠性技术研究综述.电工技术学报,2007,22 (4):38-46.

[6] 杨易民.新型驱动器及其应用.北京:机械工业出版社,1998.

[7] 杨渝钦.控制电机.2版.北京:机械工业出版社,2001.

[8] 李忠高.控制电机及其应用.武汉:华中工学院出版社,1986.

[9] 陈隆昌,阎治安,刘新正.控制电机.4版.西安:西安电子科技大学出版社,2013.

[10] 武纪燕,刘振东,杨润生,等.现代控制元件结构·原理·应用.北京:电子工业出版社,1995.

[11] 王季秩,贡俊,顾鸿祥.微特电机应用技术手册.上海:上海科学技术出版社,2003.

[12] 李鹏.控制电机及应用.北京:中国电力出版社,1998.

[13] 上海微电机研究所.微特电机.上海:上海科学技术出版社,1983.

[14] Cheng Ming, Han Peng, Hua Wei. General airgap field modulation theory for electrical machines. IEEE Transactions on Industrial Electronics,2017,64 (8):6063-6074.

[15] 郭庆鼎,孙宜标,王丽梅.现代永磁电动机交流伺服系统.北京:中国电力出版社,2006.

[16] 原魁,刘伟强.变频器基础及应用.北京:冶金工业出版社,1997.

[17] 陈理璧.步进电动机及其应用.上海:上海科学技术出版社,1985.

[18] 哈尔滨工业大学,成都电机厂.步进电动机.北京:科学出版社,1979.

[19] 叶金虎.现代无刷直流永磁电动机.北京:科学出版社,2007.

[20] 张琛.直流无刷电动机原理及应用.2版.北京:机械工业出版社,2004.

[21] 汪镇国.单相串激电动机的原理设计制造.上海:上海科学技术文献出版社,1991.

[22] 孙鹤旭.交流步进传动系统.北京:机械工业出版社,1996.

[23] 上海工业大学,上海电机厂.直线异步电动机.北京:机械工业出版社,1979.

[24] Chan C C, Chau K T. Modern Electric Vehicle Technology. London:Oxford University Press,2001.

[25] Resolver-to Digital Converter AD2S83 Data Sheet. Analog Device INC.,1995.

[26] 周鹗,顾仲圻.新型磁阻电动机磁路分析和参数计算.中国科学 (A辑),1983,(6):571-580.

[27] 周鹗,林明耀.新型磁阻电机的起动和牵入性能分析.中国电机工程学报,1988,8 (2):64-72.

[28] 张智尧,林明耀,周谷庆.无位置传感器无刷直流电动机无反转起动及其平滑切换.电工技术学报,2009,24 (11):26-32.

[29] 林明耀,周谷庆,刘文勇.基于直接反电动势法的无刷直流电机准确换相新方法.东南大学学报,2010,40 (1):89-94.

[30] 孟凡学,等.全数字交流伺服系统中旋转变压器信号的处理.电力电子技术,2002,36 (1):51-53.

[31] 叶云岳. 直线电机的原理与应用. 北京：机械工业出版社，2000.

[32] Cheng Ming, Hua Wei, Zhang Jianzhong and Zhao Wenxiang. Overview of stator-permanent magnet brushless machines. IEEE Transactions on Industrial Electronics，2011，58（11）：5087-5101.

[33] Cao Ruiwu, Cheng Ming, Mi Chris, Hua Wei, Zhao Wenxiang. A linear doubly salient permanent magnet motor with modular and complementary structure. IEEE Transactions on Magnetics，2011，47（12）：4809-4821.

[34] Cao Ruiwu, Cheng Ming, Mi Chris, Hua Wei, Wang Xin, Zhao Wenxiang. Modeling of a complementary and modular linear flux-switching permanent magnet motor. IEEE Transactions on Energy conversion，2012，27（2）：489-497.

[35] 程明，周鹗. 新型分裂绕组双凸极变速永磁电机的分析与控制. 中国科学（E辑），2001，31（3）：228-237.

[36] Miller T J E. Electronic Control of Switched Reluctance Machines. Oxford：Newnes，2001.

[37] 周鹗，蒋全. 开关磁阻电机调速系统//机电一体化手册编委会编. 机电一体化手册（下册），北京：机械工业出版社，1994（6）：219-6.228.

[38] 蒋全. 开关磁阻电机的基础理论研究. 南京：东南大学，1991.

[39] 吴建华. 开关磁阻电机的设计与应用. 北京：机械工业出版社，2000.

[40] 胡崇岳. 现代交流调速技术. 北京：机械工业出版社，1998.

[41] Liao Y, Liang F, Lipo T A. A novel permanent magnet motor with doubly salient structure. IEEE Transactions on Industry Applications，1995，31（5）：1069-1078.

[42] Deodhar R P, Andersson S, Boldea I, Miller T J E. The flux-reversal machine：a new blushless doubly-salient permanent-magnet machine. IEEE Transactions on Industry Applications，1997，33（4）：925-934.

[43] Hoang E, Ben-Ahmed A H, Lucidarme J. Switching flux permanent magnet polyphased machines. Proceedings of Europe Conference on Power Electronics Applications，1997：903-908.

[44] 程明. 双凸极变速永磁电机的运行原理及静态特性的线性分析. 科技通报，1997，13（1）：16-21.

[45] Cheng Ming, Chau K T, Chan C C. Design and analysis of a new doubly salient permanent magnet motor. IEEE Transactions on Magnetics，2001，37（4）：3012-3020.

[46] Cheng Ming, Chau K T, Chan C C, et al. Control and operation of a new 8/6-pole doubly salient permanent magnet motor drive. IEEE Transactions on Industry Applications，2003，39（5）：1363-1371.

[47] 王宏华. 开关磁阻电动机调速控制技术. 2版. 北京：机械工业出版，2014.

[48] 程明，花为. 定子永磁无刷电机——理论、设计与控制. 北京：科学出版社，2021.

[49] Hua Wei, Cheng Ming, Zhu Z Q, Howe D. Analysis and optimization of back-EMF waveform of a flux-switching permanent magnet motor, IEEE Transactions on Energy Conversion，2008，23（3）：727-733.

[50] Hua Wei, Cheng Ming, Lu Wei, Jia Hongyun. A new stator-flux orientation strategy for flux-switching permanent magnet motor based on current-hysteresis control, Journal of Applied Physics，2009，105（7）：07F112.

[51] Toshiiku Sashida, Takashi Kenjo. An Introduction to Ultrasonic Motors. Oxford：Clarendon Press，1993.

[52] Ueha S, Tomikawa Y, Kurosawa M, Nakamura N. Ultrasonic Motors Theory and Applica-

tions. New York：Oxford University Press，1993.

[53] 杨志刚，程光明，吴博达. 压电超声波马达的运动形成理论研究. 压电与声光，1996，18（1）：32-35.

[54] 石斌. 环形行波型超声马达及其驱动控制系统的研究. 南京：东南大学，2001.

[55] 赵淳生. 面向 21 世纪的超声电机技术. 中国工程科学，2002，4（2）：86-91.

[56] 胡敏强，石斌，钱俞寿. 超声波电动机控制技术研究的发展及现状. 微电机，1998，31（2）：30-33.

[57] 杨明，阙沛文. 超声电机变频驱动源的设计与分析. 压电与声光，2000，22（6）：418-419，425.

[58] Chau K T, Chung S W, Chan C C. Neuro-fuzzy speed tracking control of traveling-wave ultrasonic motor drives using direct pulse width modulation. IEEE Transactions on Industry Applications，2003，39（4）：1061-1069.

[59] 胡敏强，金龙，顾菊平. 超声波电机原理与设计. 北京：科学出版社，2005.

[60] 刘俊标，黄卫清，赵淳生. 多自由度球形超声电机的发展和应用. 振动、测试与诊断，2001，21（2）：85-89.

[61] 金龙，胡敏强，顾菊平，等. 一种新型圆柱定子 3 自由度球形压电超声电机. 东南大学学报（自然科学版），2002，32（4）：620-623.

[62] Sun Lizhi. Analysis and improvement on the structure of variable reluctance resolvers. IEEE Transactions on Magnetics，2008，44（8）：2002-2008.

[63] 邓清，莫会成，井秀华. 新型磁阻式旋转变压器电磁场有限元分析. 微电机，2011，44（5）：5-8.